世界建筑三部曲

维多利亚和爱德华时期的建筑

对页图：伦敦新威斯敏斯特宫（议会大厦），1837 ~ 1867 年，由查尔斯·巴里爵士（Sir Charles Barry）和普金（A W N Pugin）设计

下页跨页图：《艺术爱好者住宅》（*A House for an Art Lover*）中的画室与音乐间，1902 年，由查尔斯·伦尼·麦金托什绘图

世界建筑三部曲

维多利亚和爱德华时期的建筑

[英] 德里克·艾弗里 著
刘 英 李 劼 译

中国建筑工业出版社

著作权合同登记图字：01-2006-2611号

图书在版编目（CIP）数据

维多利亚和爱德华时期的建筑/（英）艾弗里著；刘英，李劼译.
北京：中国建筑工业出版社，2008
（世界建筑三部曲）
ISBN 978-7-112-10101-6

Ⅰ.维… Ⅱ.①艾…②刘…③李… Ⅲ.建筑史－世界－近代
Ⅳ.TU－091.14

中国版本图书馆CIP数据核字（2008）第071498号

责任编辑：姚丹宁　率　琦
责任设计：郑秋菊
责任校对：王　爽　安　东

世界建筑三部曲
维多利亚和爱德华时期的建筑
［英］德里克·艾弗里　著
刘　英　李　劼　译
*
中国建筑工业出版社出版、发行（北京西郊百万庄）
各地新华书店、建筑书店经销
北京嘉泰利德公司制版
北京方嘉彩色印刷有限责任公司印刷
*
开本：880×1230毫米　1/32　印张：7 3/8　字数：235千字
2008年10月第一版　2008年10月第一次印刷
定价：55.00元
ISBN 978-7-112-10101-6
（16904）

目 录

巴黎拉普大街 29 号 (29 Avenue Rapp, Paris) 具有新艺术风格的入口大门, 1901 年朱尔·拉维罗特(Jules Lavirotte) 为陶艺家亚历山德罗·比戈 (Alexandro Bigot) 设计

第一章　建筑序曲

19 世纪的建筑发展极其复杂。1811 ~ 1820 年这 10 年是漫长的乔治王朝（Georgian Period，1740 ~ 1830 年）的巅峰时期，也是英国摄政时期建筑风格 (the Regency Style) 的过渡时期，即所谓的华丽的威尔士亲王 (Prince of Wales) 摄政风格。1820 ~ 1830 年是威尔士亲王即乔治四世执政时期。这种摄政式风格随后为维多利亚时代的复兴建筑和迅速发展的各种工业建筑所取代。这些工业建筑包括水晶宫

下图：水晶宫，19 世纪 50 年代一些乐谱的封面图案

右图：古斯塔夫·多雷 (Gustave Doré) 的版画作品，描绘了市中心拥挤的贫民窟

下图：威廉·莫里斯于 19 世纪 80 年代设计的著名壁纸《鸢尾花和鸟》，这张壁纸经受了时间的考验，流传至今

(the Crystal Palace)、雄伟的特尔福德大桥 (Telford Bridge) 和布鲁内尔大桥（Brunel Bridge）以及臭名昭著的黑暗的撒旦工厂（Satanic mills）等，反映了工程建筑领域的多方面成就。

人口和贸易的指数增长带来了许多负面的社会问题，这些问题在工业中心和城镇的贫困区尤为突出。在工业化的初始阶段，机器制造的产品很显然无法与手工产品相媲美。优雅、宁静和高贵似乎不再存在于这个充斥着丑陋、乏味和污秽的世界。尽管由于土地所有制的原因，城镇的土地通常无法向外扩张，然而城镇里还是盖起了许许多多的房子，这就导致了贫民窟的出现。贫民窟区住房简陋、卫生条件差，其生活环境的糟糕是人们无法想像的。

菲利普·韦布 (Philip Webb，1831 ~ 1915 年)、威廉·莫里斯 (William Morris，1834 ~ 1896 年，英国工艺美术运动领导人之一、世界知名的壁纸花样和布料花纹的设计者、小说家、诗人、英国社会主义运动的早期发起者之一）和爱德华·伯恩 - 琼斯 (Edward Burne-Jones，1833 ~ 1898 年，新拉斐尔前派最重要的画家之一) 这些激情横溢的人士总是热衷于国家大事。他们非常理想地认为回归到前机器时代那种更加自然的生活方式是有可能的。这样的话，他们就能为自己营造舒适和谐的环境。他们认为：天然材料的应用更贴近自然，表现了自然的美，同时也提升了建筑师的生活品质。约翰·拉斯金（John Ruskin，1819～1900年，维多利亚女王时代英国最伟大的评论家及社会时事评论者、工艺美术运动的先驱）和威廉·莫里斯引领了工艺美术运动，这一运动对后来产生了深远的影响。

然而，尽管建筑师们并不试图重建一个中世纪，但是他们却无比崇尚中世纪的建筑风格和形式及其建设方法和理念，并将这些应用于符合现代需求的建筑之中。对于建筑新方法的寻求是整个19世纪反复出现的主题，其中以拉斐尔前派运动(the Pre-Raphaelite Movement)、唯美主义运动(the Aesthetic Movement)和波及面广泛的新艺术运动(Art Nouveau)为代表。所有这些运动使得原有体系的严格性受到质疑，比如古典建筑体系。

同时，许多住宅建筑，尤其是引领时尚的郊区大庄园仍然沿袭了古典主义风格，以着色的灰泥粉饰墙面。许多商业建筑、市政建筑和公共建筑如办公楼、市政厅、图书馆和博物馆都采用了古典主义风格。随着时间的推移，建筑细部的处理愈发粗糙和拙劣。所谓“两种风格的争锋”广义上是指古典主义风格与中世纪风格的抗争，但是更准确地说，应该是两种对立思想、两种不同建筑风格的争论。

从而历史上首次出现了建筑师们以两种不同的方法实践着他们的技能：首先是通过建筑设计以恰当并且实用的方式表达他们的意图（实用的医院规划、威严的法庭设计）；其次是决定建筑应当采取何种风格，这看似与第一种方法相当不同。这种独特的建筑实践方法延续了一个多世纪。因此，人们普遍对建筑师的角色产生了错觉，认为建筑师的职责是通过风格的塑造来美化建筑，而不是通过提供高效的功能性建筑环境来促进社会的和谐发展。19世纪后半叶，可供选择的建筑风格包罗万象，包括了欧洲文化历史长河中所有时期的流行风格：从罗马式(Romanseque)到威尼斯哥特式(Venetian Gothic)再到都铎式(Tudor)还有意大利、法国和荷兰文艺复兴风格以及许多其他建筑风格。

工艺美术运动

工艺美术运动是英国社会和美学现象，是在抵制大批量生产的工艺品的质量和设计的浪潮中应运而生的。尤其是在1851年博览会之后，大批量生产的工艺品随处可见，充分展现了当代英国工业发展。

工艺美术运动体现了对传统手工艺装饰品劳动价值的膜拜，这与渴望重拾中世纪手工业行会所谓理想的浪漫情愫是相吻合的。威廉·莫里斯是这场运动中最重要的人物，但是他的理念可以通过拉斯金的观点和普金的著作追溯到让·雅克·卢梭(Jean-Jacques Rousseau)(1712～1778年)所倡导的理论。

1859～1860年，菲利普·韦布为莫里斯建造了红屋(the Red House)，随后莫里斯特别为这所房子设计了家具和装潢。为了在日益机械化的时代重新重视手工业，1861年，莫里斯成立了莫里斯-马歇尔-福克纳公司(Morris，Marshall and Faulkner)，专门生产壁纸、彩绘图案织品和染色玻璃窗户的装饰材料。

工艺美术运动在年轻一代的建筑师和设计师中产生了很大的影响，这是一场美学的洗礼，而不是建筑的权宜之计。这场运动提倡对古建筑的保存和保护，而古建筑保护协会(the Protection of Ancient Building)也在这场运动中应运而生。

工艺美术运动与英国古典主义风格在国内的复苏紧密相联。英国古典主义风格的特点是如画的风景再配上英国的本地特色，如高耸的烟囱、山形墙、挂瓦和花饰铅条窗。

右图：贝德福德公园简介 1881 年版，1875～1881 年由诺曼·肖设计。简介中提到“园内约 500 栋房屋，皆为风景如画的安妮女王风格建筑，无论大小，各房屋皆配有花园和冷热水浴室”

建筑简单化的趋势促成了 19 世纪 70 年代唯美主义运动的兴起。这场运动在建筑领域体现在以下方面：红砖、红屋顶、着色木制家具和简洁的室内装饰，如深色橡木和蓝色代尔夫精陶 (Delft china)。这场运动的缩影有伦敦贝德福德公园（Bedford Park，London）中简化安妮女王风格 (Queen Anne style) 和肯辛顿 - 切尔西（Kensington and Chelsea）地区的荷兰式山墙。

新艺术运动中著名的装饰理念是以有机的植物形态和东方艺术 (Oriental art) 的婀娜线条为基础。在英国，新艺

下图：《鉴赏家的餐厅》，查尔斯·伦尼·麦金托什设计，1901 年出版

术运动的建筑倾向于一种高深、优雅的简洁风格。查尔斯·伦尼·麦金托什和他的同事们设计的拘谨、刻板的作品被广泛认为是新艺术运动的代表，与欧洲其他地方世纪末（fin de siècle）(even decadent) 复杂而精美的建筑风格形成了鲜明对比。

这两场运动有其自身的哲学基础和美学基础，因此，自 19 世纪初以来，工业与美学之间的矛盾意味着多数工业建筑和交通建筑是由工程师来设计的。工程师由此作为一个有别于建筑师的群体日益显露头脚，他们的作品体现了维多利亚时代建筑的最高水平。

这些工程师尤其欢迎科学研究成果，其研究的新材料可用于实践之中。19 世纪中叶大量生产的平板玻璃和铸铁是其中最为重要的两种材料。钢铁工艺也随之出现。大型温室如克佑区 (Kew，英格兰东南部大伦敦区的西部一区）德西默斯·伯顿 (Decimus Burton) 的棕榈屋 (Palm House) 启发了约瑟夫·帕克斯顿 (Joseph Paxton) 建造水晶宫 (Crystal Palace)，其实，某种程度上此温室是水晶宫的雏形。这栋庞大的建筑是由标准预制玻璃板和铁梁建造而成的。

而铁路公司也很快就意识到可以采用这些构件建造火车站，这样，蒸汽火车就可以自由通行，机车散发的烟雾也不会影响到高高的屋顶。铁梁和玻璃可以围合成巨大的封闭空间，以往没有任何一个单体建筑的面积能够与此相比。

铁和玻璃屋顶的技术也用于市场建筑的建设。在许多

上图：位于布鲁塞尔帕默斯顿大街 4 号 (4 Avenue Palmerston, Brussels) 的范·伊特维尔德旅馆 (Hotel van Eetvelde)，建于 1895 ~ 1897 年，由维克托·霍塔设计

下图：萨里郡克佑区 (Kew, Surry)，皇家植物园 (the Royal Botanic Gardens) 中的棕榈屋，建于 1844 ~ 1848 年，由德西默斯·伯顿在土木工程师理查德·特纳 (Richard Turner) 帮助下完成；本建筑长 110 米

钢铁建筑中，铸铁的装饰功能并没有被忽略，反而美化和丰富了重现中世纪结构装饰风格的结构构件。

钢铁结构还应用于大型运河和铁路桥梁中。1890 年建成的福斯桥 (the Forth Bridge) 成为当时世界上最大的桥梁之一。它长 2.46 公里多，单跨 521 米。

人口的日益增长和财富的日益积累以及技术的进步，如钢筋混凝土技术和电的引进，刺激了社会对更大、更复杂精美的建筑的需求。大跨度、细长支柱这一结构给予了设计前所未有的自由。快速的载客电梯和安全的人工照明使得建筑设计可以往更高、更深远的方向发展，打破过去的极限。建筑师和工程师的紧密合作对于成功的设计和加速社会变革来说是必不可少的，这也引起了大规模的造房运动和贫民窟拆除工程。随着工匠手工劳动费时而机器生产越来越高效，建筑业愈发依赖工厂加工的建筑材料。

19 世纪后半叶建造的工厂和仓库之所以令人称道，不仅是因为这是我们工业遗产的一部分，更重要的是它们内在的建筑品质。它们几乎全是纯功能砖石建筑，除了可能在屋顶装上通气的钟穹顶（louvred bell-cupola）或者在入口的大门加上楣饰以外，这些建筑不加任何装饰。然而，这些建筑基础牢固、比例气派、面积可观、设计与功能相匹配，因而具有很大吸引力。从这些建筑中，可以发现功能主义学派理想建筑的雏形。该学派对现代运动产生了深远的影响，通过对材料、比例和形式的恰当选择，建筑施工由一种高效的工程活动提升为对建筑品质的追求。

左图：伦敦帕丁顿车站 (Paddington Station，London) 火车棚，建于 1852 ~ 1854 年，由布鲁内尔 (I.K.Brunel) 和怀亚特 (M.D.Wyatt) 设计

右图：伦敦汉普斯黛田园城市中的住宅，建于 1906 年

在英国，对简洁性的追求主要体现在本土建筑上，如诺曼·肖的早期作品及其后来者查尔斯·沃伊齐（Charles Voysey）19 世纪 90 年代的作品。查尔斯·沃伊齐的这些作品仍然在传统的框架之内，但是他几乎舍弃了当时全部建筑特征，发明了一种全新的、类似乡村风情的建筑，以排窗、白墙和大烟囱为特点。查尔斯·沃伊齐和之后的埃德温·勒琴斯爵士（Sir Edwin Lutyens）第一次证明，对于相对富裕的住户来说，他们的房子既无需过于复杂也无需过于浮华；使用传统的材料、传统的建筑方式可以创造出简单而符合他们居住需求的住宅。工业建筑中已采用的新材料和新技术没有应用于私人住宅之中，这也许是由住宅的规模和性质所决定的，因为住宅本身对技术的要求无非是沿用几个世纪以来的常规方法。

19 世纪末，一些富有、开明的老板萌生了建造田园城市的构想，为其员工们提供带有花园的住宅，专门留出绿

下图：田园城市韦林的建筑风格，建于1920 年，路易斯·德·苏瓦松（Louis de Soissons）设计，几乎全是新乔治风格（Neo-Georgian）

阳光港

这个示范村庄建于1888年，是利弗(W.H.Lever)(1851～1925年)为威勒尔半岛(Wirral Peninsula)伯肯黑德(Birkenhead)的利弗兄弟肥皂厂[现为联合利华(Unilever)]的工人们准备的。阳光港可容纳3000人，拥有900套坐落于田园中的房屋，并有宽敞的开阔空间、画廊、教堂、图书馆和社区中心。

化空间，对道路进行绿化。阳光港(Port Sunlight)和伯恩维尔（Bournville）正是19世纪80～90年代的作品，随后，又陆续出现了莱奇沃思（Letchworth)、韦林(Welwyn)和汉普斯黛（Hampstead）等田园城市。

莱奇沃思是英国第一个田园城市，建于1903年，是埃比尼泽·霍华德(Ebenezer Howard)前瞻性文章——《明天：一条真正通向社会改革的和平之路》(Tomorrow: A Peaceful Path to Social Reform)（1898年）的成果。在此文中，埃比尼泽·霍华德构想了整体环境和全新的城市社会。他从社会、经济和政治这三个视角来审视城市，认为城市人口应该限制在32000人以内，城市面积应为2430公顷（6000英亩），住宅区位于城市中心区域，占地405公顷（1000英亩），其他土地为工农业用地。

英国本土建筑的发展对欧洲和美洲也产生了一定的影响。1901年，维多利亚女王去世，她的儿子威尔士王子加

上图：莱奇沃思麦都大道(Meadow Way，Letchworth)女商人的住宅群，带有公共餐厅，霍华德村舍协会有限公司(the Howard Cottage Society Ltd)，1916年建造。巴里·帕克(Barry Parker)（1867～1947年）和雷蒙德·昂温(Raymond Unwin)（1863～1940年）是田园城市运动中居于主导地位的专业人士，在1896～1914年间他们一直是合作伙伴。本项目是他们共同为莱奇沃思设计并被采纳的方案

冕为爱德华七世。在这个年代，世界各地的交流已经相当迅速、频繁。因此，各国建筑除了由于气候差别所造成的差异以外，美学和技术上的国家差别几乎不存在了。随着个人主义、浪漫主义和传统风格以及维多利亚时代技艺最纯熟的建筑师应用精心设计和制作的家居饰品的能力如同19世纪对于如画风景的追求一样变得无关紧要时，国际化风格的出现就不可避免了。20世纪对于建筑的重新评价运动，即现代运动，究其根本是源于19世纪技术的发展及其对建筑工艺的影响。

然而一个民族的性格仍然决定着这个民族接受新思想的速度，与保守的英国相比，荷兰、德国和法国更有可能出现快速的变革。现代运动正是在这些国家——尤其在德国开展起来了。

上图：维也纳莉莉·斯坦纳和雨果·斯坦纳（Lily and Hugo Steiner）别墅前的街道，别墅建于1910年，由阿道夫·卢斯（Adolf Loos）设计。为了符合规划条款的规定，他在别墅后立面的三楼至建筑正立面的顶部到底层之间巧妙地设计了一个拱形的金属屋顶

伦敦哈利大街37号(37 Harley Street, London)，建于1899年，阿瑟·贝雷斯福德·皮特(Arthur Beresford Pite)设计

第二章 城镇：建筑和城镇规划

梯阶式住宅和半独立式住宅是维多利亚时代城市的特征，它们组成了至今最大的维多利亚时代早期的建筑群。幸运的是保存下来的此类建筑数量众多，以至于它们也是当今城市环境的重要组成部分。

在维多利亚时代初期，提供住房被视为资本主义企业的义务，这也是英国乔治国王时代普遍兴起的房地产投机行为的延续。随着时间的推移，慈善组织和越来越多的开明老板逐渐承担起这个责任，到 19 世纪末的时候，地方政府也开始参与到住房建设事业中，不过，他们主要是解决工人的住房问题。

开发商承担了绝大多数的住房建设任务，房屋出租仍然是他们的主要业务。建成的住房既有格拉斯哥 (Glasgow) 单人间住宅，也有贝尔格拉维亚（Belgravia）的豪宅，建筑商可以根据自身的需求和实力自行决定建设什么类型的住宅。

当时与现在一样，房地产的繁荣时期和萧条时期总是交替出现。在繁荣时期，即使建好的房屋已经可以满足人们的住房需求了，建房的活动却不可能很快停止，仍在继续。由此，出现了富余的房源，随着房源过剩严重化，最终导致开发商的破产。直到人们对住房的需求再次增大，闲置的房源得以出租或是出售，才能使形势得以逆转。维

下图：伦敦温伯尔大街 30 号 (30 Wimpole Street，London)，建于 19 世纪 90 年代，巴尼斯特·弗莱特·弗莱彻爵士 (Sir Banister Flight Fletcher) 设计

维多利亚时代早期的建筑

伦敦贝尔格雷夫广场（Belgrave Square，London）于1826年开始建造，但直到1844年，此广场还未完成。广场的设计师是乔治·贝斯维（George Basevi），建筑师是托马斯·丘比特（Thomas Cubitt）。贝尔格雷夫广场体现了乔治王朝时期的传统风格，大型的社区花园旁边环绕着统一的古典式台阶。这些台阶为砖砌，并以灰泥粉饰，它们组成了一个单一的整体，中心和两侧各有特色。广场的角落坐落着独立式住宅，设计各不相同，由此，打破了广场一贯以来的拘谨感。

纽卡斯尔泰恩河上游（Newcastle-upon-Tyne）格雷大街（东面）（Grey Street），1837年约翰·多布森（John Dobson）设计，开发商为理查德·格兰杰（Richard Grainger）。这是一个更具标志性的街区，但仍然体现了乔治王朝的传统风格。

布赖顿的刘易斯新月形建筑（Lewes Crescent，Brighton）（下图），托马斯·里德·肯普（Thomas Read Kemp）1823年规划设计。然而由于肯普远超过建设期限，后改为托马斯·丘比特设计，并于维多利亚王朝早期完成。这座丘比特设计的住宅与其贝尔格雷夫广场的风格是一致的。

伦敦巴恩斯玻利庄园学院十字街区（College Cross

多利亚女王的加冕紧随着19世纪30年代早期住房建设的萧条期，尽管此时住房的数量仍在增加，但是到了19世纪40年代末，失业现象和经济大萧条广泛地蔓延开来。随着1851年博览会（the Great Exhibition of 1851）的举行，住房建设又出现了复兴。由于当时大部分资金转用于克里米亚战争（Crimean War），博览会不得不中断。其后，19世纪60年代和19世纪70年代再次出现了繁荣期，而19世纪70年代早期和90年代又出现萧条期，而再次的高峰出现在90年代末。

人口的增长、城镇的扩张、四面八方延伸的铁路网带来了相对快捷的交通和货物运输，大额贷款拓宽了资金来源，这些条件为开发商提供了大量机会，其中既包括建造独立式住宅的个体商人，也有开发房地产的公司。

开发商不再像过去一样总是遇到置地的阻碍，因为即使在当时，建筑用地的价格也比农业用地的价格高出许多，愿意出售土地的人总是源源不断。在一个大型的房地产项目开发之前，业主通常会制定一个详细规划，不仅标明了道路的位置，而且规定了道路的面积和类型，有的还确定了房屋的设计。

在考虑开发低收入群体的住房时，对于开发商来说惟一的关注点就是在有限的空间内尽可能多地盖房子，而且住房设计和建设的标准都相对较低。鉴于总有一些不择手段的开发商为了省钱而不投资兴建必要的卫生设施，1848年政府颁布了《公共卫生法令》（Public Health Acts），从这以后，卫生设施缺乏的状况得到了一定程度的改善。

不断发展的维多利亚时期的规划逐渐表现出对美的追求：蜿蜒曲折的道路开始取代方形的和月牙形的道路。1875年贝德福德公园（Bedford Park）设计的完成标志着蜿蜒的林荫大道作为市郊空间发展模式的地位已经确定下来，这种形式延续了维多利亚时代剩下的岁月。

大多数的房屋在实际建造时与乔治国王时代并没有很大区别，尽管此时屋顶已经越来越多地采用威尔士石板（Welsh slate），尤其是在大城市，用砖和本地材料砌成的外墙和界墙依然居于主流地位。室内的顶棚、地板搁栅、楼面板和楼梯为木结构，内墙也通常为木构架，再涂以灰泥。

当时普遍使用上下推拉窗 (sash windows)，在维多利亚时代早期采用的是玻璃窗棂，到了维多利亚时代的中期，随着本地复兴主义风格 (vernacular revival) 日益流行，平板玻璃开始取代玻璃窗棂，尤其用于高档住宅以及铅条镶嵌平开窗中。

1838 年，随着劳登 (J.C.Loudon) 的著作《市郊园艺家和他的别墅》(The Suburban Gardener and Villa Companion) 的出版，带有一堵界墙的半独立式市郊住宅开始流行。在这本书中，劳登描述了他自己的半独立式住宅，此住宅建于 1823 年，位于伦敦波切斯特街 3 号 (3 Porchester Terrace，London)。到了 19 世纪中叶，半独立式住宅已经成为地产开发的普遍类型。

与此同时，尽管公寓大楼在苏格兰和欧洲已经特别盛行，却没能在维多利亚时代的英格兰流行起来。在维多利亚时代早期，有一些公寓大楼的例子，如建于 1853 年位于伦敦维多利亚街区 (Victoria Street，London) 的住宅群，亨利·阿什顿 (Henry Ashton) 设计，其开发商为马克肯兹 (MacKenzie)；伦敦安妮女王宫 (Queen Anne's Mansions，London)，高 14 层，罗布森 (E R Robson) 设计，由于外观为黄砖，效果并不理想，此建筑已于 1971 年拆除。

理查德·诺曼·肖 (Richard Norman Shaw) 设计的伦敦阿尔伯特大厦 (Albert Hall Mansions) 建于 1879 ~ 1886 年，采用安妮女王风格 (Queen Anne style)，并使用红砖，效果比起之前的同类建筑要强很多。此建筑也采用上下推拉窗和阳台，这些构件将整个大厦连成一个愉悦的整体。1884 年，托马斯·阿彻 (Thomas Archer) 和阿瑟·格林 (Arthur Green) 设计建造了白厅 (Whitehall Court)。这座雄伟的公寓大楼坐落于维多利亚河畔 (the Victoria Embankment)，高耸于泰晤士河 (the River Thames) 之上，采用法国城堡风格 (French chateau)。

维多利亚时代中晚期的伦敦，设计相对保守的房屋依

Street，Barnsbury Estate，London)，1836 ~ 1843 年，托马斯·丘比特设计。皆为廉价住房，每座住房有两个开间宽，2 层楼高，屋顶还另有居住空间。每座住房的底层以糙面灰泥粉饰，有一扇拱门和一弓形窗户；第一层用砖饰面，有一对长方形窗户，窗户上有灰泥粉饰的飞檐和女儿墙。

伦敦坎伯韦尔的克里夫顿街区 (Clifton Way，Camberwell，London)，1846 ~ 1847 年建造。这个街区由小型住宅组成，底层用灰泥粉饰，第一层铺砖，楼上的两扇窗户通过封闭的弓形围绕并成为一个整体。较低位置的山墙围合了整个飞檐。

阿尔伯特大厦

查尔斯·H·沃里在伦敦设计的两幢建筑

上图：温伯尔大楼（Wimpole House），建于1893年，位于温伯尔大街28号和29号（28 and 29 Wimpole Street）

右下图：哈利大街42号，1892年

左下图：伦敦哈利大街44号（右侧）和46号；46号建筑建于19世纪90年代，是巴尼斯特·弗莱特·弗莱彻爵士的作品

对页图：19世纪后半叶，装有玻璃的上下推拉窗的凸窗结构成为最流行的类型，如上图所示的意大利风格的窗结构在美洲很受欢迎。在英格兰，这种维多利亚风格的窗户最突出的特点在于它们通常装有深托座窗台和大片平板玻璃，特别是当玻璃制造技术取得进步使得玻璃的质量更好而售价反而降低的时候，同时1851年玻璃税的取消也对此起到了推动作用。这种窗户需要的玻璃窗棂数量也有所减少。因此，随着维多利亚风格的上下推拉窗趋于简洁化，其外观越来越多地使用装饰砌砖、粉饰灰泥和预制陶砖

然采用灰泥为主要装饰材料，但是灰泥只用于建筑的整个正面，不用于侧面和背面。然而，到了19世纪60年代末，灰泥失去了往日的地位，许多建筑，尤其是高层建筑已不再使用灰泥。同时，受拉斯金的作品和维多利亚时代高水平的哥特式建筑师的影响，哥特式建筑却又开始流行起来。哥特式建筑采用对比色强烈的彩砖或石条达成彩色装饰的效果，屋顶也以不同颜色的石板建成。

维多利亚时代晚期，伦敦最常见的住宅类型是无地下室3层建筑。这种住宅的入口仍然设在底层，其上有小门廊庇护，门廊的两侧为2层高凸肚窗（bay window），采用窗框开关的平板玻璃窗。窗框的细部有窗间墙和装饰柱头，支撑着细细的石梁。最高的窗框上有女儿墙。在此之上为第三层，第三层通常装有一扇双层玻璃窗，由一个立柱分开。门上方2层住宅正面各有一扇单层窗。

内部空间主要由一个前侧带有凸肚窗的前起居室组成。起居室后面是一个几乎与起居室同样大小的餐厅，通常用折叠门作为两者的分隔。在这两个房间的上部是二层的卧室，在三层有更多的卧室，卧室的布局与二层差不多。建筑后侧的底层设置厨房、盥洗室，或许还有一个厕所，尽

管厕所通常位于屋外。

到了维多利亚女皇统治的后期，这种风格的住宅建筑被更小的2层住房取代。这种2层住宅仍有凸窗，但是屋顶采用多边形四坡屋顶，盥洗室和厕所位于一楼，在底层的厨房之上。在世纪之交，伦敦市郊的这样一所住房，以地契年期的形式出售，价格约为300英磅。类似的住宅在其他地方也很普遍，不过大多数没有门厅，这意味着访客将直接进入会客室。

其他常见的城市住房类型还有2层公寓楼，水平分为两套公寓，每套公寓都有各自的入口和背对背的梯阶式住宅。这类公寓楼在英格兰北部的工业区较多，尤其在利兹(Leeds)特别常见。这两排梯阶式住宅以背对背的方式建造，所以每所住宅的侧面和背面都建有界墙，不过，位于两端的两所房子各自只有一个外围墙。

维多利亚时期开发商建造的住宅中还有另外一种风格，承传了安妮女王复兴主义风格(the Queen Anne revival style)。这种风格的建筑从19世纪60年代起就用于私人住宅，混合使用了红砖、上下推拉窗、磨面砌砖、凸肚窗和山墙。约翰·詹姆斯·史蒂文森(John James Stevenson)设计、建于1871年伦敦贝斯沃特路140号(140 Bayswater Road，London)（原贝斯沃特山3号）的红屋（the Red House）就是其中一个典型代表，不过，红屋现已拆除。安妮女王复兴风格在伦敦日益流行，尤其是肯辛顿(Kensington)和切尔西(Chelsea)地区。随后，大型联排住宅出现了这种风格的变体，并传播到全国。这种风格也在市郊的小型住宅中出现，它们的特点与唯美主义运动的主要艺术家和设计师所推崇的那些切尔西建筑的特点相似。

戈德温于1875年开始建设的伦敦奇西克贝德福德公园房地产项目（the Bedford Park Estate，Chiswick，London）是安妮女王风格建筑中设计最大胆和最有影响力的代表之一。随后，诺曼·肖取代了戈德温继续该项目开发，并得到毛里斯·亚当(Maurice B.Adame)和梅(E.J.May)的协助，直到1880年，诺曼·肖被梅取代。该项目共约有500栋房子，

维多利亚时代中晚期典型的联排别墅

伦敦荷兰公园住宅区(Holland Park Estate，London)，建于1860～1879年，威廉·雷德福和弗朗西斯·雷德福(William and Francis Radford)设计。该小区有77户3层独立式住宅，每栋房屋的顶部有一阁楼，一个中心大门和短短的几级台阶向前移。

香衫树住宅区(Cedars Estate)，位于伦敦克拉彭区(Clapham，London)，建于1860年，詹姆斯·努里斯(James Knowles)设计。住宅区内共有两栋公寓楼，皆为5层高，并带有阁楼，阁楼采用法式高屋顶，浅色砖饰面。

伦敦格罗夫纳住宅区(Grosvenor Place，Grosvenor Estate，London)，1868年开始建造，托马斯·康迪III(Thomas Cundy III)设计。建筑采用石料镶面，分成几个单元，每单元都有各自的复折式屋顶

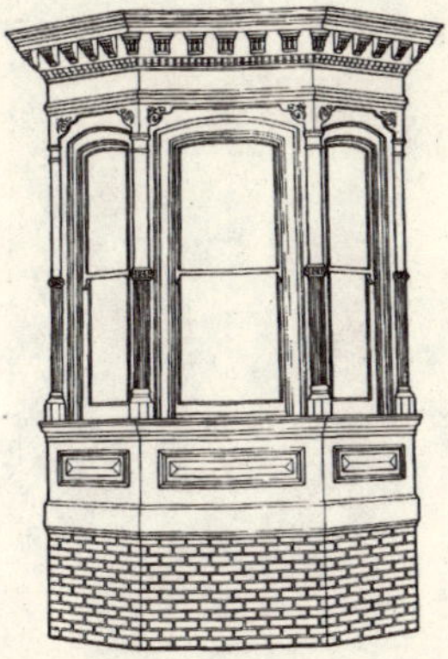

安妮女王复兴主义风格建筑

伦敦肯辛顿绿色宫殿2号(2 Palace Green, Kensington, London)，建于1860～1862年，由弗雷德里克·赫林(Frederick Hering)为威廉·梅克皮斯·撒克里(William Makepeace Thackeray)设计。

伦敦肯辛顿绿色宫殿1号(1 Palace Green, Kensington, London)，建于1868～1873年，由菲利普·韦布为乔治·霍华德(Hon George Howard)设计。

位于伦敦贝斯沃特路140号红屋(Red House, 140 Bayswater Road, London)，约翰·詹姆斯·史蒂文森设计，现已拆除。红屋用红砖建设，高3层，装有高大的上下推拉窗和玻璃窗棂，上下推拉窗的一侧是门廊，另一侧是3层楼高的凸窗。两扇人字形老虎窗从阁楼伸出，屋顶之上为高大的多烟道烟囱。

位于伦敦肯辛顿戈尔1号的劳瑟小屋(Lowther Lodge，1 Kensington Gore, London)，建于1873～1875年，理查德·诺曼·肖设计，现为皇家地理协会(the Royal Geographical Society)，该建筑也有一个非中心的门廊以及各种形状的山墙。

位于伦敦切尔西堤17号的老天鹅屋(Old Swan House, 17 Chelsea Embankment, London)，建于1875～1877年，理查德·诺曼·肖设计，红砖房的一种，此建筑对窗户的处理手法有多种，包括三扇到一层的高大凸肚窗，屋顶同样装有人形天窗。

位于伦敦泰特街白屋(White House, Tite Street, London)，建于1877～1879年，由戈德温(E.W.Godwin)为油漆匠詹姆斯·麦克尼尔·惠斯勒(James McNeill Whistler)设计，为石灰砖建筑，现已拆除。

位于伦敦肯辛顿哈灵顿花园39号别墅(39 Harrington Gardens, Kensington, London)，建于1882年，欧内斯特·乔治爵士(Sir Ernest George)和哈罗德·皮托(Harold Peto)共同为吉尔伯特(W.S.Gilbert)设计。他们使用了奢华的砖石装饰、铅条镶嵌的竖框窗以及华丽的砖墙。这在当时是非常特别的建筑，每层楼都有盥洗室、中央暖气和电话。

上图：绿色宫殿1号　　下图：红屋

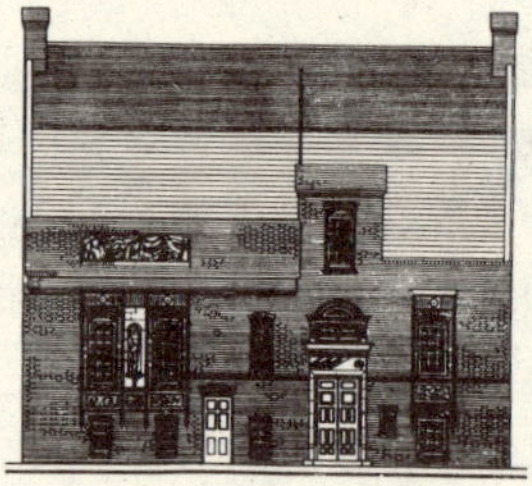

上图：白屋

上图和右下图：哈灵顿庄园39号别墅以及哈灵顿花园41号别墅

其中大部分是红砖建筑，两层加阁楼。房屋类型有连接式住宅、半独立式住宅和独立式住宅，每栋住宅都有自己的花园。该项目的开发商名叫乔纳森·卡尔（Jonathan Carr）（1845～1915年），他是一名布料商人。诺曼·肖在此为他建了一栋大型别墅，以威廉·莫里斯设计的墙纸作为装饰。

现今留存下来的维多利亚时代的联排别墅中，还有一种主要的类型是由雇主或慈善家提供的。到了19世纪末，这种类型的住宅成为地方政府的强大而且必要的社会责任，即政府作为租户，为低收入工人提供经济住房。

这种住宅的起源可追溯到德文郡公爵（the Duke of

上图：贝德福德公园房地产项目中安妮女王复兴主义风格的一个例子

左图：一幅广告，描绘了贝德福德公园房地产项目的各种房屋类型

Devonshire)，1838 年他将伊登索尔（Edensor）村移出了他的查茨沃思庄园 (Chatsworth residence) 的视线之外。重新规划设计的伊顿舍尔村，主要是为查茨沃思庄园的工人们设计的，由当时的园丁约瑟夫·帕克斯顿（Joseph Paxton）负责规划，并与德比 (Derby) 的约翰·罗伯森（John Robertson）一起设计了大部分的新房屋。新伊登索尔村的房屋各不相同，村舍和别墅集聚在教堂周围。这种布局对后来简型房地产开发有很大的影响，这种房地产以村舍风格为基础，建有山形墙和半斜截头式屋顶。

19 世纪 50 年代中期，威廉·巴特菲尔德（William Butterfield）为约克郡（Yorkshire）的巴德斯雷·圣·詹姆斯（Baldersley St James）开发了一个房地产项目。他采用了小型简单的村舍风格房屋和砖石材料。社区内还有一座教堂、一处牧师住所和一所学校。

在接下来的几十年里，伊顿·奈斯菲尔德（Eden Nesfield）为柴郡（Cheshire）的克鲁堡房地产项目（Crewe Hall Estate）建造了更加别致的村屋，每幢村屋都有一个突兀的山墙和一个挂瓷上层屋顶。这个项目还设有一个农场和一个铁匠铺。

与大型国家房地产项目建设的村舍类似的是由工业生产商为他们的工人建设的房屋。早期的例子有位于约克郡布拉德福德 (Bradford，Yorkshire) 附近的索尔泰尔 (Saltaire)

左图：西约克郡索尔泰尔住宅区一所住宅的正立面
右图：伯肯黑德阳光港（Port Sunlight，Birkenhead）的半木结构小别墅，采用都铎式 (Tudor) 建筑风格

住宅区。在这里，迪图斯·萨尔特爵士（Sir Titus Salt）与建筑师洛克伍德（H.F.Lockwood）和莫森（R.Mawson）一起主要开发了石砌联排住宅，细部装饰采用意大利风格，在严格的居住区规划下，居住区的房屋逐渐由最初即1854年所建的150栋发展到1972年的820栋。

随后，从1879年起，在伯明翰的伯恩维尔(Bournville，Birmingham)出现了工业房产。卡德伯里（Cadbury）家族企业开始为旗下可可工厂的员工建造住房。1888年，肥皂生产商利弗兄弟公司（Lever Brothers）开始在柴郡阳光港(Port Sunlight，Cheshire）开发房地产项目。

在维多利亚时代，一些较富裕的人致力于慈善事业，这对当时工人住房条件的改善起到了推动作用。这些慈善家们提倡消除贫民窟——主要是乔治国王时代早期建造的已破旧的住宅，同时防止疾病的爆发，如19世纪40年代霍乱的爆发。他们成立了几个协会，包括成立于1844年的改善工人阶级条件协会（Society for Improving the Conditions of the Labouring Class)。在住房质量和建筑密度方面，该协会制定了更为严格的规定。此协会同时还致力于为穷苦家庭建造房屋。

1849～1850年，该协会的建筑师亨利·罗伯特（Henry Robert）在伦敦斯特里塞姆大街(Streatham Street，London)建造了“示范住宅楼”。尽管示范楼非常简单——砖石建筑、灰泥粉饰、4层高、独立公寓单元围绕着院子的三边而建，但是事实证明，这些示范楼对今后此类建筑的设计产生了重要的影响。

这些示范楼的一个主要特点是带有铁制阳台的走廊通向每家每户的正门，走廊为开放型砖石结构。在其后的100多年里，此类住宅楼都保留了这种结构。

此运动还引发了一些其他个人开发项目，如安杰拉·伯德特-库茨小姐（Miss Angela Burdett-Coutts）即后来的男爵夫人1857～1860年出资在伦敦贝斯纳尔·格林(Bethnal Green)区的哥伦比亚广场(Columbia Square)建造的公寓楼，由亨利·达比希尔（Henry A.Darbishire）设计。美国银行家

城市公寓楼

皮博迪公寓(Peabody Estate)，位于伦敦格林曼大街(Greenman Street)，1865年由亨利·达比希尔设计。

海德公园法院(Hyde Park Court)，位于伦敦海德公园(Hyde Park，London)，1890年完工，阿瑟与格林公司(the firm of Archer and Green)设计。

邦德里公寓(Boundary Estate)，位于伦敦肖尔迪奇(Shoreditch，London)，建于1893年，为伦敦郡议会所建（下图及下页左图）米尔班克公寓(Millbank Estate)，1897年为伦敦郡议会所建，为红砖建筑，工艺美术运动简约风格(simplified Arts and Crafts style)。

上右图：皮博迪公寓楼（Peabody Buildings），位于伦敦威斯敏斯特区韦尔德大街（Wild Street, Westminster, London）。乔治·皮博迪捐赠了50万英镑建立了一个慈善基金，该基金开创了“为贫民提供便宜、洁净、排水系统好、健康的住宅项目”。到1890年，该基金为伦敦的贫民提供了5000多所住宅

乔治·皮博迪（George Peabody）在1862年建立了一个基金会，并聘请达比希尔为基金会的建筑师，在伦敦斯比陀菲尔德（Spitalfield，London）的商业街上设计了一幢公寓楼。在达比希尔的帮助下，皮博迪确立了一套标准设计方案，即以黄砖建成的5层高深嵌小窗公寓楼，这以后的公寓楼建设中，皮博迪都采用了此方案。

最后，到了维多利亚时代晚期，地方政府逐渐开始提供公寓住房。利物浦（Liverpool）和伦敦是这场运动的引领者。伦敦郡议会（London County Council）率先消灭贫民窟，同时着手公寓楼的建设。然而，由于1874年颁布的《伦敦建筑法》（London Building Act）规定新建筑的高度不得高于24.4米，建筑内附加楼梯的倾斜度不得大于75°，因此，伦敦新建筑的设计范围非常有限。1893年，伦敦郡议会设立了工人阶级住房部门（Housing of the Working Class Branch），这项运动中现存最好的例子就是可以容纳5500多人的邦德里大街公寓楼（the Boundary Street Estate）。

自进入20世纪以来，多用途的高层建筑——主要是高租金的建筑——外部和内部都产生了新变化。工艺美术运动和新艺术运动的元素开始被更保守的风格取代，如沃尔特·凯夫（Walter Cave）1901～1903年间设计的伦敦雷德克利夫花园的科尔赫恩法院（Coleherne Court，Redcliffe Gardens，London）和老布朗普顿路（Old Brompton Road）

公寓，都装有固定雕刻垂花饰的窄凸窗，已经反映了晚期英国复兴主义风格（Later English Renaissance style）。

新的世纪见证了简洁风格的回归以及对比例的漠视。切斯特顿（F.S.Chesterton）和科尔里奇（J.D.Coleridge）在肯辛顿霍恩顿大街（Hornton Street，Kensington）努力营造更亲切的比例。然而，当他们设计位于伦敦肯辛顿商业街（Kensington Hight Street，London）的霍恩顿法院（Hornton Court）时却忽视了这一点。相反，弗兰克·维里蒂（Frank Verity）却对比例持有公正的态度。韦里茨曾在巴黎接受培训，从中汲取了新古典主义的直线理论并将此理论引入英国。他设计的克利夫兰街道（Cleveland Row）、伯克利广场（Berkeley Square）和贝斯沃特路（Bayswater Road）以及后来的大理石拱门（Marble Arch）都独具个性，让人一眼就可识别。

上图：克灵汉姆花园（Collingham Gardens）6号楼和7号楼，位于伦敦肯辛顿，其结构体现了19世纪哥特式风格。克灵汉姆花园由欧内斯特·乔治和哈罗德·皮托在19世纪80年代设计。7号楼的正面全部贴以陶砖。在搬进7号楼以前，哈罗德·皮托曾经在1889年和1892年间住在9号楼，9号楼也是欧内斯特·乔治和皮托公司设计建造的

这些公寓大楼只是20世纪早期伦敦变革中的一个方面。随着梅费尔（Mayfair）、马里波恩（Marylebone）、肯辛顿和切尔西的公爵房子的租赁市场开始火爆，这些公寓正面的重建甚至是整幢房子的重建却进行得如火如荼。当凯铎冈广场（Cadogan Square）和邦特街（Pont Street）正在开发的时候，凯铎冈房产地区变成了陶砖和雕刻红砖场，供欧内斯特·乔治（Ernest George）和哈罗德·皮托（Harold Peto）等建筑师随意使用。1885～1899年间，凯铎冈房产地区，即新邦特街（New Pont Street）和帕克兰（Park Lane）之间的地区，经历了它自身的第一次变革。在新世纪的头10年，就在这个地区，私人项目开始委托各类建筑师。由此，建筑师们得以在联排公寓规划和建筑正面设计中充分展示自己的技能。

莱奇沃思和汉普斯黛

田园城市理论的思想基础在于社区应保持农田、工厂、居住区、公共建筑和教育建筑以及公园的平衡分布，同时所有的这些地产都由承租人代管，承租人是地价上涨的直

田园城市创始人

下方上图：埃比尼泽·霍华德爵士，他是20世纪规划运动中最有影响力也是最成功的创始人之一
中图：雷蒙德·昂温爵士
底图：巴里·帕克

接受益者。这些理论是埃比尼泽·霍华德爵士在其1898年撰写的文章《明天：一条真正通向社会改革的和平之路》(Tomorrow: A Peaceful Path to Social Reform)中所推崇的。同年晚些时候，该书的修订版《明日的田园城市》(Garden Cities of To-morrow)也面世了。

为了传播霍华德的理念，1899年成立了田园城市协会（Garden City Association），位于赫特福德郡的莱奇沃思(Letchworth，Hertfordshire)。1903年，成立了第一田园城市有限公司(First Garden City Limited)，首任领导包括了可可提炼商约瑟夫·朗特里（Joseph Rowntree）和爱德华·卡德伯里（Edward Cadbury）以及柴郡阳光港示范村的创建者利弗（W.H.Lever)。

选来做田园城市项目的设计师有理查德·巴里·帕克（Richard Barry Parker）和他妻子的弟弟兼合伙人雷蒙德·昂温（Raymond Unwin)。最终的实施方案与他们的最初的设计几乎是一致的。1905年，低价屋舍展览会（Cheap Cottages Exhibition）召开，兴建了120所村舍，在大北方铁路线（Great Northern Railway）上建起了临时车站，同时为了吸引潜在的购房人，车站还出售短途车票。1907年，举行了另一场类似的活动：城市屋舍展览会（Urban Cottages Exhibition)。两场活动都相当成功，尽管制造商占据工厂地盘稍微慢了一些。

同年，昂温为了汉普斯黛田园城市的规划离开了原来的项目。汉普斯黛田园城市的住宅区建设在伦敦的外围，特点鲜明，提供了各种住宅类型供不同职业和不同收入水平的购房人选择。这个构想来自亨里埃塔·奥克塔维亚·巴尼特（Henrietta Octavia Barnett）(1851～1936年)。她与她的丈夫雷夫·塞缪尔·巴尼特(Rev Samuel Barnett)在汉普斯黛西斯（Hampstead Heath）的西斯恩德别墅（Heath End House）度周末。雷夫·塞缪尔·巴尼特是白教堂圣犹大礼拜堂（St Jude's Church，Whitechapel）的牧师。他们将西斯恩德别墅改名为圣犹大别墅（St Jude’s Cottage)。从他们别墅的窗户向外看，可以看到米德尔塞克斯（Middlesex）尚

未开发的农田。

巴尼特太太被选为汉普斯黛西斯扩展部议会（Hampstead Heath Extensions Council）的荣誉秘书后，在她的努力下购买了32.4公顷的土地作为西斯的扩展用地。随后，有报道说她给有影响的人物和组织写过约1.2万封信，既寻求他们的帮助，保护西斯和抵制伦敦北部城市化的侵蚀，同时也提出了几种选择性方案来满足日益增长的住房需求。在她的努力下，汉普斯黛田园市郊信托基金会（Foundation of Hampstead Garden Suburb Trust）得以成立，并有能力于1907年从伊顿公学（Eton College）手中又购买了98.4公顷的土地。

当时，有人劝说雷蒙德·昂温结束莱奇沃思的工作，开始规划巴尼特太太理想模式下新的田园市郊规划。这个理想新城包括了几组别墅、一个带有俱乐部和会所的绿色村庄、一个研究院、两个教堂（其中一个为圣公会）、茶舍、商店、老人院、运动场、小型花园和学校，还建有更大一些的住宅，吸引律师和银行家入住到这个靠近啤酒商、磨坊主和他们租户的地方。

昂温开始在这片区域的北端工作，而曾经担任过顾问的埃德温·勒琴斯爵士 (Sir Edwin Lutyens) 主动申请并获准承接了中部区域及研究所和教堂的规划工作。昂温设定的建筑红线情况多样，富于变化，这使得一些临街而建的建筑和街后方建筑的周围和尽端路的规划可以灵活节约地进行。同时，他还设法设计周边环境，从而在房子里无论向前看还是向后看都能欣赏到美景。他花了七年时间完成了占地98.4公顷的市郊房地产区域的规划和建设，这是一个伟大的艺术工程，从来没有一个市郊地产工程可以与之媲美，这也证实了昂温毋庸置疑的实力。

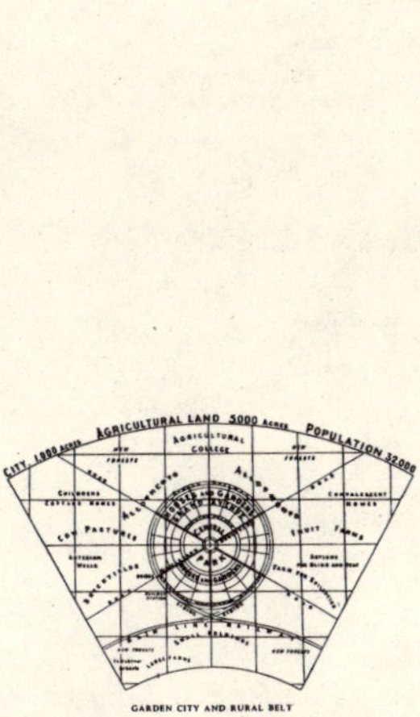

上图：霍华德设想的田园城市及其田园带

银行

1826年和1833年的《合作股份银行法》(Joint Stock Bank Legislation) 允许银行作为合作股份公司存在，不过

右图：霍华德田园城市理念首次实践，汉普斯黛田园城市中的住宅，雷蒙德·昂温爵士使此理论得以实现

英格兰银行（Bank of England）仍然保留了发行货币的垄断权。伦敦第一个以这种方式成立的银行是 1833 年的伦敦与威斯敏斯特银行(London and Westminster Bank)。1837 年，伦敦与威斯敏斯特银行在伦敦的洛斯伯利（Lothbury）建造了新的银行大楼，由科克雷尔（C.R.Cockerell）担任设计师，现已拆毁。这幢新银行大楼采用了新古典主义风格，前两层楼梯凸起，几排简洁的长方形窗口设在主要的楣板之下。三层的楼梯稍小，在楣板的后上方，主要的银行大厅上有一个小的玻璃圆顶。

科克雷尔还于 1839 ~ 1842 年在伦敦特列德尼都尔大街（Threadneedle Street）建造了太阳火灾与人寿保险大楼(the Sun Fire and Life Assurance Building)，现也已拆毁。其后，在 1844 年和 1846 年，他在布里斯托尔（Bristol）（现已拆毁）、利物浦和曼彻斯特分别建造了英格兰银行分行。在曼

彻斯特的银行建筑中，他将三角檐饰与楣板分开，并在它们中间挤入第三个楼梯，这样，他巧妙地将对古典主义风格的偏爱和银行的实用功能结合了起来。

1848 年，格雷根 (J.E.Gregan) 在曼彻斯特的圣安广场 (St Ann's Square) 设计了海伍德银行 (Heywood's Bank) (后来的行长们对它进行了重新命名)，此建筑底层凸起，装有大扇威尼斯式窗。在建筑正面的右侧，有一个拱桥将银行与经理的家连起，由此创造了一种简单的宫殿式立面。该设计思想在 19 世纪早些时候的改革俱乐部（Reform Club）就已有体现，随后这种手法开始走红，尤其是在较大城市的商业建筑中。不过，直到 19 世纪 50 年代，这种设计才开始普遍流行。这种结构一直延续至 19 世纪 80 年代，尤其是约翰·吉布森（John Gibson）建造的威斯敏斯特国家银行（National Westminster Bank）分行通常以顶部采光的银行大厅为特点，最能代表这种结构。然而到了此时，吉布森的银行与其他一些更为别致的建筑相比已经开始显得过于拘谨。

宫殿式立面的银行在苏格拉出现的时间要更早一些，如在格拉斯哥 (Glasgow) 皇后大街（Queen Street）和英格拉姆大街（Ingram Street）交界处的英国利嫩银行（British Linen Bank）。英国利嫩银行由戴维·汉密尔顿和詹姆斯·汉密尔顿（David and James Hamilton）于 1840 年设计建造，它展现了各种古典主义风格的糅合。戴维·布赖斯（David Bryce）于 1846 ~ 1851 年在爱丁堡的圣安德鲁斯广场（St Andrews Square）设计建造的英国利嫩银行同样体现了华丽的宫殿式风格。

1858 ~ 1860 年，詹姆斯·汉密尔顿在爱尔兰再次延用了华丽风格，他在贝尔法斯特沃林大街（Warring Street, Belfast）设计的阿尔斯特银行（Ulster Bank）采用了连拱廊，同时带有 2 层楼高的平顶门廊。

在维多利亚和爱德华王朝的晚期，银行的建筑风格开始变得混乱，没有任何一种风格占主导地位。这也许可以反映出银行业想向外界表达其持久稳定性的急切，但同时

上图：老西英格兰和南威尔士银行（West of England and South Wales Bank），位于布里斯托尔科恩大街（Corn Street, Bristol），1854～1856年由金吉尔（W.B.Gingell）和莱萨特（T.R.Lysaght）设计建造，采用了威尼斯圣马克图书馆（Library of St Mark, Venice）为基础的后复兴主义风格（high-renaissance style）

也导致了银行建筑的设计缺乏想像力，古典主义元素依然占据主要地位。

办公楼

到了19世纪中叶，城市里涌现出许多办公楼和职业会所。开发商在城市里购买老房子并改造成适合出租的办公用房。

不久，这些办公楼被更大型的建筑取代，以至于到19世纪末，这种日益扩建的趋势意味着住在伦敦城里的人已经很少了，而显然办公楼已占据了主导地位。

这些办公楼的外观几乎都是采用古典风格，因此与城市的整体风格显得一致，而且其外观与附近富丽堂皇的住宅和俱乐部相比并无很大的不同。由于空间扩展的需要，加入了更多的楼梯。重建的时候还可以加入更大的窗户以改善采光的不足。

位于市中心的大型零售商店的实际需要有所不同，它们需要更多的楼层，通常为5～6个。它们还需要大窗户以获取最充足的光线。威廉（A.and G.Williams）于1841年在利物浦建造的布伦瑞克大楼（Brunswick Buildings）是一座大型的3层建筑，配有大扇窗户，一层为粗面装饰，该大楼现已拆除。在利物浦教堂街26号（26 Chapel Street, Liverpool）也曾有一幢3层建筑，即皮克顿（J.A.Picton）1857年设计的里士满大楼（Richmond Buildings）。该建筑采用圆拱型跨间形成连拱廊，可以接纳更多的光线。该建筑目前也已拆除。

同时在曼彻斯特，爱德华·沃尔特斯（Edward Walters）于1851年设计建造的布朗桑商店（J.Brown and Son Warehouse）是早期另一个豪华宫殿式建筑风格的例子，目前已拆毁。它有6层，其中一个楼梯和一个夹层位于底层标高之下，而第六层隐藏在非常大的栏杆后面。从外观上来看，整个结构通过粗面角柱连接在一起。1853年，沃尔特斯在曼彻斯特的自由贸易大厅（Free Trade Hall）采用了豪华宫殿式风格，这也是这种风格在公共建筑里的首次应用。

稍微早些时候，即 1842 ~ 1844 年，爱德华·安森(Edward I'Anson) 在伦敦建造了皇家交易大楼（Royal Exchange Buildings）和自由大楼 (Freeman's Place)，现已拆除。这是一个带有拱廊的商场，上面的 3 层均为会所，不过，第三层并没有覆盖整栋大楼。

到了 19 世纪 50 年代晚期，意大利复兴主义风格并未受到大力推崇，古典主义风格与法国复兴主义风格开始相互糅合，而哥特式风格设计师似乎不愿意将他们的设计与办公建筑联系得过于紧密，因此，这个时期的办公建筑中并未出现占主导地位的风格。本杰明·伍德沃德（Benjamin Woodward）1858 年在伦敦新桥大街（New Bridge Street）建造了三开间的王冠生活办公楼（Crown Life Office），此建筑部分采用了乔治国王时代的建筑风格。该建筑的窗户之间设有宽大的半圆拱形结构，同时带有大方柱，整体由丰富的雕刻装饰进行衬托。由此可见，维多利亚风格的鼎盛时期已经来临。

上图：自由贸易大楼 (the Free Trade Hall)，位于曼彻斯特，1853 年爱德华·沃尔特斯设计，新复兴主义风格。该建筑采用了大量的连拱和装饰，所有部分都有檐板加框

不久之后，全铁结构的建筑立面出现了，其中最有震感力的两栋建筑都在利物浦。一个是彼得·埃利斯 (Peter Ellis) 于 1864 年设计的奥里尔商会（Oriel Chambers），位于沃尔特大街（Water Street）；另一个是他两年后在库克大街 16 号设计的建筑。他在建筑的立面上使用了薄铁框架和石料，而在奥里尔商会，他使用的是竖排铁架凸肚窗。

到了维多利亚王朝晚期，应用于办公楼的建筑风格在经历了安妮女王风格和本土复兴风格后，由巴洛克城堡式风格 (chateauesque baroque) 发展为新雄伟风格 (the new grand manner)。第一个采用新雄伟风格的主要商业建筑是伦敦注册会计师学院楼 (Institute of Chartered Accountants building, London)，建于 1898 ~ 1893 年，约翰·贝尔彻 (John Belcher) 设计。不过，从严格意义上来说该建筑并不属于办公建筑。

19 世纪末，一些建筑既体现了美学，又体现了别致右图：综合股票公司大楼(the Credit and Discount Company building)，位于伦敦洛斯伯利(Lothbury，London)，1866年由乔治·萨默斯·利·克拉克设计(George Somers Leigh Clarke)

下图：利物浦奥里尔商会(Oriel Chambers，Liverpool)，1864～1865年由彼得·埃利斯设计建造。该建筑被认为是领先于时代的作品，平板玻璃凸肚窗和幕墙均为精致的铁艺，其背部可收缩式竖向支撑从外部可见

的风格，如贝尔彻与乔阿斯公司（the firm of Belcher and Joass）在伦敦亨里特大街（Henrietta Street，London）建造的皇家医药协会(Royal Society of Medicine)办公楼；而另外有一些更大型、更宏伟的办公建筑纷纷采用了圆屋顶，如格林威治医院(Greenwich Hospital)中的建筑。20世纪出现的第一个办公建筑是过分装饰的伊莱克特拉大楼（Electra House），即现在的伦敦城市学院（City of London College）。这幢建筑位于伦敦穆尔盖特（Moorgate，London），建于1902年，设计师也是贝尔彻。它是同时代建筑的典型代表。这一时期的建筑还包括了布伦韦尔·托马斯爵士（Sir Brumwell Thomas）1898～1906年设计建造的贝尔法斯特市政厅（Belfast City Hall），可以说它拥有这一时期最大的圆屋顶。而布里格斯（Briggs）、沃斯滕霍姆（Wolstenhome）和索恩利（Thornley）分别在利物浦建造的默西码头办公楼（Mersey Docks）、海港委员会办公楼（Harbour Board）和码头顶办公楼（Pier Head）则拥有梅花型的圆顶构造。

然而，在英格兰，这种风格很快就因钢筋混凝土构架的引入而被取代了，如早期巨型的皇家利弗大厦（Royal Liver Building）。此建筑位于利物浦码头顶，由沃尔特·奥布里·托马斯（Walter Aubrey Thomas）于1908～1911年建造。

上图：注册会计师学院办公楼(Institute of Chartered Accountants office building)，位于伦敦天鹅大道(Great Swan Alley)，19世纪90年代由约翰·贝尔彻设计建造

左图：公共档案办公楼(Public Record Office)，位于伦敦彰思礼大街(Chancery Lane, London)，1850～1851年由詹姆斯·彭尼索恩(James Pennethorne)设计建造

下图：皇家利弗大厦(Royal Liver Building)，位于利物浦，以钢筋混凝土建造

格拉摩根郡（Glamorganshire）红堡（Castell Coch）客厅的顶棚。1872 ~ 1879 年，威廉·伯吉斯（William Burges）设计

第三章　乡村建筑

在漫长的乔治王朝统治时期（the Georgian，1714 ~ 1830 年，乔治一世至乔治四世，也称乔治时代——译者注），英国拥有土地的贵族阶层从他们成功的土地投资中获益匪浅，而直到维多利亚时代（the Victorian，1837 ~ 1901 年，英国历史上最光辉灿烂的盛世——译者注）早期，他们始终保持了其显赫地位。他们按照自己所熟知的方式、真实可见的实物——乡村别墅——来炫耀他们的财富和地位。

住宅建筑也成为暴发户（nouveau riche）的一种象征，他们逐渐在主流社会阶层中取得自己的一席之地，成为主流社会的新贵。而此时，乡村住宅不再只是他们居住的地方；住宅的尺度也明确标榜了他们的社会地位和社会理想。

左图：沃特豪斯为威斯敏斯特公爵一世（the first Duke of Westminster）改建后的伊顿府邸（Eaton Hall）。但除了小教堂、钟塔和庭院以外，此建筑群于 1961 年被拆毁

不过，这一时期的住宅还是更多地从功能的角度考虑其平面布局。

因此，乡村住宅逐渐演变成了一个多功能空间——家、事务所和宾馆。为了实现这些功能，房子的主人不得不雇佣一大批侍从、仆人，而他们也明白自己在这儿的地位和所承担的角色。

据记载在柴郡威斯敏斯特公爵一世的伊顿府邸（Eaton Hall, Cheshire, the first Duke of Westminster）内曾有50名全职家仆，此建筑是艾尔弗雷德·沃特豪斯(Alfred Waterhouse)于1870～1882年间设计建造的。在其他地方，每个客人还有自己的随从仆人。

在这些别墅中，各种社交活动都需要合理的组织和安排，需要按照制定的时间表来举行。主人和客人只在约定好的时间于正式的会客室内见面；而另一方面，他们常常需要单独进行业务上的洽谈，就生意上的事情双方都回避开其他的客人。

别墅的底层通常是家庭成员和客人们的卧室。他们常常经过一个宽大豪华的楼梯到达各自的卧室。这些卧室按照是否结婚而划分成不同的区域，无论是家庭成员还是访客，单身汉与未婚女士的房间分别位于不同的区域。

下图：苏格兰宏伟风格(Scottish baronial style）巅峰建筑作品：海克莱尔庄园(Highclere Castle)，此照片由卡那封伯爵(the Earl of Carnarvon）惠赠

家仆常常也有自己的活动区域，佣人们的卧室常常位于佣人餐厅的周围，这些房间常位于上下楼梯之间。而他们的工作活动空间则只限于厨房、洗碗室、食品库、餐具室，以及冷藏室和面包房。他们经过住宅后侧的楼梯来到睡觉的地方。根据维多利亚时期的社会礼节，和家庭成员以及客人一样，男仆的卧室与女仆的卧室是隔开的。

随着这些特有的维多利亚时期的社会主流生活方式深入人心，许多屋主也从日益改善的住房条件中享受到舒适的生活。管道工程技术的进步使得整栋房子都可装设自来水管。后来很快也有了热水管，其热水主要靠自家的热水炉提供，此时主要供热燃料是煤炭，而热水炉则设计成开敞式的。这种供热形式促进了中心供热系统的产生。其暖气和热水都由中心供热系统提供，尽管此时只有那些主要

的房间之中才有这些设施。

到 18 世纪末时，尽管油灯和蜡烛仍然是当时主要的照明工具，煤气照明已得到广泛应用，特别是卧室内常常采用煤气灯。

另一新设备是室内盥洗室。尽管浴室经过很长一段时间才得到广泛的认同，但室内盥洗室却很快流行开来。这时许多家庭依旧用盆洗澡，从大口水罐和热水罐中取水；常坐在卧室内的浴盆中用桶打水来洗澡。

大量的租房者的出现带来了一种新的生活方式。他们给那些在城市中心拥有大量房产的出租者支付租金。同时，一些开明的房产主也会为这些租房者设计小型别墅，为其工人提供住所。如托里麦克男爵（Lord Tollemache）在培克佛顿庄园（Peckforton Castle）为每一个工人提供一所小住房，并给他们每人 1.2 公顷的土地自己耕种。更为重要的是，这些工人因拥有自己的土地而极为自豪。这些都值得其他出租人好好学习。

然而，维多利亚时代早期采用古典风格的乡村住宅慢慢地越来越少，住宅花园的布局更加有序，人们更加喜好规则式花园。因此，这些庄园除了需要许多家仆外，还需要许多园艺工人，需要他们修剪树木，保护草坪以及管理花圃，使花圃四季鲜花盛开。园艺工人在冬天里还要继续工作，他们在大型温室中培育各种奇花异草。这一时期，

下图：斯卡里斯布里克庄园的正立面。A·W·普金于 1837 年在原建筑的基础上改建。最终改建的结果与普金最初的构想有一定的差别。图片的右端是会客室；中心的入口左侧是主厅；入口右侧（西面）是钟塔（现已毁）。1963 年此庄园被买后改建成了一所学校

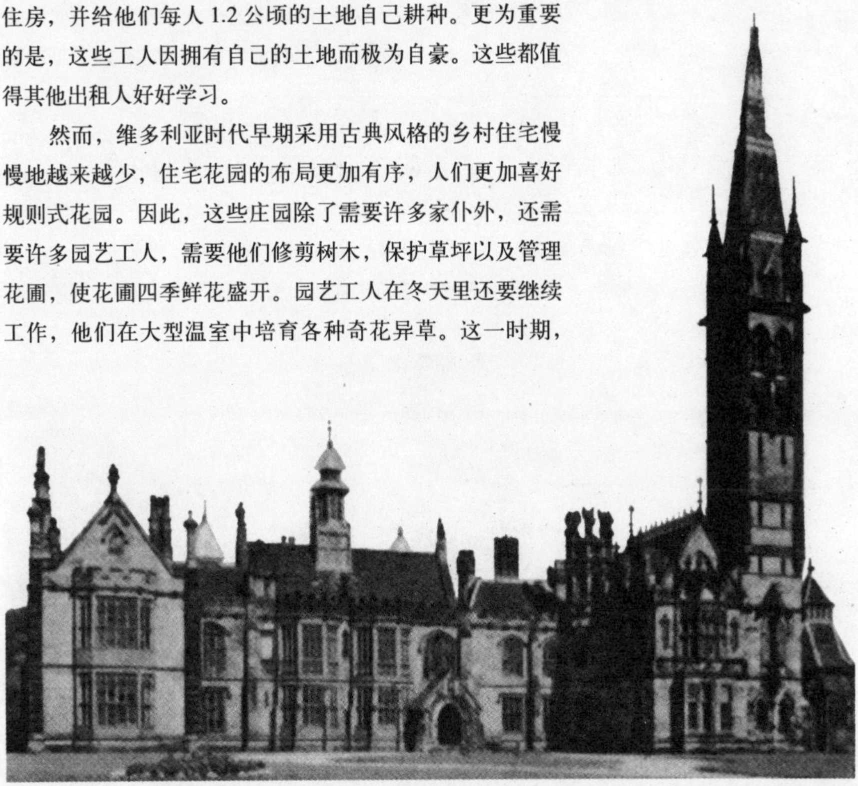

人们对植物学和花卉学极感兴趣。到维多利亚时代末，规则式花园逐渐走向自然化，或设计成格特鲁德·杰基尔(Gertrude Jekyll，1843 ~ 1932 年，英国著名园艺师）式花园。

这一时期有多种建筑风格，因而这些房产主的乡村住宅的风格也是多种多样的。这一时期的建筑风格比乔治时代更为流动，更加丰富。我们可以找到各种建筑风格：从维多利亚鼎盛时期已过时的希腊罗马式古典主义风格（the Greek and Roman classical style），到意大利文艺复兴风格(Italian reaissance)。尽管意大利文艺复兴风格不如英式风格（the English styles）那样时尚，但在乡村住宅中依然比较常见。在英式建筑风格中，英国哥特式建筑风格（English Gothic）可能稍微比伊丽莎白建筑风格（the Elizabethan style）更为流行。伊丽莎白建筑式样受到维多利亚时期人们的推崇，他们常常追求独特的外部造型，喜欢华丽的建筑外部装饰。

当然还有一种浪漫式中世纪城堡风格（the romantic medieval castle style)，这种风格与苏格兰宏伟风格（Scottish baronial style）关系密切，因受到英国北部地区人们的欢迎而得名。当普金在改建斯卡里斯布里克庄园（Scarisbrick Hall）时，他又重建了那座大型中世纪风格住宅。尽管此时

右图：培克佛顿庄园。萨尔文(Salvin）首次在维多利亚功能型住宅中运用 12 世纪城堡风格，此建筑由一排长达 1.6 公里的石墙组成（此照片由培克佛顿庄园主惠赠）

普金的设计还有些不合实际，但其却成为维多利亚时期住宅建筑的一个重要特征，包括培克佛顿庄园也是如此。培克佛顿庄园的布局极为合理，建筑主要沿着一个大型庭院巧妙布局。

到19世纪的第四分之三个世纪（1850～1875年）时，除了农业积累社会财富外，英国工业的蓬勃发展也增加了财富的积累。在财富积累的同时，维多利亚时代的乡村住宅也迎来了自己崭新的时代。这时的乡村住宅无论采用怎样的建筑风格，所有建筑的尺度都巨大得不切实际。而此时许多遗留的乔治时代风格的建筑也得到了改造，它们同样多追求巨型尺度。

贝德福德郡（Bedfordshire）的米尔顿·欧内斯特庄园（Milton Ernest Hall）展现了后维多利亚时代的建筑特色以及丰富的歌特式风格。此建筑建于1853～1856年，由威廉·巴特菲尔德（William Butterfield）设计。他运用红砖、陡屋顶和高烟囱使石墙立面富于变化。建筑的正面设计了一个3层楼高的凸肚窗。如果说此建筑不能代表当时的尺度标准，那么乔治·吉尔伯特·斯科特爵士1858～1861年设计建造的诺丁汉郡科尔汉姆府邸则是一个极好的实例。然而，当这座石板条装饰的红砖建筑与伊顿府邸（Eaton Hall）相比时则会黯然失色。尽管科尔汉姆府邸展示了多种完全不同的歌特式风格，但伊顿府邸则是歌特式风格集大成者。艾尔弗雷德·沃特豪斯对原已重建过一次的住宅进

左图：米尔顿·欧内斯特庄园正立面，还可以看到一些高耸的烟囱
右图：乔治·吉尔伯特·斯科特爵士（Sir George Gilbert Scott）以其哥特式教堂而为世人所知，但他在公共建筑和住宅建筑中采用哥特式风格。重建后的科尔汉姆府邸（Kelham Hall）（此建筑曾毁于1857年的火灾）正好为他提供了机遇。这座住宅尺度巨大，厚重。不过以后见之明，它并不是一座成功的住宅建筑

上图：亨利·休（Henry Hugh）的维克赫斯特庄园（Wykehurst Park）。此庄园是法国文艺复兴式乡村住宅最重要、最令人难忘的乡村住宅

行改造，改造后的住宅比原住宅增大了一倍。此住宅新增了许多塔楼、角塔和陡屋顶，整座建筑看起来就像一座法国城堡。很遗憾的是，此建筑于 1961 ~ 1962 年间几乎完全损毁了。

早期的维多利亚式建筑慢慢开始采用法国歌特式（French Gothic）、意大利哥特式（Italian Gothic）和法国文艺复兴风格（French renaissance）。那些暴发户们，尤其是那些从事银行和商业的有钱人更是喜欢这些风格的建筑。爱德华·米德尔顿·巴里（Edward Middleton Barry）1871 ~ 1874 年间在萨塞克斯郡（Sussex）设计建造的维克赫斯特庄园（Wykehurst Park）就是实例之一，其主人就是一位银行家。此建筑不仅仅只是在外观上运用这些风格，而且采用空心墙，并装配中心供热设施，每个卧室单元都配有一个浴室。

为了使自己不至于落后，1874 ~ 1889 年间，罗斯柴尔德家族（the Rothschilds）聘请法国建筑师加布里埃尔-西波立特·德思塔耶（Gabriel-Hippolyte Destailleur）在白金汉郡（Buckinghamshire）建造沃兹登庄园（Waddesdon Manor）。此城堡式住宅在外形上直接模仿卢瓦尔河河谷(the Loire Valley)，建筑内装饰精美，有路易十五式家俱（Louis XV furniture)、萨伏内里地毯（Savonnerie carpets ）以及塞夫勒瓷器（Sevres procelain)。

到这时为止，城堡式住宅已开始慢慢走向衰落，但威廉·伯吉斯（William Burges）1868 ~ 1881 年间设计建造的卡迪夫城堡（Cardiff Castle）则是这时期非纯正哥特式复兴建筑（Gothic revival architecture）逐渐走向衰落的纪念碑。此建筑采用实心地基，有成排的角塔、尖顶和金字塔形屋顶和尖顶饰，其内部装饰则主要集中在彩色雕饰和画有彩画的顶棚。

直到 19 世纪 70 年代末，维多利亚时代乡村住宅的伟大时刻才真正来临，这比空想社会主义最后一次空前盛行要早。格拉摩根郡（Glamorgan）威廉·伯吉斯 1875 ~ 1881 年设计建造的红堡（Castell Coch）位于树木繁茂的半山腰，其敦实的圆柱状塔楼上是圆锥形屋顶。这一建筑外观质朴、不加修饰，其内部却华丽精美。尽管乡村住宅在这一鼎盛时期过后并没有削弱其发展势头，但建筑尺度的确变小了，住宅的功能也逐渐趋向城市中已不再流行的生活方式，不再按照大型庄园来设计。

上图：独特的沃兹登庄园完全展现法国风格。其主要的房间用法式木格子形成直线韵律，室内布置大量法式家具和美术品。并且此庄园的花园是由法国园艺家雷恩（Laine）设计的

维多利亚时代也是中产阶级迅猛发展的时期，而最能代表他们期望和理想的方式就是修建独立式住宅。他们多在乡村或城市郊区建造这种独立式住宅。

郊区带花园独立式小型住宅是英国人理想的生活环境。当这一新的住宅形式第一次盛行时，建筑主要采用独特的意大利别墅式样或村舍式样。而推动这两种风格盛行的建筑师是约翰·纳什（John Nash），这种住宅延续了前一时期最流行的建筑风格，其屋顶多用灰泥粉饰，主要采用类似于19世纪50年代甚至更早时期的意大利风格、村舍风格，甚至哥特风格。许多沿用这一风格的建筑作品都收集在帕普沃思（J.B.Papworth）1818年出版的《乡村住宅》（Rural Residences）和查尔斯·帕克（Charles Parker）1832年出版的《乡村别墅》（Villa Rustica）两本书中。

然而到1855～1875年间，即维多利亚时代中期，这种小型住宅和牧师住宅开始受到普金思想的影响。普金在自己的别墅——圣玛丽农庄（St Marie's Grange）中创造了带有他个人风格的歌特式建筑。这座别墅位于威尔特郡索尔兹伯里市（Salisbury, Wiltshire）附近的奥尔德伯里（Alderbury），建于1835～1836年间，是一栋采用哥特式建筑细部、石头装饰和石板屋顶的红砖房。受普金这种建筑风格影响的建筑师有威廉·巴特菲尔德、威廉·怀特（William White）和乔治·埃德蒙·斯特里特（George Edmund Street），他们都采用当地已获得的石头或红砖等材料，建筑细部采用改良哥特式风格，从而满足了19世纪的社会生活方式。

巴特菲尔德1853在约克郡科维克（Cowick, Yorkshire）的一栋教区牧师住宅中绝妙地展现了这种风格，这栋红砖建筑配以木框架窗和简洁的陡屋顶。

卡迪夫城堡三处景观：
上左图：八角形楼梯
上右图：赫伯特塔楼（Herbert Tower）第一层内阿拉伯风格顶棚，这也是伯吉斯在卡迪夫城堡的最后遗作。他死于1881年，死时卡迪夫城堡的装修工作还未完成
下左图：图书馆大门
下右图：伯吉斯另一标志性作品——红堡，重建工作也是他完成的。城堡南侧凸出部分完全仿照岩石造型，用了大量石礅支撑塔楼。石礅较低矮的部位采用氧化铁（red stone）饰面，而其上面则是灰色石灰石粉饰

怀特和斯特里特继续发展了这一建筑风格。怀特1855年在康沃尔郡圣哥伦布·梅杰的佩恩密林别墅（Penmellyn,St Columb Major,Cornwall）正好展现了这一建筑风格。这座建筑的山墙之上木窗的拱肩安置了悬石板。从墙体到住宅尽端的烟囱之间则安置了一个小小的凸肚窗，此窗为三角形，用一根木架支撑。

在19世纪末，尽管斯特里特设计的牧师住宅风格越来越肃穆、庄重，佩恩密林市的哥伦布·梅杰爵士别墅与斯特里特所采用的风格还是存在着一定的相似之处。当1857～1860年间斯特里特在白金汉郡新巴拉德维尔市（New Bradwell, Buckinghamshire）设计住宅时，他已放弃了多彩装饰手法，将原先是扶壁的位置建成平滑的红砖墙，并在此开窗，装上简洁式样的木制上下推拉窗。

斯特里特晚期的建筑风格在菲利普·韦布为威廉·莫里斯设计的著名建筑——红屋（Red House）中得以呼应。这栋建筑位于肯特郡贝克斯里赫斯（Bexleyheath, Kent），建于 1859 ~ 1860 年。尽管此住宅的规模并不算大，但却极好地展现了建筑的稳固性和持久性，且整栋建筑相当质朴，毫无矫饰之感。

上图：肯特郡贝克斯里赫斯的红屋，建于 1859 ~ 1860 年，由菲利普·韦布为威廉·莫里斯设计。尽管莫里斯不是一名建筑师，却协助韦伯建造了一栋保留许多哥特复兴特征（Gothic revival）的住宅，此建筑还明显反映了工艺美术运动（the Arts and Crafts movement）风格的特征——质朴、舒适

然而，红屋的内部却比其外观要豪华得多，有伯恩-琼斯设计的彩色玻璃、莫里斯设计的装饰感极强的彩色墙纸以及一些体量巨大的家具。客厅则内置，位于小型艺术画廊的末端。

在维多利亚时代晚期，建筑师们逐渐开始不再参考书本上固有的建筑风格，而是不断思考、探索一种更简洁、更易建造的住宅，以尽量减少本地建筑中常见的特征。

19 世纪中叶，英国国教的建筑师和一些能工巧匠们共同推动了这一趋势的发展。其中代表人物有乔治·德维（George Devey）、伊顿·奈斯菲尔德（Eden Nesfield）以及理查德·诺曼·肖。奈斯菲尔德和肖在他们职业生涯的早期共同创办了一家建筑事务所。

德维是维多利亚时期最多产的乡村建筑师之一。在那些欣赏其才能的雇主对他进行宣传之前他已声名远扬。他设计的住宅总是利用当地的建筑材料，如他 1856 ~ 1882 年间设计建造的肯特郡贝迪山格庄园（Betteshanger

下图：肯特郡迪尔（Deal, Kent）附近的贝迪山格庄园（Betteshanger House），此建筑是乡村住宅各种风格的大杂烩，设计方案花费了 26 年的时间才完成

上图：克拉格赛德别墅，从峡谷看过去即是其花园
右图：肖为雷斯伍德别墅绘制的雕版图
下图：金麦尔庄园的中央大厅

对页图：勒琴斯两座大型浪漫主义风格的住宅
上：芒斯特德·伍德别墅 (Munstead Wood)
下：教区花园别墅 (Deanery Gardens)。设计于1901年，为《乡村生活》杂志出版人爱德华·哈得逊 (Edward Hudson) 设计

House)，这栋住宅给人一种散漫自由的感觉，采用许多当地建筑材料——石头、燧石、红砖、黄砖和瓷砖；德维还设计了许多高烟囱、带竖框的凸肚窗以及荷兰式山墙。所有这一切真正创造了独一无二的建筑风格。

而推动这一独特的本土建筑或“古老英式建筑”发展以及流行的是建筑师奈斯菲尔德和肖。肖在萨塞克斯郡 (Sussex) 威尔德市 (Weald) 建造了许多住宅，每栋住宅都有高高的砖砌烟囱、带竖框的窗户和盖墙瓦。这类住宅的典型代表是肖1866年在萨塞克斯郡威西哈姆(Withyham)地区附近的雷斯伍德 (Leyswood) 建造的一栋住宅，此住宅沿着一个庭院三面布局。非常遗憾的是，住宅的主要部分已被毁坏，只剩下门楼和庭院了。

德维极力避免自己为声名所累，而肖却积极宣传自己，在全国都有他设计的此类风格相似的住宅，包括1870～1885年间在诺森伯兰郡洛斯伯利 (Rothbury, Northumberland) 设计的克拉格赛德别墅 (Cragside House)。此住宅位于树木葱郁的林地之中，隐藏在一条长长的道路尽头。只有开车经过一条长长的道路之后才可以一睹庐山真面目。此建筑的木框架山墙和烟囱高高耸立着，而比其更高的是钝锯齿形塔楼。

同时，奈斯菲尔德在1868年也创造了最早的、最大的乡村住宅之一，这栋住宅位于登比郡阿伯盖莱市 (Abergele,

Denbighshire）附近的金麦尔庄园（Kinmel Park），此建筑采用安妮女王风格，其平面采用不规则式布局：中心是中庭，中庭的一端是服务区，安排服务功能空间；庭院的另一端是接待室。烟囱、老虎窗以及高耸的复折式屋顶进一步打破了建筑的对称性，让人感觉这是一座法国式城堡，

格特鲁德·杰基尔(1843～1932年)

1861～1867年间，格特鲁德·杰基尔一直在南肯辛顿学校(the South Kensington Schools)学习，她在1868年去罗马的马格塔街(Margutta, Rome)的琪琪学院 (Gigi's Academy)之前，参加了英国费奥利绘画课程(Fiori's drawing classes in London)。

1875年1月，她与威廉·罗宾逊(William Robinson)相识，当时她去《花园》(The Garden)杂志社拜访。此杂志创建于1872年，罗宾逊主要把此杂志作为传播他思想的一种工具，他热衷于自然式花园，对"野趣园"极感兴趣。次年，杰基尔的父亲去世，她随母亲搬到萨里郡芒斯特德赫斯(Munstead Heath, Surrey)。他们在那儿有了一个新家，由约翰·詹姆斯·史蒂文森(John James Stevenson)设计。杰基尔在此初展才艺，设计了她的第一个花园，罗宾逊对这个花园评价颇高。

1894年杰基尔在她母亲家旁边建造了她自己的家——哈特(The Hut)别墅，这是她首次与埃德温·勒琴斯合作。当时勒琴斯只有25岁，出生于一个不起眼的小村——瑟斯利(Thursley)。

杰基尔小姐的母亲于1895年去世，她死于格特鲁德·杰基尔和埃德温·勒琴斯开始建造芒斯特德·伍德别墅(Munstead Wood)之后。芒斯特德·伍德别墅后来成为萨里郡农舍竞相模仿的对象，即使那些没有农场的地方也建造这种风格的住宅。杰基尔对建筑周围的环境进行了精心的设计，并为她的家挑选了精美的家具，建筑简洁的内部装饰与周围的环境相得益彰，相互呼应。后来此花园成为萨里园艺学校的象征，并且此建筑也成为萨里郡和萨塞克斯郡常用的风格。

1897年杰基尔小姐搬到芒斯特德·伍德别墅，成为优秀乡土建筑师勒琴斯的绝佳搭档，告诉他如何最好地使用自然形态的石头、砖块和木材，以及如何同步进行建筑设计和花园设计，使其成为一个完美的和谐体。芒斯特德·伍德别墅使她声名远扬，其设计项目数不胜数，最少有300多件，和勒琴斯一起合作的项目多达40余件，而其他的项目则是她与当时极负盛名的建筑师一起合作完成的。

杰基尔还热衷于引进新的植物物种，设计新的种植类型，她也勤于写作，将其理论和实践项目总结成书，一生著作颇丰。其作品有:《树木和花园》(Wood and Garden)(出版于1898年，伦敦)、与劳伦斯·韦弗(Lawrence Weaver)合著的《景墙园和水景园》(Wall and Water Gardens)、与克里斯托弗·赫西(Christopher Hussey)合著的《花园设计》(Garden Ornament)，以及与韦弗合著的《花园和小型乡村住宅》(Gardens and Small Country Houses)。

而非较为严肃的伟大的哥特式英国乡村住宅建筑。

而查尔斯·F·安尼斯利·沃伊齐(Charles F.Annesley Voysey)更进一步推动了本土风格的复兴，他曾经为德维工作过一段时间。沃伊齐主要关注小型建筑，主要采用白色毛坯墙形成良好的视觉效果，这些低矮的建筑都有宽宽的屋檐、带竖框的窗户和优雅的石板屋顶。其中能很好地反映这些特征的住宅是1888年的沃里克郡伊特柯灵顿教区(Bishops Itchington, Warwickshire)别墅和1898年兰开夏郡温德米尔湖(Lake Winde-rmere, Lancashire)边的布罗德里斯(Broadleys)别墅。这两座建筑所形成的风格在后来的40年内得到广泛的效仿。

而最令人印象深刻的本土复兴风格的住宅是埃德温·勒琴斯在维多利亚时代末期所设计的住宅。勒琴斯早期的职业生涯主要受格特鲁德·杰基尔(Gertrude Jekyll)的影响，他1896年在萨里郡格尔达尔明市(Goldalming, Surrey)附近设计了芒斯特德·伍德别墅1899年设计了萨里郡堤格伯恩别墅(Tigbourne Court, Surrey)。尽管堤格伯恩别墅更让人激动，更有吸引力，但此建筑却是利用本地石料建造而成的，并且吸收了17世纪时本地建筑的细部特征。

乔治·德维从制图板的规定到

左上图：埃德温·勒琴斯爵士 1899 年在萨里郡设计的堤格伯恩别墅（Tigbourne Court）

下图：萨塞克斯郡博格诺（Bognor, Sussex）塔屋（Tower House）的建筑立面

左中图：查尔斯·沃伊齐（Charles Voysey）1900 年在白金汉郡乔利伍德市（Chorley wood, Buckinghamshire）设计的奥查德别墅（Orchard）

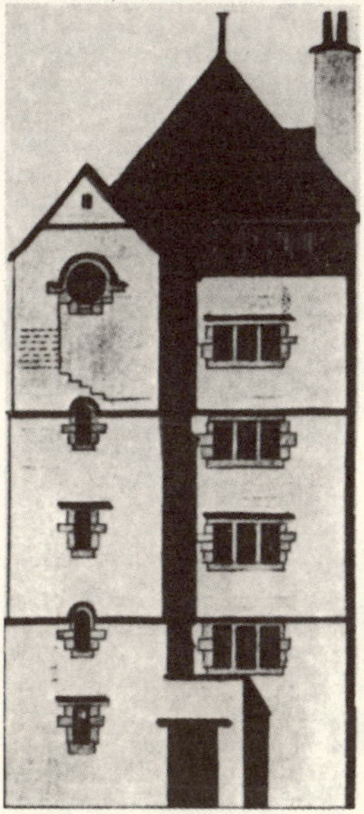

左下图：查尔斯·伦尼·麦金托什 1902 ~ 1906 年在苏格兰海伦斯堡设计的（Helensburgh, Scotland）希尔别墅（Hill House）

上图：麦克默多的列恩《城市教堂》一书的封面，出版于1883年

自由乡土建筑等方面贡献巨大，理查德·诺曼·肖、伊顿·奈斯菲尔德和菲利普·韦布在16世纪和17世纪住宅建筑的基础上形成了各自独特的建筑风格。他们运用石头、木材和灰泥形成了具有乡土风情的住宅，而不再追求哥特式建筑风格了。

韦布在第一性原理（first principles）的基础上形成了自己独特的设计风格，而后来他也有一大批追随者：工艺美术建筑师查尔斯·沃伊齐、埃德加·伍德（Edgar Wood）、贝莉·斯科特(Baillie Scott)、爱德华·施罗德·普赖尔(Edward Schroeder Prior)、威廉·理查德·勒萨比（William Richard Lethaby）、阿瑟·赫格特·麦克默多（Arthur Heygate Mackmurdo）、詹姆斯·麦克拉伦（James MacLaren）和苏格兰的查尔斯·伦尼·麦金托什。当然，沃伊齐是所有追随者中最成功的一个，而麦金托什的苏格兰式住宅则展现出一种新的简洁性。

这些建筑师除了在建筑方面表现出非凡的能力，还涉足室内设计、家具设计等，充分发挥他们的想像力和创造力，同样也取得了极大的成就，沃伊齐式家具是20世纪早期人们最常见的选择。通过杂志、书籍，如《德国装饰》(Deutsche Kunt und Dekoration)，这些新型英式风格逐渐传播到了国外。其中麦金托什在维也纳（Vienna）、慕尼黑（Munich）和都灵（Turin）的影响比在英国还要大，以至

左图：贝伦斯1901年为他自己的住宅所画的立面图，此住宅位于德国达姆施塔特(Darmstadt, Germany)

右图：1900年彼得·贝伦斯(Peter Behrens)为《德国装饰》(Deutsche Kunt und Dekoration)所设计的宣传海报

于把他划入维也纳分离派（the Vienna Secession）。1896 年赫尔曼·穆特休斯（Hermann Muthesius）逐渐加强了英国建筑在其他国家中的影响力，他是一名普鲁士皇家国外贸易（the Imperial Prussian Board of Trade）的大使专员，从 1880 年开始被派到英国学习和收录英国乡土建筑，这一过程一直持续到 1904 年。他几十年的研究最后的成果收录在两本专著中——《当代英国建筑艺术》（Englische Baukunst der Gegenwart）和《英国住宅》（Das Englische Haus），第一本书出版于 1900 年，主要研究城镇住宅；另一本书出版于 1904 年，主要介绍英国乡村住宅。

万圣教堂（All Saint）入口，伦敦玛格丽特大街（Margaret Street），威廉·巴特菲尔德（William Butterfield）1849～1859年设计建造

第四章　教堂建筑

大约从1790年起，英国克拉彭教派（the Clapham Sect）开始积极倡导奴隶解放运动，之后此教会的影响力越来越大。此教派是约翰·韦恩（John Venn,1759～1813年）在克拉彭教区任教区长时发展起来的，一直到韦恩逝世。此教派的成员有威廉·威尔伯福斯（William Wilberforce）、亨利·桑顿（Henry Thornton）、詹姆斯·斯蒂芬（James Stephen）和罗德·麦克利（Lord Macaulay）。许多英国国教徒慈善家们是议会成员，他们主要致力于监狱改革，积极热诚地、挨家挨户地宣传《圣经》（Bible），倡导正直和道德，厌恶放荡的生活方式和罪恶。简而言之，他们是维多利亚时期思想行为的模范，在不断膨胀的城市人口中进行慈善活动，宣传文化教育、卫生和自律。因而他们要采取措施以保证有教养的家庭生活方式得以实现，当已有的教会所起到的社会影响瓦解时，在某一时刻将会引发一场宗教战争。

因此，宗教在对城市主体和社会稳定方面的影响是极不寻常的，而实现宗教的这种教化作用则要归功于牧师和俗人们的共同努力。在维多利亚时期，最显著进步的方面有：成年人的文化水平、住房条件和公共卫生的改善等。而对于一般百姓来说，有形的纪念是在一场惊人的社会变革中保存了大量维多利亚时期的教堂和小礼堂建筑。

1666年伦敦大火（the Great Fire of London in 1666）之后的1711年，英国颁布了著名的《议会法案》（Acts of Parliament），其中规定建造新的教堂建筑。到1818年时又颁布了建造“50座新教堂”的法案。因此在一些著名的教区，如在有大主教的教堂，政府会另捐赠100万英镑来建造教堂。到1828年，新一轮的法案取得了辉煌的成果——又建造了214座新教堂。大部分教堂——170多座教堂都采用尖顶哥特式风格，这种风格上的一致在资金有限时是必要的。然而，在维多利亚时期出现了许多宗教建筑，几乎每个宗教团体都有自己的活动场所。

在19世纪20～30年代，对于信仰罗马天主教（the

右图：普金著作——《建筑比较》的封面（1836年出版）。此图片上方是位于摄政大街的国家艺术馆（the National Gallery, Regent Street）细部设计图（肖和亚伯拉罕设计）。封面最下方党斯教堂采用亚扪设计风格（Dance's Ammonite order）。伦敦帕尔商业街52号的莎士比亚艺术馆（the Shakespeare Gallery, 52 Pall Mall, London）也采用了此建筑风格。封面中间从左至右依次是兰厄姆地区的万圣大教堂（All Souls, Langham Place）、摄政大街的圣菲利普教堂（St Philip's, Regent Street）、威斯敏斯特医院教堂（Westminster Hospital）、摄政公园福尔摩斯教堂（the Holme, Regent's Park）和哈格斯顿圣母大教堂（St Mary Haggerston）。圆柱、拱门之间的空间采用索耐（Soane）风格，卡尔顿俱乐部（the Carlton Club）和坦普尔图书馆内部（the Inner Temple Library）采用弧三角拱、山尖形装饰，而（从左至右）是摄政广场的圣彼得教堂（St Peter's, Regent Square）和滑铁卢路的圣约翰教堂（St John's, Waterloo Road）的尖顶

Roman Catholic）的教员在社会和政治方面的限制有所缓和，这也导致了天主教（Catholicism）在英国逐渐复兴。到19世纪中叶时，此教派的全套教会等级制度得以重建，随着天主教的发展壮大，在大一些的城镇的天主教堂（Catholic church）经常举行大规模的集体活动。

天主教在英国得以大范围推行，为人们所接受，主要归功于奥古斯塔斯·维尔比·诺斯莫·普金（Augustus Welby Northmore Pugin）的著作。他于1834年信奉天主教，于1836年出版《建筑比较》(Contrasts in Architecture)，这本书出版后一直有很大的争议。在这本书中，普金责难哥特式建筑远远傲居于文艺复兴建筑和古典主义建筑之上，并且哥特式建筑将基督信仰（the Christian faith）具体化、世俗化了。他将古典主义风格建筑描述为异教徒——就像他认为新教(Protestantism）一样，认为古典建筑的教堂是一个怪物。他还指责那些天主教徒（Catholics）为那些信奉天主教教徒设计的尖顶式（哥特式）建筑。

上图：普金的纽卡斯尔市圣母罗马天主大教堂 (Roman Catholic Cathedral of St Mary, Newcastle)，1844年建造，是一座堂区教堂。其67米高的尖顶是19世纪60年代时约瑟夫·阿洛伊修斯·汉瑟姆 (Joseph Aloysius Hansom) 设计的

普金进一步指出艺术直接与社会状况相关联，只有在实际社会生活中才会产生真正的艺术。他认为只有在中世纪（the Middle Ages）为人们创造了高质量的生活，并坚信只有当中世纪时期那种虔诚和公共信仰得以重建时，一个真正伟大的基督建筑才会再生。

19世纪早期，在乡村和贵族阶层中，天主教的影响最深，他们也是天主教最忠实的拥护者。这时，新的天主教堂逐渐取代英国国教教堂。传统的英国国教教堂中座位是相互分开的，且私密的家庭祈祷室是需要付费的，不过可以在同一个家族中一代一代地传递下去。

早期的天主教堂内部极为朴素、简洁，没有大量的雕像和装饰，只设置了最基本的圣坛。到19世纪中叶时，天主教堂的服务功能增加，而教堂也变得越来越复杂。然而，那时修建的教堂大多还是十分单调，当然除几个十分著名的教堂以外，其中有索尔福德天主教堂（the Cathedral of Salford)，此教堂建于1844～1855年，由约翰·格雷·维特曼（John Grey Weightman）和马修·爱迪生·哈德菲尔德

(Matthew Edison Hadfield) 设计；兰开夏郡普里斯顿的圣沃尔伯格教堂 (St Walburga's church, Preston, Lancashire)，此教堂建于1850年，约瑟夫·阿洛伊修斯·汉瑟姆，此教堂的尖顶高耸、优美。

这一令人印象深刻的尖顶借鉴了法国早期（大约1300年）第二代尖顶式样 (second pointed style)，看上去掺杂了英国国教教堂风格，1852年普金去世后，他的儿子爱德华·维尔比·普金 (Edward Welby Pugin) 继续借鉴欧洲风格，最为显著的是他1864～1872年在曼彻斯特戈尔顿市 (Gorton, Manchester) 设计的圣弗朗西斯教堂 (St Francis' church) 采用了欧洲大陆哥特式复兴风格 (continental revival Gothic)，是此建筑风格的典型代表。此教堂的西立面（正立面）是高高的、斑驳的钟塔，呈十字形布局，位于两个大格子窗之间的一个巨大的中心扶壁之上，直插云霄。

19世纪20年代后，许多建筑师都设计天主教教堂。因此，当1878年伦敦奥拉托里的圣菲利普尼利教堂 (London Oratory of St Phillip Neri) 和布朗普顿圣母圣心堂 (the Church of the Immaculate Heart of Mary at Brompton) 宣布要建造新教堂时，有许多能力相当的竞争者。而获得此项设计的胜出者是赫伯特·奥古斯塔斯·凯特·格利伯 (Herbert Augustus Keate Gribble)，他设计的教堂是英国最重要的天主教堂，采用了意大利文艺复兴风格。哥特式风格盛行于整个维多利亚时期，而格利伯的罗马式巴洛克风格 (Roman Baroque) 则显得极为新颖，与建于1895～1903年间的威斯敏斯特大教堂 (Westminster Cathedral) 最终展现在世人面前的拜占庭风格 (Byzantine) 也绝然不同。

约翰·弗朗西斯·本特利 (John Francis Bentley) 设计的大教堂是用巨型砖块建造而成，用石料装饰的。最初的提议是此建筑应模仿罗马圣彼得大教堂 (the Basilica of St Peter, Rome) 的建筑风格，而当新一任大主教上任，同时"现代"拜占庭复兴风格 (modern Byzantine revival style) 继续流行时，最初的设计想法不免要有些改动。此

上图：伦敦奥拉托里的圣菲利普尼利教堂（London Oratory of St Phillip Neri）和伦敦肯辛顿布朗普顿圣母圣心堂（the Church of the Immaculate Heart of Mary at Brompton, Kensington, London）精致的罗马巴洛克外观。1878年赫伯特·奥古斯塔斯·凯特·格利伯设计

下图：布朗普顿奥拉托里教堂内部华丽的装饰与巴洛克外观相互呼应，大量的支柱将侧部礼拜堂分隔开来

教堂运用长方形会堂设计理念，主要反映天主教团之间相互团结和重新恢复原有的宗教等级制度，并沿用圣彼得大教堂（St Peter the Apostle）的许多传统风格。此教堂正厅两侧是外向型的小礼拜堂，交叉处运用十字形圆顶，十字形教堂左右翼并未建于墙体和圣坛之上。所有的支撑物位于建筑内部，因而从外面看时，整个建筑顶端像是个平台，从建筑立面的底端一直到顶端都采用红砖和白色波兰石形成条纹图案。两翼的塔楼和高塔之上大多都是大大小小的圆形穹顶。

世人对天主教教堂的接纳主要表现在积极建造天主式教堂，而天主教的盛行也促使英国国教教徒采取相应的行动。牛津和剑桥大学学会（the University Societies at Oxford and Cambridge）鼓励研究教堂建筑，这促进了哥特艺术和

上图：伦敦威斯敏斯特天主大教堂（the Catholic Cathedral of Westminster, London），1894年约翰·弗朗西斯·本特利设计。此建筑基于本特利在意大利的研究结果之上，采用拜占庭复兴风格。此教堂群由教堂中殿、两侧礼拜堂、圆形交叉殿、教堂高坛组成。教堂的十字形翼部并没有建于围墙之上。所有的圣台都改造成纵向圆顶，采用吉苏（Gesu）设计式样。这一风格源于罗马伊尔吉苏耶稣教会（the mother church of the Society of Jesus in Rome, Il Gesu）的教堂。此教堂建于1568～1573年，由加科莫·巴罗兹·维格诺拉(Giacomo Barozzi da Vignola）和加科莫·黛拉·波特（Giacomo della Porta）设计

建筑的盛行，使得英国国教教教徒认为哥特风格是重振英国国教教堂的一种手段。

《英国1832年议会选举法修正法案》（the Great Reform Bill of 1832）颁布后，英国国教教堂不仅受到普金的非议，同时也受到新教会运动的威胁。新教会的建筑可以容许相似宗教团体使用，其结果是英国国教团体采纳了普金的建筑理论，此教团还经营《教堂建筑》（Ecclesiologist）杂志。他们按照自身的需要对普金的建筑理论稍作改动，开始建造中世纪尖顶哥特式复兴风格（the middle pointed Gothic revival style）的教堂。他们在已有的建筑物中加入这种新的风格，因此，这些建筑失去了早期原有的英国特征或垂直特征。

右图：威斯敏斯特天主大教堂西立面入口

在 1830 ~ 1861 年间，英国大约建造了 1500 座新教堂，而且每年新教堂的数量都比前一年增加了一倍，这一趋势一直持续到 19 世纪末。这一阶段是教堂建筑的繁荣时期。到 1873 年时所有教区 1/3 的教堂得以重建、改造，到世纪末时所有的教堂都焕然一新。而推动教堂建设的正是《教堂建筑》，此杂志既影响那些在此工作的建筑师，也影响了那些阅读此杂志的建筑师们。可以这样说，擅长教堂建筑的建筑师实在太多了，因此没法一一列举，而其设计的教堂太小也不足以留下太大的研究价值。

教堂建筑第一次飞速增长是在 1820 ~ 1845 年间，尽管第一代尖顶早期英国式风格也很常见，但主要还是采用第三代尖顶风格（the third pointed style）。当 1845 年教会掌握国家权力后，也开始寻找解决许多实际问题的方法。这时主要采用第二代尖顶哥特式风格或中世纪尖顶哥特式风格（the second or middle-pointed Gothic style）。其思想渊源是 14 世纪早期的装饰风格，但融入了哥特式建筑最好的元素特征，被认为是文明的欧洲国家共同的建筑语言。因此，

尖顶哥特式风格（The pointed Gothic styles）

在维多利亚复兴建筑时期有三个主要尖顶哥特类型。每一种类型根据各地的建筑类型有许多不同之处。它们仿照最早的建筑风格：左边是最原始的名字，右边是维多利亚时期的名词：

早期英国式=第一代尖顶
装饰性=第二代尖顶
垂直性=第三代尖顶

万圣教堂，伦敦马格丽特大街

万圣教堂是教会组织（Ecclesiological Society）教堂建筑的模范。1849 ~ 1859 年建造，威廉·巴特菲尔德于 1848 年设计，其基址原先只有一些小住房和小商店。

威廉的方案主要是在狭窄的场地上建造一栋牧师宿舍和一所唱诗班学校，此处已有一所教堂。不过先前的教堂主要是满足这个社区牧师的生活，为了庆祝 19 世纪 30 年代鼓吹复兴天主教的牛津运动的日常需要。

这是维多利亚时期主要建筑之一，采用构造色彩。这座建筑标志着后维多利亚时期哥特式复兴风格的开始，同时也是巴特菲尔德多彩装饰的开始，建筑表面

用砖块和瓷砖贴面。此红砖建筑用条石、拱石装饰，且黑砖和巴斯岩（Bath stone）组成菱形图案。而尖塔顶和屋顶主要采用石墨和板岩。

教堂占据场地的北边，唱诗班学校位于西南角，而牧师宿舍则位于场地的东南。

其拱形门由大街边通向庭院。这座感染力极强的建筑极有观赏价值。

这座建筑的风格确实反映出欧洲教堂文化，其外部的多彩装饰源于德国，而其内部装饰则源于意大利。中世纪尖顶哥特风格可以从教堂窗户的窗饰中看出，菱形砖饰中还添加垂直要素。因此万圣教堂毫无疑问是当时建筑的一个例外，其意义重大，而其影响力也是显而易见的。

这一建筑语言应是使教堂建筑走向统一的催化剂。

然而，《教堂建筑》却认为这种建筑风格是转向一种更为优雅的哥特式风格的踏脚石。这种风格适合它所在的时代，也就是我们所说的后维多利亚时期。在后维多利亚时期的教堂，色彩是最重要的元素，这在伯克郡温莎市的艾伯特纪念礼拜堂（the Albert Memorial chapel, Windsor, Berkshire）发挥到了极至。此教堂的内部装饰到 19 世纪 60 年代才完成，囊括了各种风格。这座带有强烈大陆式哥特风格的建筑受到法国和德国哥特式建筑的影响。然而，很快地，聚集状的尖塔被巨大的圆柱体取代，而这是 13 世纪典型的早期勃艮第哥特式（Burgundian Gothic）风格，生动的彩饰艺术随之逐渐失去了优雅的光泽。

这里出现了崇尚自然法则的教堂建筑，如圣安德鲁大教堂（St Andrew's），此建筑建于 1867 ~ 1870 年，由詹姆斯·布鲁克斯（James Brooks）设计，位于埃塞克斯郡普拉斯托（Plaistow, Essex）区。此教堂重新采用了最早的第一代法式尖顶哥特式风格（French first pointed Gothic）。布鲁克斯设计的教堂采用宽而高大的屋檐、狭窄的走廊、高窗和勃艮第式宽而短的柳叶花饰窗格。所有这些特征在圣约翰大教堂（St John the Baptist）中得以完美地展现，此教堂建于 1872 ~ 1911 年，位于伦敦的霍兰德公园（Holland Park, London），综合了勃艮第哥特式建筑风格（Burgundiam Gothic）和英国 13 世纪西斯特（English Cistercian）风格。

下图：约克郡斯图德里皇家区圣母大教堂 1870 ~ 1878 年威廉·伯吉斯设计

而当生动的多彩装饰不再流行时，壮丽的几何式装饰开始出现，抽象性装饰和高大的雕塑装饰也得以发展。威廉·伯吉斯推动了这一风格的风行，可以在其 1870 ~ 1878 年设计建造的圣母大教堂（St Mary）[位于约克郡斯图德里皇家区（Strudley Royal, Yorkshire）] 和 1870 ~ 1876 年设计的康索勒基督教堂（Christ the Consoler）[位于斯凯尔顿尤里区（Skelton-on-Ure）] 中表现出来。

然而有争议的是，19 世纪 70 年代最伟大的教堂却是由约翰·劳伯拉夫·皮尔逊（John Loughborough Pearson）设计的教堂，其中有 1868 ~ 1873 年在牛津郡弗里兰市

左图：皮尔逊优美的乡村教堂之一：牛津郡弗里兰市（Freeland, Oxfordshire）圣玛丽大教堂（St Mary the Virgin），建于1868～1873年

（Freeland, Oxfordshire）设计建造的圣玛丽大教堂（St Mary the Virgin）。这座巨大的红砖建筑其内部全为拱形，是伦敦最大的维多利亚时期的教堂之一。圣玛丽大教堂正厅过道正上方的窗户采用了木质花饰窗格，正厅末端是一个华丽的拱形圣台以及柳叶饰的半圆形后殿。另外，圣台之上使用略带桃色的灰石拱顶，拱顶之上则是红色的箭形构筑物。正如尼古拉斯·皮维斯内（Nikolaus Pevsner）所描述的那样，所有的这一切都展示了神职人员关于宗教建筑神圣美的理论。圣奥古斯丁（St Augustine）大教堂的塔楼和尖顶源于法国卡昂（France, Caen）的男子修道院（the Abbaye-aux-Hommes），而其采用的室内扶壁则源于法国阿尔比（Albi, France）大教堂。皮尔逊1880～1912年间在康沃尔郡（Cornwall）建造特鲁洛大教堂（Truro Cathedral）时继续沿用了法国哥特式风格，他在此建筑中糅合了法国和英国第一代尖顶式样。

在维多利亚时期的最后几十年，刚硬的教堂已开始失去吸引力，这时出现了一种新的建筑风格——英国晚期哥特式复兴风格（the revival of English late Gothic styles），从

左上图：阿尔比西南部堡垒状的大教堂
右上图：特鲁洛大教堂（Truro Cathedral）的西立面在夜晚灯光下的效果
右下图：伦敦吉尔本公园路（Kilburn Park Road, London）圣奥古斯丁与圣约翰大教堂（St Augustine with St John）的内部空间。此教堂内部转换处的连桥仿照了威尼斯的圣马克大教堂（St Mark's in Venice）

后维多利亚时期（high Victorian）发展到后维多利亚哥特式（late Victorian Gothic），体现这一过程转变的是霍利教堂（the church of the Holly Angels）。此教堂位于斯塔福德郡霍克罗斯（Hoar Cross, Staffordshire），由乔治·弗雷德里克·伯德利（George Frederick Bodley）和托马斯·加纳（Thomas Garner）1872 ~ 1876 年设计建造而成。它拥有极为优美的走廊式天窗圣台，其屋顶采用 tierceron 拱顶，教堂的十字形翼部和教堂中殿采用木梁结构屋顶。此建筑采用晚期装饰风格，而其塔楼则采用垂直元素。

伯德利晚年的建筑风格有很多继承者。但是更为年轻的英国建筑师则开始追求一种垂直（第三代尖顶）风格。

因此，在半个多世纪的时间里，整个流行风格转换了一个轮回，从早期奥古斯塔斯·维尔比·诺斯莫·普金的圣母院 [德比市 (Derby) 1837 ~ 1839 年] 和圣奥尔本教堂 (St Alban) [麦克尔斯菲尔德（Macclesfield）1838 ~ 1841 年] 都采用垂直风格——小小的圣台、典型的第三代尖顶窗饰，到爱德华·格雷厄姆·佩利（Edward Graham Paley）和休

后维多利亚时期的教堂

万圣教堂 (All Souls)。约克郡哈利法克斯市哈利山 (Haley Hill, Halifax, Yorkshire)，1855 ~ 1859 年建造，由乔治·吉尔伯特·斯科特爵士 (Sir George Gilbert Scott) 设计。这是他最好的建筑作品，综合运用了第一代尖顶、第二代尖顶元素、中央支柱和早期法国哥特式字雕。

圣迈克尔教堂 (St Michael)。汉普郡林德赫斯特市 (Lyndhurst, Hampshire)，1858 ~ 1870 年建造，威廉·怀特设计。

圣迈克尔教堂 (St Michael)。牛津郡利菲尔德市 (Leafield, Oxfordshire)，始建于 1860 年，却于 1874 年竣工，乔治·吉尔伯特·斯科特爵士设计；早期 13 世纪风格，采用柳叶饰、四分之一叶形片装饰，高高的尖顶横塔。

圣安德鲁教堂 (St Andrew)。莱斯特市加罗姆大街 (Jarrom Street, Leicester)，1860 ~ 1862 年建造，乔治·吉尔伯特·斯科特爵士设计；采用第一代大陆哥特式尖顶风格，为红砖建筑，用蓝砖 / 黑砖和石头作为装饰。

圣伦纳德教堂 (St Leonard)。伍斯特郡纽兰市 (Newland, Worcestershire)，1862 ~ 1864 年建造，菲利普·查尔斯·哈德维克 (Phillip Charles Hardwick) 设计；成对的大理石圆柱表现出一种早期法国哥特式风格。

圣彼得教堂 (St Peter's)。伦敦市沃克斯豪尔 (Vauxhall, London)，1863 ~ 1865 年建造，约翰·劳伯拉夫·皮尔逊 (John Loughborough Pearson) 设计；早期法国第一代尖顶风格，教堂中殿至半圆形圣坛部分采用高耸的纵向天窗，其内采用构架形拱顶。

圣萨威教堂 (St Saviour's)。伦敦市阿伯丁公园 (Aberdeen Park, London)，1865 年建造，威廉·怀特设计；多彩装饰哥特式作品，其内部为精致砖饰，用蜡制图案做修饰 (不再在礼拜堂中运用)。

圣玛丽教堂 (St Mary Magdalene)。伦敦市帕丁顿伍德切斯特广场 (Woodchester Square, Paddington, London)，1867 ~ 1878 年建造，乔治·埃德蒙·斯特里特 (George Edmund Street) 设计；帕丁顿首个高级英国国教 (High Anglicanism) 建筑，采用第一代尖顶风格。

伯特·詹姆斯·奥斯汀（Hubert James Austin）1893 ~ 1897 年建造的圣乔治教堂（St George church）。此教堂位于柴郡斯托克波特市的巴克斯顿大街（Buxton Road, Stockport, Cheshire），采用垂直风格，但与普金的风格相比，其风格更加刚硬、肯定和独特。

哥特式复兴风格（the Gothic revival）可以分为三个明显的时期。但到了 1901 年时，除了伯德利和约翰·弗朗西斯·本特利以外，那个时代最伟大的建筑师都已去世。因此，到 20 世纪将会产生一批新一代的教堂建筑设计师，但除了少数人外，大多数年轻一代的设计师们却没有沿用前辈们复兴的传统风格。

而这些例子之中最有名的一个案例是在艺术工匠行会（the Art Workers' Guild）和工艺美术运动（the Arts and Crafts movement）的激发和支持下完成的。圣三一体教堂（Holy Trinity church）是亨利·威尔逊（Henry Wilson）在艺术工匠行会和工匠的支持下完成的，此教堂位于切尔西的斯罗尼大街（Sloane Street, Chelsea）。威廉·理查德·勒萨比（William Richard Lethaby）1902 年在赫特福德郡布罗克汉普顿罗斯（Brockhampton-by-Ross, Hertfordshire）设计的采用混凝土拱顶的万神（All Saints）教堂，以及爱德华·施罗德·普赖尔 1906 ~ 1907 年在森德兰市洛克公园（Roker Park, Sunderland）设计的圣安德鲁大教堂（St Andrew）是工艺美术运动最好的教堂建筑。

下图：柴郡斯托克波特市的圣乔治教堂（St George church, Stockport, Cheshire）内部空间

弗雷德里克·惠勒（Frederick Wheeler）在米德尔塞克斯郡诺斯伍德（Northwood, Middlesex）设计的芒特弗农市医院的小礼拜堂（the Mount Vernon Hospital chapel）几乎完全采用新艺术派风格（art nouveau），而查尔斯·哈里森·汤森德（Charles Harrison Townsend）1902 ~ 1904 年在埃塞克斯郡大沃利市（Great Warley, Essex）设计的圣玛丽教堂则采用了艺术装饰（Art Deco）风格，这是视觉艺术家们发动的第二场艺术运动。这座教堂采用了铝制的叶饰以及玫瑰花纹装饰的拱顶。

19 世纪末，拜占庭和其早期的基督教堂得以复苏，这

些风格与哥特式传统风格有极大的差异，而体现这种趋势的教堂有圣索非亚教堂（St Sophia），此教堂由西德尼·巴恩斯利（Sidney Barnsley）设计，位于萨里郡下金思伍德（Lower Kingswood, Surrey）。而最令人印象深刻的也许是威斯敏斯特天主教大教堂（the Catholic Metropolitan Cathedral of Westminster）。

左上图：纽卡斯尔泰恩郡耶斯蒙德市奥斯伯尼路的圣乔治大教堂（St George, Osborne Road, Jesmond, Newcastle-upon-Tyne）。1888 ～ 1889 年T·R·斯彭斯（T.R.Spence）设计，他也推崇工艺美术运动的思想，在此建筑中应用了其装饰理论。此教堂是当时这一风格的完美展示者

右上图：伦敦汉普斯黛郊区花园圣犹大教堂（St Jude's, Hampstead Garden Suburb, London），1909 ～ 1913 年由埃德温·勒琴斯爵士设计，这是他在这个郊区花园中所设计的两个教堂之一

布里斯托尔港口威尔士贝克的维特与詹姆斯谷仓（Wait and James Granary, Welsh Back, Bristol），1869 年阿奇博尔德·庞顿（Archibald Ponton）和W·V·高夫（W.V.Gough）设计

第五章　市场建筑和工业建筑

桥梁

维多利亚时期前20年内铁的应用范围日益扩大，在新古典主义风格的工业建筑，尤其是城市的货舱、火车站，甚至是常见的铁路桥和公路桥都可以看见铁的使用。随着铁的锻造技术和工程技术的不断提高，为桥梁结构的革新提供了无限的可能性，更何况此时单跨桥已经出现。

建于1777～1781年的科尔布鲁克代尔铁桥（Iron Bridge, Coalbrookdale）由5根生铁骨架连接塞文河（River Severn）两岸并横跨塞文河。在18世纪末、19世纪初，由

左图：科尔布鲁克代尔铁桥(Iron Bridge, Coalbrookdale)，建造于1777～1781年，亚伯拉罕·达比(Abraham Darby)设计，共用了378.5吨铁，是首座生铁单拱跨桥，跨幅30.5米

上图：521 米长的梅奈海峡大桥，是一座建筑和工程上的杰作

右图：贝里克特威德河皇家博得大桥，此桥有 28 个半圆形拱顶，用石头、砖块和碎石建造。此桥 1850 年建成时，维多利亚女王亲自剪彩

于生铁自身的脆硬性、锻造更结实的熟铁代价高等因素限制了这一材料的应用。但托马斯·特尔福德（Thomas Telford）1826 年设计的梅奈海峡大桥（the Menai Straits Bridge）是一座吊桥（suppension bridge），成为连接伦敦和爱尔兰霍利黑德（Irish Holyhead）的主要通道。当这座桥成功地竖立在世人面前而绝不会影响过往船只时，它不仅引领了世界潮流，也证明了吊桥的可能性。另一座横跨于梅奈海峡之上的便是著名的函梁（box-girder）结构的大不列颠大桥（Britannia Bridge）。这座桥建于 1845 ~ 1850 年，罗伯特·斯蒂芬森（Robert Stephenson）设计。斯蒂芬森采用了方柱，而方柱用熟铁制成的铆钉状薄片建造而成。此方柱组成一排，极有韵律美。此桥还并设了两个巨大的管道作为来往火车通道，每条道长达 400 米。

也许令人迷惑不解的是，这一时期斯蒂芬森也设计石桥，如皇家博得大桥（the Royal Border Bridge），此桥位于贝里克郡（Berwick）的特威德河（Tweed River）之

其他重要桥梁

沃特大街大桥，建于 1829 年，乔治·斯蒂芬森设计。是首座运用伊顿·霍金森(Eaton Hodgkinson）折式梁的桥梁。

伦敦塔桥，建于 1886 ~ 1894 年，约翰·乌尔夫 - 巴里爵士（Sir John Wolfe-Barry）设计，伦敦最重要纪念建筑之一。此桥梁为钢铁框架，外面用石头包裹，使用了霍瑞斯·琼斯爵士（Sir Horace Jones）精美的哥特式细部装饰。

格伦菲南高架桥（Glenfinnan Viaduct），建于 1897 ~ 1901 年，麦克奥尔白恩斯（McAlpines）为西部高地铁路而建；英国首座无任何支撑的混凝土大桥，共有 21 个 15.2 米高的拱顶。

上，是英国东南岸铁路的主要通道。与斯蒂芬森同时代的伊萨姆巴德·金德姆·布鲁内尔（Isambard Kingdom Brune，1806 ~ 1859 年，英国维多利亚时代最著名的工程师——译者注）在桥梁设计方面更有天赋和才能。他一生建造多座桥梁，其中有 1836 ~ 1859 年间在克林顿（Clifton）设计的吊桥、1852 年瓦伊河（the River Wye）之上的切普斯托大桥（the Chepstow Bridgel），以及建于 1859 年横跨索尔塔什（Saltash）塔玛河（the River Tamar）的皇家艾伯特大桥（Royal Albert Bridge）。

19 世纪 70 年代 ~ 80 年代，钢铁冶炼技术的提高使得钢铁的价格下滑，而钢铁无论在强度和脆性等方面比铁更胜一筹：比铁更坚固，但脆弱性更小。首座钢桥是詹姆斯·B·伊兹(James B.Eads)1874 年为美国密苏里州(Missouri, USA）设计的圣路易斯大桥（St Louis)。尽管如此，钢铁并没有立即大范围取代铁的使用。如亚历山大·古斯塔夫·埃菲尔（Alexander Gustave Eiffel）1879 年在法国马斯夫中心（the Massif Central, France）的特鲁耶尔河（the River Truyere）设计的格拉比特高架桥，此桥高达 135 米。与伊兹的钢桥一样采用悬臂结构，全用铁作为构架材料。在建造悬臂式桥梁时，可从河两端的桥墩开始采用拱形，运用缆绳在临时搭建的桥塔支撑住整个桥梁构架。这样就可以从河的两岸逐渐向中心进行施工，从而避免在施工过程中搭建大量的施工架。

而钢的运用也使全悬臂式桥梁的实现成为了可能。本杰明·贝克（Benjamin Baker）和约翰·福勒（John Fowler）1890 年设计的福斯铁路桥则是首座全悬臂式大桥。这座桥

下图：单行道的格拉比特高架桥（Garabit Viaduct）是古斯塔夫·埃菲尔（Gustave Eiffel）桥梁设计的颠峰之作

上图：建于 1882 ~ 1889 年间的福斯铁路桥（the Forth Railway Bridge），共耗费 58000 吨钢铁

极为壮观，也极为结实，以至于一个世纪之后的今天，此桥仍然发挥作用。

然而，自从汽车问世以来，世界上大部分桥梁便主要是为汽车而非火车设计了；而由于公路桥没有铁路桥那么庞大，也不像铁路桥那样不易弯曲，因此，更长、更优雅的吊桥的建造成为可能。世界上最长的吊桥是查尔斯·埃里特（Charles Ellet）1852 年在美国西弗吉尼亚州惠灵（Wheeling, West Virginia, USA）设计的俄亥俄河大桥（the River Ohio），但非常遗憾的是，这座桥于 1854 年就毁坏了，不得不被一种更为稳固的结构取代。当 1883 年竣工时，它就是世界上最长的单跨大桥——跨度达 488 米。它也是世界上最早使用钢缆的桥梁。

温室

在各类建筑中，市场建筑最早运用铁材料。其中有查尔斯·福勒（Charles Fowler）1828 年设计的考文特花园（Covent Garden, London）（伦敦中部一个蔬菜花卉市场——译者注）、1831 ~ 1833 年设计的伦敦亨格福德市场（Hungerford, London）和 1837 ~ 1838 年设计的。而最引人注目的则当属 1827 ~ 1830 年建造的希恩温室（the Syon House conservatary），此温室的玻璃圆顶半径达 11.59 米。

维多利亚时期第一个玻璃穹顶建筑是位于查茨沃思庄园（Chatsworth）德文郡公爵（the Duke of Devonshire）的大温室（Great Stove），约瑟夫·帕克斯顿设计。此温室长 75.34 米、宽 37.52 米、高 20.44 米，于 1840 年竣工，不过现在已荡然无存。此温室采用脊沟系统（a system of ridge and furrow），用层级木（laminated timber）作为主要骨架，从而其中心部分跨度达 31.35 米。

下图：纽约布鲁克林吊桥（the Brook-lyn Suspension Bridge, New York），约翰·洛伊比灵（John Roebling）设计。此桥于 1883 年约翰·洛伊比灵逝世后竣工，后由他的儿子 W.A. 洛伊比灵（W.A.Roebling）完成剩余的工作

德西默斯·伯顿（Decimus Burton）曾仔细研究过此建筑。1844 年他还研究了棕榈屋（Palm House）的设计方案。在理查德·特纳（Richard Turner）的帮助下，伯顿设计了一座温室，此温室于 1846 年完工，是当时最为完美的建筑

实例之一。此温室采用熟铁骨架，其屋顶覆盖的中心空间宽30.5米、长42.09米，而整栋建筑长110.41米、高19.22米。这栋建筑清楚地展示了建筑内部未采用圆柱和其他支撑物而创造巨大空间的可能性。

理查德·特纳和约瑟夫·洛克（Joseph Locke）1849～1850年在利物浦莱姆大街火车站（Lime Street Station, Liverpool）建造了单跨宽度达46.67米的列车棚。跨的两侧用一排罗马多立克柱（Roman Doric column）支撑。而圣约翰·帕克斯顿（St Joseph Paxton）1849～1850年间为1851年世界博览会（the Great Exhibition of 1851）设计的水晶宫（Crystal Palace）则是对这一结构形式最完美的阐释。当地极有影响的杂志——《笨拙画报》（Punch）（英国1841年创刊——译者注）还专载了这一建筑的相关介绍。

帕克斯顿还担当了米德兰铁路的首席设计师（the Board of Directors of the Midlan Railway），因此，他肯定熟知铁路建筑的最新发展动态。但他设计的超大型玻璃屋的尺度远远超过了以往的玻璃建筑。这座玻璃建筑占地面积为563.64米×124.44米，还附带一个室内陈列室和一个中心十字耳堂。此建筑高32.94米，跨度为22米。圆柱和主梁都采用生铁，而耳堂部分的构架和大部分玻璃框架则采用栋木。这座建筑在具体施工时先搭建好了大体框架，因此从动工到竣工只用了9个月的时间。1852～1854年此

上两图：如今的考文特花园建筑

右图：德文郡公爵的切特斯沃斯庄园温室

顶图：水晶宫十字形翼部的南侧圆筒形入口

上图：西侧入口

右图和下图：水晶宫占地 74000 平方米，建造过程中，3230 根圆柱和 2141 根大梁共用掉 3500 吨铸铁，另加 550 吨熟铁和 83238 平方米玻璃

左图：伦敦帕丁顿车站（Paddington Station）

建筑被移至锡德纳姆市（Sydenham），作为伦敦南部的一个文化中心，直到1936年遭损毁。

似乎正是水晶宫的成功才使得双翼列车棚出现。刘易斯·丘比特（Lewis Cubitt）和工程师约瑟夫·丘比特（Joseph Cubitt）1850～1852年间设计的国王十字车站（King's Cross Station）则正设计了这样的列车棚：一个用于进站，另一个用于出站。此建筑跨度为32.03米。国王十字车站最早的构架是用叠层木板搭建而成的，就和大温室（Great Stove）一样。因此，尽管这些构架还用了熟铁作为装饰，但1869～1870年间不得不用钢结构取代。

曾被聘为水晶宫首席设计师的马修·怀亚特（Matthew Digby Wyatt）和伊萨姆巴德·金德姆·布鲁内尔（Isambard

下图：伦敦圣潘克拉斯车站（St Pancras Station）

左图：今日的国王十字车站（King's Cross Station），其前侧是现代化的售票厅

左图：最早的国王十字车站

右图：伦敦尤斯顿车站大厅（the Grand Hall, Euston Station, London）

左图：约克中央车站（Central Station, York）

右图：麦金（McKim）、米德（Mead）和怀特（White）1902～1911年间设计的纽约宾夕法尼亚车站中央广场，由钢铁和玻璃围合而成

左图：卡姆登机车库（Camden Town engine shed）的圆屋（the Rou-ndhouse）

右图：较早的巴黎戈尔奥尔斯（Gare d'Orsey）车站。1900年维克多·拉罗克斯（Victor Laloux）建造，1973年则改造成一座艺术博物馆

Kingdom Brunel）1852～1854年间设计了帕丁顿车站（Paddington Station）。此车站有3个列车棚，其有生铁搭建的拱顶宽度分别为20.74米、31.11米和21.96米。这3个列车棚和2条交叉通道相连，以便于蒸汽机列车在此转头，这足以说明大厅的长度和宽度。帕丁顿车站采用了八角柱，柱上雕刻撒拉逊纹样（Saracenic motif）。

丘宫（Kew Palace）的巨型跨度也激励了双翼列车棚和环形布局的实践，如1845年理查德·皮科克（Richard Peacock）和工程师艾尔弗雷德·S·杰（Alfred S.Jee）在戈尔顿（Gorton）设计的设菲尔德铁路站和曼彻斯特铁路站（Sheffield and Manchester Railway）。这两个车站采用熟铁为基础结构，中心圆柱上设置向四面辐射的桁木，支撑垂直向的系梁屋顶。紧接着，罗伯特·B·多科雷（Robert B Dockray）于1874年设计了卡姆登机车库的圆屋（the Roundhouse）。斯蒂芬森研究分析了这一建筑，认为此建筑不仅尺度比戈顿车站要大得多——直径48.8米，而且其外形也比戈顿车站更为美观。扶壁强化了圆屋建筑外墙黄色砖块的装饰感。此建筑的屋顶由24根铸铁柱子支撑着，这24根铁柱排列成圆形，直径达12.2米。

到1865年为止，世界上最大的单拱结构建筑是威廉·巴洛（William Barlow）设计的圣潘克拉斯列车棚。其跨度达74.12米，建筑结构是一组熟铁构成的格子架，格子架顶端在空中交汇，形成了极为优美的弧形。列车棚长210.15米、高30.5米。列车棚采用系杆将拱角线连接起来，隐藏于列车棚底层。

而到1889年巴黎世界博览会（the Paris Exposition Universelle of 1889）时则是钢铁建筑的顶峰。其典型建筑

玻璃建筑

伦敦尤斯顿车站（Euston Station, London），建于1835～1839年，由罗伯特·斯蒂芬森设计，其中心跨幅为12.2米

德比三联车站（Derby Trijunct Station），建于1839～1841年，由罗伯特·斯蒂芬森在弗朗西斯·汤普森（Francis Thompson）的协助下完成；此建筑由三组拉杆式铸铁列车棚组成，中心跨幅为17.08米

伦敦摄政公园冬园（Winter Garden, Regent Park, London），建于1840～1846年，由理查德·特纳为伦敦植物协会（the Botanic Society, London）设计，现已毁。此大型建筑为96.08米×50.33米，占地1767平方米，铸铁柱支撑屋顶，由100毫米粗的管子供热。

格拉斯尼温棕榈屋（Palm House, Glasnevin），位于都柏林（Dublin）附近，建于1843年，由理查德·特纳为都柏林皇家协会（the Royal Dublin Society）设计；这是一座大型矩形建筑，其中心由光滑的壁柱支撑，曲线形屋顶覆盖低矮部分，中心装饰品采用希腊式花形设计。

伯明翰新街车站（New Street Station, Birmingham），建于1850～1854年，由科伯（E.A.Cowper）和威廉·贝克设计，现已毁；329米长，跨幅为64.36米；采用了新月形大梁，每根大梁重达25吨。

曼彻斯特中央车站（Manchester Central Station），建于1876～1880年，约翰·福勒爵士设计，其拱门由砖扶壁支撑，却未采用横梁。

上页左下图和本页图：维克多·康塔敏（Victor Contamin）和查尔斯·路易斯·费迪南德·杜特（Charles-Louis-Ferdinand Dutert）设计的机械大楼（the Machinery Hall），是19世纪最重要的钢铁建筑
上页右下图：托特的玻璃宫（Glass Pavilion）

之一是为工业展览设计的机器大楼（Machinery Hall）（已毁）。这座大楼是真正的三联拱建筑，与1863年约翰·威廉·施韦德勒（Johann Wilhelm Schwedler）为柏林皇家大陆燃气集团（the Imperial Continental Gas Association, Berlin）设计的熔炉构筑物相似。此建筑长420米，最高处43.5米，跨度为115米，其覆盖空间46000平方米，竟然没有使用支撑物。

布鲁诺·托特（Bruno Taut, 1880 ~ 1938年）在他的建筑作品中酷爱使用玻璃材料。他认为玻璃可以表达人类一种新的自我意识，这最终将消除世界上所有的罪恶。他认为他那梦幻般的玻璃宫（Glass Pavilion）延续了哥特式大教堂的精神。此建筑是1914年科隆德意志制造联盟展（the 1914 Deutscher Werkbund Exhibition in Koln）中玻璃工业的代表作品。其为菠萝造型，多面形玻璃圆顶、长菱形棱镜构成立体构架，圆顶则在14块玻璃幕墙之上，其7层高的大厅内部装有彩色棱镜，再配以水景，展现出一种动画的美轮美奂的万花筒。

而1889年巴黎世界博览会更为引人注目的是埃菲尔铁塔（the Eiffel Tower）。为设计这一铁塔，其设计图纸就多达1.2万张，仔细画了每一个节点和每一铁柱的二维结构。这座铁塔建造时使用的铆钉有100万多棵，这些铆钉都是手工加工而成的。

正在建造中的埃菲尔铁塔
上图：1888年5月
下图：1888年7月

古斯塔夫·埃菲尔在其事务所成员努吉耶（Nougier）和克什兰（Koechlin）等工程师的大力协助下完成此铁塔的设计方案。他们设计了最初的草图方案，随后运用数学知识对每一处铆钉的位置做了一丝不苟、准备无误的计算，这些位置的误差精确到了0.1毫米。

铁塔底座广场长129.22米。下层瞭望台面积为65米×65米，离地面57.63米，设有4家餐厅和12个销售摊位；中层瞭望台离地面115.73米，为近正方形，边长为30米；最高层瞭望台离地面276.13米，平台面积16.5米×16.5米，这里是最佳观赏点：当天空晴朗时，可远眺140公里开外，巴黎全景尽在脚下。

正在建造中的埃菲尔铁塔
左图：1888 年 9 月
中图：1889 年 5 月竣工后的埃菲尔铁塔
右图：千禧年前几天的埃菲尔铁塔

这座令人惊奇的巨塔的完成耗时 26 个月，成为当时纪念碑式的建筑，展示了高技术建筑材料——钢铁的应用。埃菲尔铁塔闻名于世，成为巴黎甚至法国的标志物和象征。

工厂、制造厂和大零售商店建筑

从 19 世纪 40 年代起，别致的哥特式风格盛行于整个英格兰（England），尤其受到那些教会建筑师们的推崇。哥特式建筑风格也受到乡村建筑师们一定程度的喜爱，但工业建筑设计者们对此却不太热衷，因此，很少有工厂或商店建筑运用哥特式风格。

19 世纪早期，尽管哥特式风格仅作为装饰元素用于一些建筑中，但已成为帕拉第奥式建筑（Palladian structures）的基本特征元素之一。这时期的代表作是设菲尔德的卡索尔磨碎机厂（Castle Grinding Mill），这座工厂建筑采用新增几个塔楼的手法而为世人展现了一种中世纪的建筑风格。

别致的哥特式建筑常常为不规则形，其各部分极为细致优美，而工业建筑，尤其是工业化早期的建筑则更需要

左图：设菲尔德的卡索尔磨碎机厂

简单的、规则的方盒子结构。正因为如此，哥特式风格对于工厂和商店一类建筑的设计者们来说没有多大的吸引力。当然，这也许与建筑师奥古斯塔斯·维尔比·诺斯莫·普金建议设计者在设计工厂、商店等建筑时不要采用哥特风格有一定的关联：普金在他的一些著作中坚持认为尖顶建筑是教会建筑的基本特征。在他稍迟一些的著作中甚至有意谴责那些工厂建设者们喜欢高耸式建筑，这些高耸形式根本没有什么功能性的用途。不管我们是否应该“怪罪于”普金，但却不得不接受这样一个事实：没有值得记载研究的哥特式风格的工业建筑案例。

普金另一个众所周知的观点是他始终坚持功能合理的建筑：选择恰当的材料，且材料必须适合设计形式。他倡导非教会建筑应采用石头材料，特别是建筑的主体部分更应如此。根据 19 世纪 40 年代建筑的需求以及普金的这些理论设计的建筑实例是利物浦艾伯特码头（Albert Dock, Liverpool），此船厂是耶西·哈特利（Jesse Hartley）于 1841 ~ 1845 年设计建造的，这栋建筑充分阐释了普金的建筑理论。

艾伯特码头占地面积 2.84 公顷，建筑场地由耐火砖建造的商店围合起来，其中心是一个静水池。这些商店的底层由一系列希腊多立克（Greek Doric）铁柱作为桁木的支撑物，支撑起上方4层的建筑主体。几组柱子之间是砖拱，这些砖拱与一层楼齐平。哈特利1850～1857年间还设计了斯坦利码头（Stanley Dock），这组建筑的商店外观与艾伯特码头的商店非常相似，也是一栋用铁和砖为材料的5层建筑。

下图：利物浦艾伯特码头（Albert Dock, Liverpool），建于1841～1845年，其四周由防火仓库围合起来

哥特式风格复兴可追溯到18世纪，但其鼎盛时期却是1850～1875年间，其影响遍及各个领域：建筑、绘画、文学作品和社会意识。巧合的是，这段时间也是英国工业的鼎盛时期。因此，工厂建筑和商店建筑需要上升到一个新水平，而经济的发展也积累了足够的资金，从而可以获得高质量的建筑材料和高水平的技术知识。

普金的建筑理论深深影响了19世纪初的教会建筑哥特风格的复兴，而约翰·拉斯金的著作则影响了现代设计师们，其代表人物有：威廉·巴特菲尔德、乔治·埃德蒙·斯特里特和乔治·吉尔伯特·斯科特爵士。尽管他们自身并没有关注工业建筑，但在其职业生涯中，还是会接触到工业建筑的。

拉斯金和他同一时期的建筑师们的建筑理论基础是在建筑中不应存在着严格的等级制度。而基督教成员却不会同意此观点，他们推崇意大利中世纪风格（Italian medieval style），却反对具有爱国主义精神的北哥特式风格（northern Gothic），这一点拉斯金们绝不认同。拉斯金们提倡将哥特式风格用于教会建筑的态势与普金相比有过之而无不及。他们认为还应重视建筑的施工操作性和对材料的选择，坚信"高

水平的建筑是自然生命和自然特性的真实反映”。

值得庆幸的是，从 19 世纪中叶开始，许多建筑师在乡下不断实践这一建筑理论，但这种理论并没有深入遍及建筑行业。英国建筑师协会（the Institute of British Architects）成立于 1834 年，并于 1862 与地方机构合并成一个更为广义的组织机构。因此，接受工厂建筑和商店建筑项目可成为吸引世人关注的一种手段。甲方经常进行公开招标，参考工程造价和设计师的声望而决定合作对象。而且，许多工业家们都逐渐受过良好教育，其中不乏有人想要参与到他们建筑的设计建造中。另一个值得一提的原因就是，这类建筑的外观极具象征性，给人极强的视觉效果和心理暗示，即使这一形式仅是作为震骇各股东的一种手段。

在拉斯金和他同时代设计师的影响下，这一时期对于色彩的运用也大大增加。意大利建筑多彩装饰的应用得到

1855～1900 年间建造的意大利风格工厂

约克郡克莱顿海兹的海格特工厂（Highgate Mills, Clayton Heights, Yorkshire），1851 年和 1862 年扩建，1865 年新增装饰性石头入口

兰开夏郡雷迪什区霍兹沃思工厂（T.Houldsworth & Co's Mill, Reddish, Lancashire），建于 1865 年，亚伯拉罕·亨托恩·斯科特（Abraham Henthorn Scott）设计，在原有三部分的基础上新增一大型砖建筑——双楼梯塔，钟形山形墙超越中心主体区，中心主体有 9 个壁凹，在垂直方向上每个壁凹由壁柱连接。

威根区里兰兹与吉德劳父子工厂（Messrs Rylands & Son's Gidlow Works, Wigan），建于 1865 年，乔治·伍德豪斯（George Woodhouse）设计；3 层楼的建筑采用了红砖、绿砖和米色砖，长 119.56 米、宽 32.94 米，并建造了意大利式塔。

布拉德福德佩滕特大街李斯特先生的曼宁汉姆工厂（Messers Lister's Manningham Mills, Patent Street, Bradford），建于 1871～1873 年，托马斯·G·安德鲁斯（Thomas G.Andrews）和约瑟夫·佩珀（Joseph Pepper）设计；此建筑共 6 层，用石头装饰，建筑上部是装饰性的隔板胸墙。建筑立面有一个楼梯，代表了主要立面的庄严、堂皇。其钟楼式烟囱高达 75.95 米，从而增宽了建筑内部空间，每一楼层有混凝土拱顶，拱顶由铁梁做支撑，而大量铁柱则支撑铁梁，尽可能创造防火型屋顶。此建筑通风良好、光线充足、卫生间安排合理。

1855～1900年间后维多利亚哥特式工业建筑

布里斯托尔市斯托克司·克罗夫特194号约翰·佩里汽车工厂(John Perry carriage factory, 194 Stokes Croft, Bristol)，建于1862年，戈德温(E.W.Godwin)设计。沿用中世纪佛罗伦萨建筑风格，运用有色石进行巧妙的色彩对比。

伦敦泰晤士街上区46号斯基贝克药品染料厂(Skibeck's drysalters' warehouse, 46 Upper Thames Street, London)，1865～1866年重建，威廉·伯吉斯设计，首层入口由开敞式熟铁梁做支撑，是中世纪风格的构筑物。雕塑增加了尖顶式山墙的高度，雕塑代表了公司形象。此建筑是哥特式风格在商业建筑中的成功范例。

伦敦伊斯特奇普33～35号希尔伊万斯醋工厂(Messers Hill, Evans & Co vinegar warehouse, 33-35 Eastcheap, London)，建于1868年，罗缪(R.L.Roumieu)设计；此建筑采用法国哥特式覆盖，共有5层，其外观采用红砖、蓝砖和迪斯伯里石装饰

布里斯托尔市威尔士后区的维特与詹姆斯谷仓(Wait & James's Granary, Welsh Back, Bristol)，建于1869年，阿奇博尔德·庞顿(Archibald Ponton)和威廉·高夫(William Gough)设计，采用多彩装饰和堞形佛罗伦萨风格。此建筑可贮存125公吨(约125000公斤)谷物，在窗户下方开设多种形式的砖洞口，便于通风。

布拉德福德埃文河阿比服装厂(Abbey Cloth Mill, Bradford-on-Avon)，建于1875年，理查德·甘恩(Richard Gane)设计。圬工石块、堡垒状开窗、尖头窗的细柱等等构造使此建筑呈现出一幅极强的中世纪景观。

伦敦兰贝斯区道尔顿陶器工厂(Dulton Pottery Works, Lambeth, London)，建于1876～1877年，韦林与尼科尔森(Waring & Nicholson)和R·斯塔克·威尔金森(R.Stark Wilkinson)设计。它是一座采用维也纳哥特式风格的大型建筑，其色彩丰富、装饰性强，运用了斯塔福德(Staffordshire)蓝砖、菲尔汉姆(Fareham)红砖和红色-米色陶瓦。此建筑烟囱高71.07米，位于佛罗伦萨维奇奥宫殿(the Palazzo Vecchio, Florence)式钟楼之上。

格拉斯哥特拉德斯顿街颜料工厂(Paint warehouse, Tradeston Street, Glasgow)，建于1900年，威廉·麦克吉本(William F McGibbon)设计。在佛罗伦萨市巴吉罗(Bargello, Florence)建筑风格的基础上进行改变的红砖建筑，角塔楼十字花、城垛和堞形装饰。

后维多利亚时期办公建筑

伦敦西史密斯菲尔德出版公司(Printing and Publishing Co, West Smithfield, Lon-don)，建于1860年(之后很快就毁坏了)，乔治·索默斯·利·克拉克设计；利用多彩砖形成平滑、实心砖艺建筑立面

伦敦马克弄堂59～61号(59-61 Mark Lane, London)，建于1864年，小乔治·艾特奇森(George Aitchison Jnr)设计；3层圆形拱廊，第一层的上面采用了间断楔形窗(segment-headed windows)。

伦敦洛斯伯利信用交易总部(General Credit and Discount Co, Lothbury, London)，建于1866年，乔治·索默斯·利·克拉克设计；其窗户式样和装饰图案源于维也纳哥特风格。其屋顶轻度倾斜，屋顶之上有大型装饰烟囱。

伦敦维多利亚女王街麦宾与韦布大楼(Mappin and Webb, Queen Victoria Street, London)，建于1870年，约翰·贝尔彻(John Belcher)设计；采用哥特式连拱廊风格。

伦敦维多利亚女王街39～49号艾伯特大楼(Albert Building, 39-49 Queen Victoria Street, London)，建于1871年，沃德(F.J.Ward)设计；同样采用哥特式连拱廊，连拱廊连接所有的主要建筑立面。其采用了陡峭的意大利中世纪风格的屋檐。

钢铁框架建筑

肯特郡谢尔尼斯皇家海军船配件铸造厂(Royal Navy Foundry ship-fitting shop and boat store, Sheerness, Kent)，建造于1858～1860年，戈弗雷·格林上校(Col Godfrey Green)设计；被认为是首座利用简形H形柱和梁的建筑。

法国诺伊塞尔-苏尔-玛尼的奇沃克雷特米涅工厂(Chocolat Menier factory, Noisel-sur-Marne, France)，建于1871～1872年，朱尔斯·索尔涅(Jules Saulnier)设计；是首座展现钢铁骨架的工厂。

美国芝加哥住房保险大楼(Home Insurance Building,

Chicago, USA)，建于1883～1885年，威廉·勒·巴伦·詹妮(William Le Baron Jenny)设计(毁于1929年)；此建筑共9层，上面4层运用了钢梁，内墙和外墙采用了铸铁柱。尽管本来那些铁柱应采用熟铁梁，不过其中的一些被贝西默钢梁取代了。

芝加哥西尔斯、洛布克与利特公司大楼(Sears, Roebuck Co's Leiter Building, Chicago)，建于1889～1890(右图，毁于1972年)，威廉·勒·巴伦·詹妮(William Le Baron Jenny)和芒迪(W.B.Mundie，1863～1939年)设计；为首座完全采用钢结构的建筑。

曼彻斯特沃森街大北部火车货舱(Great Northern Railway Goods warehouse, Watson Street, Manchester)，建于1895～1898年；5层建筑，建筑内部采用盒式柱、梁构成的钢框架，其外部却采用实心砖。

西哈特尔浦罗宾逊商场(Robinson's Emporium, West Hartlepool)，建于1896年，丹尼尔·斯科特(Daniel Scott)设计。英国首座完全采用钢骨架的建筑。

伦敦里兹大饭店(Ritz Hotel, London)，建于1903～1906年，米维斯(Mewes)和戴维斯(Davis)设计；伦敦首座主体采用钢结构建筑。

装饰性意大利烟囱

邓达斯港口汤森德先生的艾尔卡利工人住宅(Messrs Townsend's Alkali Worker, Port Dundas)，建于1857～1859年，邓肯·麦克法兰(Dun-can Macfarlane)设计；其局部圆形砖砌烟囱高138.47米

邓迪市洛奇坎普宕亚麻厂(Camperdown Linen Works, Lochee, Dundee)，建于1865～1866年，詹姆斯·麦克拉伦设计；装饰性烟囱位于文艺复兴式钟楼之上。被称为"舵手的柄"(Cox's Stalk)，高86.01米，由两个主要部分构成，红砖、米色砖条带装饰角塔，其上为八角形。在二者交汇处有一个铁艺阳台。

约克郡的提图斯·索尔特尔爵士盐厂(Sir Titus Saltair's Salt Mills, Yorkshire)，建于1851年，洛克伍德(Lockwood)和莫森(Mawson)设计；1868年最早的烟囱被威尼斯圣玛丽教堂(Santa Maria Gloriosa, Venice)的钟塔的复制品取代。

哈利法克斯沃什街染厂(Washer Lane Dyeworks, Halifax)，建于1871～1875年，艾萨克·布斯(Isaac Booth)设计；最早是传统风格的烟囱，由理查德·斯沃布利克·达格戴尔(Richard Swarbrick Dugdale)改建。他新增了带栏杆式阳台，其上是天窗灯笼式圆屋顶。最终改建为一座观光塔，而染厂在建造中已被卖掉。此塔高77.17米

约克郡凯特里道尔顿工厂(Dalton Mills, Keithley, Yorkshire)，萨金(Sugden)设计；采用罗马-意大利风格，其楼梯沿建筑主体旋转，一直上升到顶端，顶端是一个阳台。

利兹市哈丁城堡式工厂(Harding's Tower Works, Leeds)，建于1899年，威廉·贝克维尔(William Bakewell)设计；其烟囱主体用红砖砌，在佛罗伦萨大教堂侧面的乔托钟塔(Giotto campanile)之上。钟塔上的天窗便于沉积灰尘，用镀金面板进行装饰。位于托马斯·肖(Thomas Shaw)1864年设计的塔楼旁，模仿了维罗纳市的雷姆贝蒂塔(the Lamberti Tower, Verona)。

人们的重视。另外，铁路的发展使获得各种彩色砖和各种石料不再像先前那样困难。因此，维多利亚鼎盛时期产生了许多有意思的建筑。

罗伯特·杰维尔·威瑟斯(Robert Jewell Withers)1859～1860年在伦敦因德尔大街22号(22 Endell Street, London)设计的拉维斯与巴劳德彩釉瓷器制造厂(Lavers &

Barraud's Painted-Glass Manufactory）为哥特式风格，但其采用了多种建筑材料：红砖、青砖、黄砖和奶色石。乔治·萨默斯·利·克拉克（George Somers Leigh Clarke）1860 年在伦敦史密斯菲尔德区（Smithfield, London）设计的伦敦出版公司（the London Printing & Publishing Co）是一栋带有哥特装饰元素的古典主义风格建筑。此建筑也采用了彩砖，但同时用干酪饼状花岗石和奶色石装饰。在建筑内部采用铸铁梁和铁柱作为建筑骨架。这种做法是鉴于建筑师虽愿意在自己的设计中利用铁（后来是钢）的力度，但他们还是尽量将其隐藏于墙体或砖墙之后。

并不是所有工业建筑都采用了哥特风格，但还是有几个例外，它们同样给人留下了深刻的印象。其中有：建于 1871 年的比斯顿的盎格鲁 - 斯戈什工厂（the Anglo-Scotian Mill, Beeston），这是一栋红砖建筑，设计了尖顶窗、中心阶梯状山墙、塔楼和箭形环；而给人印象更为深刻的则是威廉·雷波（William Leiper）1889 年在格拉斯哥（Glasgow）设计建造的特姆普顿毛毯厂（Templton's carpet factory），这栋建筑带有威尼斯哥特式风格（the Venetian Gothic style）。而因后维多利亚时期改革运动而兴建的大型工厂则是维也纳总督府（the Doge's Palace, Venice），其巨型立面用红砖、浅绿砖和奶色砖等材料装饰，蓝色的玻璃镶嵌其间。此建筑以多彩材料装饰和多样装饰式样的城齿墙（battlement）以及奇特的小尖塔而闻名。而维也纳总督府的模仿品则是艾尔弗雷德·沃特豪斯 1856 年设计的曼彻斯特市弗莱尔与宾恩斯商店（the Fryer and Binyons' warehouse, Manchester）（已毁），不过这栋建筑尺度要小得多。

19 世纪后半叶工业建筑主要采用意大利风格或新古典主义风格，而哥特式风格在式样上多体现为欧洲大陆风格，其声望和种类达到了一个新高度，体现了多种风格的对照和发展。在后维多利亚时期，意大利风格更呈现出装饰性，而其应用实例举不胜举。其中一个较令人印象深刻的建筑是欧内斯特·贝茨（Ernest Bates）1859 ～ 1867 年在达尔文（Darwen）设计的埃克尔斯 - 夏洛克兄弟公司的印度工厂（the

Eccles,Shorrock,Brothers & Co's India Mill)，此6层建筑占地105.57米×30.2米，共有67968根固定杆，屋顶上还有一座突兀的钟楼式烟囱高达94.55米。烟囱立面采用红砖、白砖和青砖等材料，以砂岩作敷料。厂房的四角和两个楼梯塔楼的顶端都有一个凉亭，与烟囱遥相呼应。其窗户样式极富创新性，令人印象深刻，这与19世纪早期简单的式样形成了鲜明的对比。

上图：欧内斯特·贝茨(Ernest Bates) 1859～1867年设计的埃克尔斯-夏洛克兄弟公司的印度工厂6层楼梯塔楼立面

此建筑还设计了其他类型的装饰烟囱（见左图）；在18世纪，烟囱设计一般短而方，给人一种稳定感。将烟囱建得更高是为了更好地通风，但因其表面平坦而使得风阻增加。在建筑的转角多设计圆烟囱，这样就需要特定形状的材料，当然就得耗费更昂贵的砖材。因而不得不采取一种妥协方案——采用八角形角塔，不过八角形塔在外观上还是比不上圆塔美观。

在烟囱设计中还得注意一个方面：有害气体从柱身散发至顶端的效果如何。尽管不少人仍怀疑装饰性顶帽的通风换气功能，不少建筑还是为烟囱设计了熟铁制成的冠状装饰，以便于聚集在顶部的腐蚀性气体发散。

这一时期建造了大量的工厂。1890年在奥尔德汉姆市(Oldham)建造的棉花厂耗掉1050万根固定杆。厂商希望尽快建成，而且他们感兴趣的只是必须要用多少根固定杆，因此毫无疑问，股东对其装饰效果不感兴趣。工业行业竞争激烈，低预算可迅速带来利润，因此无法建造许多独特的建筑。

建筑师也不得不尽量使其方案不超过特定的预算，而且建筑理论要遵从工厂的实际需要也是事实，因此，工厂主求助于工厂建筑方面的专业建筑师是相对比较容易的事，亚伯拉罕·亨托恩·斯科特（Abraham Henthorn Scott）就是其中的一位。据说他的家族在1885～1888年间建造了20～30座工厂；并且还占有这些工厂的大部分股份。这使得这些工厂主绝对信任他们的建筑师，相信他们不会设计许多没有必要的细部和装饰。当工厂一旦赢利，建筑师就会卖掉自己拥有的股份，这种做法显然很符合实际。

当然还有记载建筑师甚至作为一个投机商的实例，这一半是因为他们的自信，一半是因为19世纪末工厂的需要。

同时，工厂建筑的技术进步也值得详述。为建造防火性能和防滑性能更好的建筑，工厂建筑中采用了钢龙骨和混凝土，而其他耐火层则多用轧钢梁（rolled-iron girders），在壁柱和支柱之间还有一个独特的拱廊，此空间正好可以设置一个更宽大的窗户。此窗户不采用砖拱，因为在砖墩与顶棚同高的空间设计了铁过梁，从而获得最大程度的采光。窗洞的扩大或多或少限制了角塔和楼梯的装饰设计。

到19世纪80年代，空心铸铁柱得以广泛应用。空心铁柱长6.4米，在其侧面用熟铁拉杆和铸铁附属圆拱铰连在一起，共同支撑铸铁横梁。顶棚用混凝土浇筑砖拱而成，可形成一个光滑的平面。砖制顶棚的拱门和其上方的窗户相互呼应。

到19世纪90年代时，这种做法费时更少且更加结实，混凝土地面逐渐普及，很快取代了砖拱地面。而熟铁梁或钢梁也逐渐取代了生铁梁。因此这个时期的工厂建筑更多地关注建造技术，而不太关注建筑的风格或美学理论。

爱德华时期的工业建筑

前面所讲的维多利亚时期潜藏着哥特式风格、后又出现意大利风格的建筑有据可查、有因可解，而对于缺乏个性特征的爱德华时期，要归于某一风格则非易事。如果这一时期有什么值得一提的，则是这个时期里对迥异风格的探索，这为建筑的现代运动播下了新的种子。

然而维多利亚时代末，建筑师们已熟练在其建筑作品中运用钢铁材料，不过他们仍然尽量用石料来掩盖它们。新世纪逐渐走向理性主义，而英国工业建筑中任何一座混凝土结构或钢结构的构筑物则宣告了这一时期的来临。这

左图：罗伯特·罗林森爵士（Sir Robert Rawlinson）的装饰性烟囱之一

右图：威廉·勒·巴伦·芬尼（William Le Baron Fenney）1891年设计的芝加哥曼哈顿大楼（the Manhattan Building, Chicago）是首座整体运用框架结构的高层建筑之一，是世界上首座后置式摩天楼

种结构在19世纪的各种不同类型建筑中会偶尔出现在人们的视野之中。

19世纪最后20年钢已经变得很廉价。尽管欧洲建筑师会大张旗鼓地使用和宣传这一建筑材料，但拓展其价值的却是美国人。第一座全钢结构的建筑于1890年出现在芝加哥；1892年同样在芝加哥，伯纳姆和鲁特（Burnham and Root）设计了20层高的共济会大楼（Masonic Building）（毁于1931年），这是当时世界上最高的建筑，比纽约建造首座摩天大楼还要早两年。

在利用钢结构建造房屋的同时，人们还不断探索钢筋混凝土结构的建筑。然而，在这种大环境下，法国人充当了这场新运动的先头部队，弗朗索瓦·亨尼比克（Francois Hennebique）1895年设计了首座钢筋混凝土工厂——查尔斯六世纺纱厂（the Charles Six Spanning Mill），此建筑还采用了梁柱结构。

而英国首座多层钢筋混凝土建筑是1897～1898年间亨尼比克和拿破仑·勒·布伦（Napoleon Le Brun,

钢筋混凝土

钢筋混凝土由巴黎（Parisian）建造商弗朗索瓦·凯依涅（Francois Coignet）于19世纪50年代首次使用。1862年，他采用混凝土屋顶和地板建造了自己的住宅，并使用了小型熟铁工字梁。第二件作品完成于1867年，他由法国园艺师约瑟夫·莫涅（Joseph Monier）设计，用混凝土灌浇铁线网构成独特的大花朵装饰。一位法国建造商弗朗索瓦·亨尼比克在其地板上采用了莫涅的设计理念，使用了铁杆、钢筋混凝土梁和层板。他提出支撑杆应向上移，以减少负作用，1879年他在比利时建造了金属框架的屋顶。后来亨尼比克成为一名顾问工程师，提倡构筑物多采用混凝土框架结构，包括圆柱、大梁和厚平板。北美的欧内斯特·兰索默（Ernest Ransome）与亨尼比克平起平坐，他建造了混凝土工厂。在钢铁框架之后就出现了高层混凝土结构。

下图：亨尼比克所使用的整块混凝土构件图

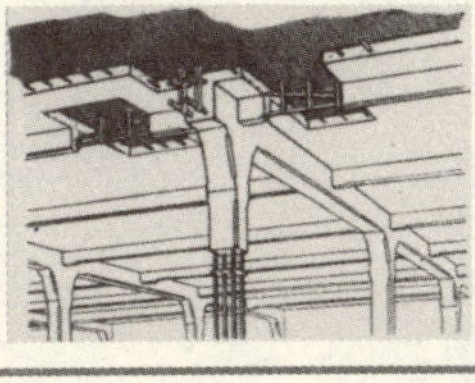

上图：斯旺西市韦弗面粉厂，英国首座钢筋混凝土建筑

1821 ~ 1901 年）一起设计的斯旺西市韦弗面粉厂（the Weaver & Co flour mill, Swansea）。尽管爱德华时期的建筑师有机会接触新材料，如钢梁，或混凝土柱和钢筋混凝土，但很遗憾的是，他们大多数还没有能力开发这些新型材料。因为在使用这些新型材料时，他们不得不雇佣一个工程师，而工程师与建筑师各自对艺术有自己的理解，他们之间存在着巨大的观念差别。

因此，爱德华时期成为转折期：从单一的哥特式风格到多种风格，从熟铁、铸铁、砖材和木材到钢和钢筋混凝土。建筑师是开发这些新材料和新技术的先锋，但是英国一些保守派坚持认为承重外墙和钢结构不能过于暴露。在19世纪末，美国和德国代替英国，成为这种建造技术的先锋。因此，20世纪早期美国和德国的建筑师们创造了最有创新价值的工业建筑。

彼得·贝伦斯和沃尔特·格罗皮乌斯的建筑作品很显然弥补了欧洲大陆和英国这方面的空缺，而美国艾伯特·康（Albert Kahn）设计的汽车工厂则远远领先于同时代的英国。

商店、店铺商场和百货商店

今天我们所熟知的商店外观设计其实源于乔治亚时期，如伦敦牛津街的番斯恩（the Pantheon, Oxford Street,London）则沿用了伯灵顿店铺商场和百货店（the

上图：柏林 AEG 涡轮机工厂的集散大厅（AEG Turbine Factory Assembly Hall, Berlin），彼得·贝伦斯和工程师卡尔·波恩哈德（Karl Bernhard）1908～1909 年共同完成，此建筑的侧立面有标准长度的水平大梁，在两根大梁之间巨大的玻璃面稍微向内隐藏

右上图：贝伦斯 1909～1910 年间在柏林为 AEG 设计的其他项目，包括这座高压电厂，此建筑的两座 6 层楼的平行翼展之间是一个玻璃屋顶的双大厅

右图：模型工厂后视图，在科隆的联盟展览会上展出，1914 年由沃尔特·格罗皮乌斯设计

左图：密歇根州迪尔伯恩福特汽车公司玻璃工厂，1924 年由艾伯特·康设计。这是卡恩在迪尔伯恩为福特公司所建的后期工厂之一，厂棚呈对称布局，有四个大火炉，其上是可开启式玻璃屋顶，这样便于散热

左上图：塞缪尔·维尔（Samuel Ware）1819 年设计的伦敦伯灵顿店铺商场（Burlington Arcade, London）

右上图：1879 年的伦敦皇家商场。19 世纪是大型商场、有顶集市和百货公司的繁荣时期，巴黎和伦敦这两座城市的商场、高层集市等不断发展形成商业街，这两座城市是 19 世纪早期世界上最富有的城市。

百货公司和有顶零售市场是在集市基础上的再发明，主要采用钢铁和玻璃材料

右下图：维克多·巴尔塔德（Victor Baltard）1853 ～ 1858 年在巴黎设计的勒斯·哈里斯中心（Les Halles Centrales）（已毁于 1971 年），是一座钢铁和玻璃集市，其拱形地道连接两侧的穹形建筑

Burlington Arcade and bazaars）的设计。在同一座建筑内，一个个单独的商店形成店铺商场，很像今天的大型购物商场或大型自选商场。

到维多利亚时代早期，高高的弓形临街商店已采用大大的玻璃窗，但其第一层的临街立面向内凹进，因此，铺面并不承重。到 19 世纪中叶，利用更易制作、更结实和更廉价的厚玻璃板条和铁柱使得铺面更加直观，因此这些零

售店创造了一种直观的界面，展示迷人的橱窗艺术，同时纳入更多的光线。

今天的建筑师对设计商店有很大兴趣，而且更关注细节，如另增壁柱，这常常用作悬挂商店招牌、宣传商店或店主的名字。装饰性的粉刷可吸引更多人的目光，更加引人注目；这种商店最常见的风格是洛可可复兴风格（rococo revival style）。

店铺商场源于法国，但到 19 世纪后半叶，意大利将这种建筑类型发展到了极至，成为最为辉煌壮丽的样式，英国的店铺商场从没有超越地中海区域，但英国一座非常壮丽的店铺商场是威廉·道斯（William Daws）1874 年在曼彻斯特维多利亚大街（Victoria Street, Manchester）设计的维多利亚大楼（Victoria Building）（现已毁）。这栋建筑是现代购物中心的先驱。这一大型综合大楼还设有酒店和办公空间，是一座三角形建筑，其内有一个巨大的、壮丽的内庭；不仅沿着庭院设置了一排商店，而且建筑外侧也有商铺。

到 19 世纪中叶，在合作社的带头和激励下，百货公司逐渐替代了店铺商场。伦敦许多大型百货公司是布料贸易繁荣时建造的，其中最早的百货公司是赫瑞斯·琼斯（Sir Horace Jones）1876 年建于牛津大街的马歇尔与斯尼尔戈罗

上图：基塞比·蒙戈尼(Giuseppe Mengoni) 1877 年在米兰设计的维托利奥·伊曼纽里二世商场 (Galleria Vittorio Emanuele Ⅱ)，这是欧洲最宏伟的商店建筑

下两图：路易斯 - 奥古斯特·伯里 (Louis-Auguste Boil-eau) 1876 年在巴黎设计的奥本马奇百货商店 (Au Bon Marche department store)，利用钢铁和玻璃直接将光线引入商场的中部，这样可以清楚地观赏图画和照片

上图：建于1900～1903年的布鲁塞尔人工创新百货商店（毁于1967年），是维克托·霍塔(Victor Horta)的杰作之一

夫商店（the Marshall and Snelgrove Store, Oxford Street）（现已毁）。

伦敦奈茨布里吉区布朗普顿路哈罗德兹商店（Harrods store, Brompton Road, Knightsbridge, London）的主体部分是史蒂文（Steven）和亨特（Hunt）于1901～1905年设计的。其外立面用道尔顿工厂制造的黄陶瓦（Doulton's yellow terracotta）装饰，1898年此商店还安装了英国首座公共自动扶梯。这一细微的创新设计使扶梯顶部需要一名服务员，同时整整齐齐摆放着白兰地，提醒顾客已到达。另外，百货商店还为顾客提供了许多餐厅和美容院。

下图：比堤伊（W.H.Beattie）1895年设计的爱丁堡查尔斯·芬纳百货商店（Charles Fenner Co department store, Edinburgh）

路易斯·H·沙利文 (Louis H.Sullivan) 1899 ~ 1904 年设计的芝加哥卡森·皮里·斯科特商场 (the Carson Pirie Scott and Company Store)，按照常规只有 9 层楼高

托马斯·迪恩爵士（Sir Thomas Deane）和本杰明·伍德沃德（Benjamin Woodward）1855 ~ 1860 年设计的牛津大学博物馆内部空间。在这座建筑中，伍德沃德尽力实现大尺度上的玻璃庭院设想，并采用精致的哥特式铁艺装饰

第六章　政府建筑和公共建筑

会所、交易所、法院和市场

1835年颁布的《市自治法》(the Municipal Corporation Act of 1835) 宣告了城镇管理更加有效和更加民主的开始，尽管其主动权大部分仍在镇委员会和地方纳税人手里。市民的自豪感大增，竞争也更为激烈，漂亮的大教堂仅仅是意大利商业城镇之间竞争的一种手段。因此，城镇里的会所或交易所，尤其是英格兰北部的一些城镇，常常是一些大型的、装饰性强的公共建筑。

这些建筑行使多种使用功能，因此，设计时需要考虑不同的空间形式：公共会议和公共音乐会需要大型的会议厅，为政府人员如市政职员和出纳员及商会办公人员等提供办公室。而规模较小的城镇也会建造自己的法院。

到1820年，极有可能许多新兴工业城镇都已拥有了自己的市政府，这些建筑大多采用希腊复兴风格，但不久之后，众人又觉得这种风格早已过时。因此，维多利亚时期那些成功之士则采用不同的建筑风格，这些政府建筑呈现出多种风格并存的局面。而这场以自己城市为荣的新思潮的倡导者无疑是伯明翰市 (Birmingham) 了。1830年，伯明翰市政大楼公开招标，令人不解的是，最后胜出者是

下图：建成于1835年的伯明翰市政厅

约瑟夫·汉瑟姆（Joseph Hansom）；该市政大楼于 1832 年开始施工。约瑟夫设计的市政大楼采用了古典主义风格，几乎由科林斯柱（Corinthian column）围合而成。这栋建筑孤立地矗立于城市中心，其周围建筑林立：第一博物馆（the first Museum, E.M.Barry）（1855 年 E·M· 巴里设计，现已毁），米德兰学会与公共图书馆（the Midland Institute and Public Library）就设在此建筑内；法院大楼（the Council House, Yeoville Thomason）（1874 年耶欧维勒·托马森设计），这栋建筑沿康格里夫大街（Congreve Street）反向布局，托马森设计的市博物馆与艺术馆（the City Museum and Art Gallery）也坐落在这条大街上；“大布伦”（Big Brm），此建筑采用了大笨钟文艺复兴风格（Renaissance version of Big Ben）；以及 1891 年亨利·特纳爵士（Sir Henry Tanner）设计的邮局（the Post Office）。在英格兰中部和北部的其他工业城市中，更多的市政建筑采用了古典主义风格。

同时，1867 年曼彻斯特（Manchester）举行了新一轮市政大楼设计竞赛，比赛最后的结果是艾尔弗雷德·沃特豪斯获得此设计项目，新市政建筑于 1868 ~ 1877 年建成。这座大楼除了一个大型公共会议厅外，其余的部分几乎全是政府办公室。这个公共会议厅位于建筑的正中心，是一个半独立式结构，在其旁设计了 3 组翼展。沃特豪斯的这种非对称式设计手法在某种程度上受维多利亚时期独特的审美情趣的影响，而沃特豪斯提出在设计时设计多种方案这一想法也多源于此。在利物浦——英国第三大城市，除其首府外，已有一栋建于 18 世纪极为重要的市政大楼。因此，这个城市的决策者们决定在这个城市中心的东西方向新建一处“集会广场”，其基址正好位于一处称作高原的坡地上。新建的圣乔治大楼（St George’s Hall）极为壮观，成为英国新古典主义的代表作。而这栋大楼有一个公共会议厅、一个法庭和一个音乐厅。

公共会议厅位于建筑中心，其两侧是法庭，而音乐厅则位于建筑北侧的尽端。16 根科林斯柱（Corinthian Columns）组成的巨型柱廊做为主入口，主入口朝向莱姆街

下图：大笨钟，其右侧是市博物馆和艺术馆，其后是圆顶的法院建筑

火车站（the Lime Street Station）。建筑的每一侧采用方柱形成柱廊，在方柱背后则是两处法庭。建筑内部并不富丽堂皇，而是有些朴素。用红色花岗石柱支撑精美镶饰的拱顶，此拱顶非常注重细节装饰，色彩也很丰富。

左图：曼彻斯特市政厅，右侧是艾伯特广场，象征了这个城市再一次的繁荣

右图：哈维·朗斯代尔·埃尔米斯（Harvey Lonsdale Elmes）1839～1840年设计的利物浦圣乔治大楼外观

其他一些精心设计的市政综合大楼还包括科尼利厄斯·夏洛克（Cornelius Sherlock）1874年设计的皮克顿公共阅览室（the Picton Reading Room）和他1875年设计的沃克艺术馆（the Walker Art Gallery）；托马斯·阿洛姆（Thomas Allom）1875年设计的威廉·布朗图书馆及博物馆（the William Brown Library and Museum）；霍姆（F and G.Holme）1882年设计的塞森斯别墅（the Sessions House）和爱德华·威廉·芒福德（Edward William Mountford）于1896～1912年间设计的技术学院（the College of Technology）。

为了避免落后于利物浦，利兹市（Leeds）于1853～1858年聘请卡斯伯特·布罗德里克（Cuthbert Brodrick）设计建造市政厅。这座建筑的科林斯柱廊之上设计了深深的檐口，环绕建筑四周，使建筑各个侧面成为不规则形。这一排排圆柱形成的栏杆之上还散置了许多瓮。最为重要的是，建筑中心是由科林斯柱廊环抱的钟楼，钟楼之上则是欧洲巴洛克风格的穹顶。建筑入口位于一排圆柱的后面，内凹式入口。穿过主入口，则是一个大厅，这个大厅采用双层圆柱来支撑其拱顶，这么做也只是为了超过利物浦市政厅。

而后来有很多市政府都模仿利兹市政厅。其中维多利亚时期两座最令人印象深刻的古典主义公共建筑则是1866 ~ 1873年建成的波尔顿市政厅（Bolton Town Hall）和1866 ~ 1890年建成的朴次茅斯市政厅（Portsmouth Guildhall）。这两栋建筑是威廉·希尔（William Hill）设计的，都采用方形布局，主入口旁的钟楼都采用巨型科林斯柱式。

在这种比拼心态下建造这种巨型市政厅风靡全国，如约翰·吉布森1860 ~ 1875年建造的约克郡托德莫登（Todmorden, Yorkshire）市政厅。此建筑是圣乔治大楼的简化版：长方形建筑一端建有巨型科林斯柱围绕的半圆形拱顶。

但这种风气并没有盛行于苏格兰。格拉斯哥这个拥有许多维多利亚时期建筑的城市已建造了大量精美的公共建筑，其中有戴维·汉密尔顿（David Hamilton）1828 ~ 1830年间设计的皇家交易所（the Royal Exchange）、克拉克和贝尔（Clarke and Bell）1842 ~ 1871年间于威尔逊大街（Wilson Street）建造的政府大楼和法院（the Country Buildings and Courthouses）。因此，格拉斯哥市并不需要投资建设更多的公共建筑。然而，当1873年詹姆斯·塞拉斯（James Sellars）为格拉斯哥设计的圣安德鲁大楼（St Andrew's Hall）竣工时，这座城市在19世纪初就因拥有一座新古典主义风格的建筑而闻名于世。而威廉·扬（William Young）1883 ~ 1885年间在乔治广场（George Square）建造的格拉斯哥市议会大楼（the Glasgow City Chambers）与利兹市政厅有许多相似之处：主入口柱廊背后是中心塔楼，但格拉斯哥市商贸大楼的立面则采用了16世纪意大利风格。

然而，在英国其他大城市还是主要以古典主义风格或哥特式风格为主，这或许是因为新威斯敏斯特宫（the New Palace of Westminster）的缘故，大家都试图与之看齐，而最为众人熟知的是国会大楼（the House of Parliament）。那座古老的威斯敏斯特宫于1834年10月16日毁于一场大火，只有威斯敏斯特大厅（Westminster Hall）和圣斯蒂芬教堂（St Stephen's Chapel）的修道院和地下室在大火中幸存。1835

年政府决定在原址上重建威斯敏斯特宫，而新建筑必须采用哥特式风格或伊丽莎白风格，只有这两种建筑风格才能极好地反映国家纪念式建筑。这一规定无疑说明了19世纪传统建筑的影响之深。

这次比赛共选中了97件入围作品，其中有91套方案采用了哥特式风格。在年轻建筑师普金的帮助下，查尔斯·巴里完成了整套图纸，从97件入围作品中脱颖而出。巴里设计的这座建筑于1837年开始动工，直到1840年才建好上层结构。上议院（the House of Lords）于1847年开始投入使用，而钟楼直到1858年才得以完成，1860年维多利亚塔完工，而巴里也于这一年逝世了。巴里逝世后，他的儿子——爱德华·米德尔顿·巴里完成剩下的工作。最终整个工程总造价达200万英镑，几乎是最初预算的3倍。然而，这座独特的、有象征意义的、极有震撼力的建筑的影响是难以估量的，它使大英帝国的建筑威名远扬。

这栋建筑的平面和立面设计强调了哥特式建筑的戏剧性和古典性。威斯敏斯特大厅南侧相连的封闭式走廊将一个陈列室（位于圣斯蒂芬教堂外）和中央大厅连接起来；主轴线在中央大厅处按直角延伸，轴线两侧设置了许多大厅：轴线右侧是上议院和皇家艺术馆，左侧是数量更多的大厅，下议院和大笨钟也位于轴线左侧。泰晤士河与主轴线方向一致，沿其还布置了图书馆和会议室，站在河边，可以眺望远处的梯田。

此建筑外立面则采用规则式开窗，没有考虑其内部的空间布局，并且其众多尖塔和角塔使得这座建筑更不具备古典主义风格。而其大量的细部装饰则归功于普金的创作。在设计中普金发明了捆扎法，据说仅上议院就有200多种。其中包括铁艺、瓷砖、木制品、家具、壁纸，甚至墨水池和日历等等。因此，对于他的英年早逝也在意料之中，超负荷的工作使他过早离开他热爱的工作。普金于1852年9月去世，年仅40岁。

在后维多利亚哥特风格出现之前，只有一座公共建筑响应国会大楼的建筑风格，此建筑即是伦敦法院路档案馆

右图：威斯敏斯特宫的期设计方案，查尔斯·巴里设计

下图：大笨钟；威斯敏斯特宫大钟塔的别称，后来是钟塔以及国会大楼的圣斯蒂芬塔楼的统称。此钟塔 1859 年 5 月 31 日开始运行

(the Public Record Office, Chancery Lane, London)，由杰姆斯·彭尼索恩(James Pennethorne)1851 ~ 1859 年设计建造。

当时许多著名建筑师认为威斯敏斯特宫（the New Palace of Westminster）应该沿袭古老建筑风格，即便其建成后，他们仍坚持这一观点，因此，这座建筑并没有立即对其他公共建筑或主要市政建筑的风格产生影响。不过也不能否认很多建筑作品模仿了威斯敏斯特宫的钟楼。在今天看来，威斯敏斯特宫应属于改良英式尖顶风格（restrictive English Perpendicular style），深受当时法国哥特式、德国哥特式以及意大利哥特式等风格的影响。这座建筑也摸索如何将大理石、砖石等材料与古典元素——复折式屋顶相融合。

而标志着将这种风格发展为后维多利亚哥特式风格最杰出的公共建筑则是位于伦敦郊区的大学博物馆（the University Museum），即现在的牛津大学自然历史博物馆(Oxford University Museum of Natural History)。尽管 1856 年伦敦就为这座建筑召开了投标，并决定了最终方案，但政治上的纷争和政府的变更导致此建筑无法动工，最后在外交部（Foreign Office）的大力协助下，对方案进行修改调整，最终于 1862 年破土动工。

乔治·吉尔伯特·斯科特爵士最终向外交部的妥协之处是换用了意大利 16 世纪文艺复兴风格（Italian sixteenth-century Renaissance style），建筑各部分围绕庭院布局，建筑立面主要运用波兰石和彩色花岗石等材料。这座建筑使

左上图：威斯敏斯特宫临河立面图，包括下议院和上议院资料库，被委员会办公室隔开。大笨钟在画面的右侧，其入口走廊在此构筑物的反面

左下图：众所周知的牛津大学博物馆，迪恩和伍德沃德 1855～1860 年间设计；另一座哥特式建筑，与威斯敏斯特宫风格决然相反。中心塔楼周围高耸的石板屋顶和金属尖饰深受法国/佛兰德的影响，而其结构性色彩装饰采用意大利哥特式装饰风格。伍德沃德对大尺度玻璃庭院的设想进行了实践，在功能和装饰方面有了很大的进展（第 94 页和第 118 页图）

斯科特声名远扬，不久即被任命为圣潘克拉斯车站旅馆（St Pancras Station Hotel）设计师。许多最成功的后维多利亚风格的建筑都出自斯科特之手。

由于上述的成就，斯科特被女王选中来设计她爱人艾伯特的纪念馆。艾伯特于 1861 年逝世。

尽管斯科特大力提倡市政建筑采用哥特式风格，尤其是意大利、德国和低地国家的哥特式风格，但在他设计外交部大楼之前，维多利亚女王统治的英格兰没有什么哥特式市政建筑。而其中至今尤存的惟一例外则是理查德·沙克尔顿·波普（Richard Shackleton Pope）1843 年在布里斯托尔市布罗德大街设计的市政厅。乔治·吉尔伯特·斯科特爵士的确于 1862 年为兰开夏郡普雷斯顿（Preston, Lancashire）设计了市政厅（现已毁），但是，这时许多更有活力的、受斯科特影响的年轻建筑师已经开始承担了为

左上图：圣潘克拉斯车站旅馆
右上图：重建中的伦敦艾伯特纪念馆，共耗费7年时间，花费1100万英镑。乔治·吉尔伯特·斯科特爵士设计的61米高的纪念塔直到1872年才得以完成；当其重建后，伊丽莎白二世亲自剪彩，于1998年10月21日向公众开放
左下图：布里斯托尔市布罗德大街（Broad Street, Bristol）市政厅；
右下图：市政厅的斯莫尔大街入口

数不多的几个项目。

其中一个较为大型的项目是曼彻斯特市政厅。1868～1877年还举行了方案竞赛，最后艾尔弗雷德·沃特豪斯获胜。这座建筑的主体由许多市政办公室组成，但除此之外，还有精致的横梁式屋顶（hammerbeam roof）和福特·麦多克斯·布朗（Ford Maddox Brown）的壁画。此建筑平面为三角形，带有一个前翼，通往艾伯特广场的主要入口位于钟楼下方，尽管窗户尺度都很大，但窗户的大小和样式各不相同，绝无雷同。凸窗、线角（outline）、山墙

其他市政厅、交易所和市场建筑

古典主义风格

诺福克郡迪斯市谷物交易所（Corn Exchange, Diss, Norfolk），建于 1854 年，乔治·阿特金斯（George Atkins）设计。

洛伯罗夫市政厅（Loughborough Town Hall），建于 1854 ~ 1855 年，威廉·斯莱特（William Slater）设计。

哈利法克斯市政厅（Halifax Town Hall），建于 1859 ~ 1863 年，查尔斯·巴里爵士设计。

利物浦市政大楼（Municipal Offices, Liverpool），建于 1860 ~ 1866 年，约翰·维特曼（John Weightman）和罗布森（E R Robson）设计。

利兹市谷物交易所（Corn Exchange, Leeds），建于 1861 ~ 1863 年，卡斯伯特·布罗德里克（Cuthbert Brodrick）设计。

利兹市机械研究所（Mechanics' Institute, Leeds），即现在的艺术学校（Art School），建于 1865 年，布罗德里克设计。

利物浦交易大楼（Exchange Building, Liverpool），建于 1865 年，托马斯·亨利·怀亚特设计。

曼彻斯特市皇家交易所（Royal Exchange, Manchester），建于 1869 ~ 1874 年，米尔斯与穆加特洛伊公司（the firm of Mills and Murgatroyd）设计。

哥特式风格

曼彻斯特市法院（Assize Court, Manchester），建于 1859 ~ 1864 年，艾尔弗雷德·沃特豪斯设计，现已毁。

北安普敦郡市政厅（Northampton Town Hall），建于 1860 年，爱德华·戈德温设计。

切斯特市政厅（Chester Town Hall），建于 1864，威廉·亨利·林恩（William Henry Lynn）设计。

布拉德福德交易所（The Exchange, Bradford），建于 1864 ~ 1867 年，洛克伍德（Lockwood）和莫森（Mawson）设计。

兰开夏郡洛奇代尔市政厅（Town Hall, Rochdale, Lancashire），建于 1866 ~ 1871 年，克洛斯兰德（W.H.Crossland）设计。

布拉德福德市政厅（The Town Hall, Bradford），建于 1869 ~ 1873 年，洛克伍德和莫森设计。

兰开夏郡巴娄 - 弗尼斯市政厅（Town Hall, Barrow-in-Furness, Lancashire），建于 1878 ~ 1887 年，威廉·亨利·林恩设计。

后维多利亚风格

设菲尔德市政厅（Sheffield Town Hall），建于 1890 ~ 1897 年，爱德华·威廉·芒福德设计。

牛津市政厅（Oxford Town Hall），建于 1893 ~ 1897 年，亨利·托马斯·海尔（Henry Thomas Hare）设计。

和烟囱使得此建筑更添活力。同时，曼彻斯特市政厅的建成得力于托马斯·沃幸顿（Thomas Worthington）的帮助。沃幸顿影响最大的两部建筑作品是他 1867 ~ 1871 年设计的位于布洛姆大街（Bloom Street）的警察厅（the Police Court），现名为郡法院（Magistrates Court）和大笨钟式的钟楼。

而到了 19 世纪 70 年代末，新哥特式风格建筑就更少见了，这时主要是维多利亚晚期多种风格的糅合。最后一座极富装饰风格的乡土哥特式市政建筑则是霍斯金

右图：艾尔弗雷德·沃特豪斯1859～1864年设计建造的曼彻斯特立法院（the Manchester Assize Courts），在此举行索尔福德市百户区（Hundred of Salford）市民大会，对罪犯进行审判。根据城市实际情况沿用了1853年的曼彻斯特立法院建筑立面

斯（G.O.Hoskins）1883～1889年间设计的米德尔斯伯勒（Middlesborough，英国英格兰东北部港市，克利夫兰郡首府——译者注）市政建筑。其中皇家法院（the Royal Court of Justice）是这种风格最后的、纪念碑式的建筑。

1866年，米德尔斯伯勒举办皇家法院设计竞赛方案。这次竞赛要求只采用哥特式风格，最后由乔治·埃德蒙·斯特里特胜出。此建筑1874年动工，1882年建成。但在此建筑竣工之前斯追特就去世了，最后只好由他的儿子A·E·斯特里特和阿瑟·布洛姆菲尔德（Arthur Blomfield）共同监督完成。

维多利亚时代末期，更为自由随意的建筑风格很快为大众所接受。在这一大背景下，安妮女王复兴风格还增加了外向性要素，采用自由平面，运用材料来更充分地表达建筑功能。较早采用这种不规则式设计的实例是F·J·黑姆兹（F.J.Hames）1874～1876年设计的莱斯特市政厅。这栋建筑采用暖色调的红砖作为建筑材料，用米黄色石头作为细节装饰；其上下推拉窗采用木框架，而且当这些木结构粉刷成白色时，这座公共建筑的不规则形大窗户给人一种乡村情调的感觉。

另一个采用独特大型窗户的市政厅是托马斯·爱德华·卡尔卡特（Thomas Edward Collcutt）1877年设计的约

克郡韦克菲尔德（Wakefield, Yorkshire）市政厅。这座大楼采用带圆角的凸肚窗，这些凸肚窗一直抵达三层的屋顶，屋顶之上则是詹姆士一世式山墙（Jacobean gable）。

维多利亚晚期多种风格糅合的颠峰体现在19世纪80年代最好的市政建筑之一上：阿斯顿·韦布（Aston Webb）和因格里斯·贝尔（Ingress Bell）1886～1891年在伯明翰市设计建造的维多利亚立法院（the Victoria Assize Courts），此建筑内外运用赤陶和砖形成多种装饰式样。

然而，到19世纪90年代时，较年轻一代的建筑师却反感这种“自由风格”，他们觉得对于公共建筑来说这种风格过于古怪和不真实，相反，他们更喜欢巴洛克复兴风格。这种新思潮最早的实例则是爱德华·威廉·芒福德1892年设计的伦敦贝特萨市政厅（the Battersea Town Hall, London）。此建筑主要采用石料饰面，在二楼另用了规则式、三重红砖装饰，建筑每单元的中心都设计了一个三重窗，其上则由胸墙、弧形山墙和浅浮雕组成。

更能体现这种后维多利亚巴洛克风格的建筑是约翰·贝尔彻（John Belcher）1898～1902年在埃塞克斯郡（Essex）设计的精美砖石建筑——科尔切斯特市政厅（Colchester Town Hall）。此建筑底层采用条状、手工雕凿的波特兰石饰面，巨型圆柱之上是中心三角形山墙和两侧三角形山墙。整个建筑立面采用了大量的巴洛克建筑装饰和以寓言故事为主题的雕塑。其细长的塔楼从建筑的一端深入云中，成为这个城市的地标。

这种风格最完美的阐释是亨利·沃恩·兰切斯特（Henry Vaughan Lanchester）、詹姆斯·斯图尔特（James Stewart）和爱德华·艾尔弗雷德·理查兹（Edward Alfred Richards）在卡迪夫设计的市政厅，这是市政综合大楼的一部分。此建筑反映了新的财政状况，同时反映出威尔士首府的地位。此建筑的立面采用巴洛克风格，极为优美。

卡迪夫市政厅于1906年10月29日正式投入使用。这是一栋对称式2层建筑，围绕着一个大型方庭布局，聚会厅将方庭一分为二。建筑底层主要安排法院办公室，这

上图：伦敦皇家法院（the Royal Court of Justice）

下图：阿斯顿·韦布和因格里斯·贝尔1886～1891年在伯明翰市设计建造的维多利亚立法院（the Victoria Assize Courts）宏伟的大厅

上图：波普和宾顿 1867 年在布里斯托尔市斯摩尔大街建造的立法院

样就比周围第一层的办公室要低。这 2 层楼靠边的单间位于此建筑的外立面，而其走廊则朝向内庭。

庭院的南半部被门廊划分为不同的使用空间，主要有市长会客室、委员办公室和中心会议室。一座高约 59 米的塔楼从建筑正中偏西直冲云霄。建筑外立面采用传统的波特兰石饰面，不过采用钢柱支撑地板，钢制横梁嵌入混凝土中。

尤其是建筑的南立面设计了大量的雕塑，这些雕塑主要以寓言故事为主题，而建筑主要立面末端则利用角楼支撑雕塑群。

学校建筑和教育建筑

当维多利亚女王登基时，尽管教会都尽其所能推广普及初等教育，但文盲现象依然很普遍。直到维多利亚女王颁布了《1870 年初等教育法案》(the Elementary Education Act of 1870)，才使得全国儿童都有接受初等教育的可能，至少在理论上是这样。中等教育只是那些有条件的幸运人才有机会享受，而能接受高等教育的人则少之又少了。

教育系统的最底层是教会学校，常常只是一间小屋，也只有一个老师。这种教育方式主要在一个大教室内进行，不过偶尔也另用一两个更小的教室来教育更小的群体。更大一些的教会学校将男女分开进行授课。而为了将授课空间和主人生活空间隔离开来，很多人想了多种手法，采取了多种措施，尤其是那些神职人员。

教会学校是初等教育最早的实践场所，同时教会学校让众人意识到学校在城市中应该是最吸引人的建筑（除当地教堂以外）。而且，学校建筑应采用哥特式风格，因此，对于那些孤傲的英国国教建筑师坚持认为应沿着他们已建造的教堂形成的轴线并采用教堂建筑细部设计来建造学校就不会感到奇怪了。这一时期著名的建筑师有詹姆斯·布鲁克斯(James Brooks)、乔治·埃德蒙·斯特里特和威廉·怀特。

教会学校一般设在更大一些的城镇，更受场地的限制，因此，教会建筑主要是多层建筑。其中实例之一是詹姆斯·威廉·威尔德 1849 ~ 1850 年在伦敦圣马丁的菲尔德兹内（St Martin's-in-the-Fields, London）设计建造的北部教区学校（the Northern District School）（现已毁）。此建筑采用砖制哥特式拱廊，建筑安排在下面两层，其上则是室内运动场。而在场地狭小的城镇中推动学校建筑向上发展成熟的标志性建筑是威廉·巴特菲尔德 1850 ~ 1853 年间于伦敦玛格丽特大街（Margalet Street, London）设计建造的万圣教会学校（All Saint's Choir School），这所学校设置了宿舍、校长书房、教室和食堂。爱德华·米德尔顿·巴里（Edward Middleton Barry）1860 年在伦敦因德尔大街（Endell Street, London）建造的圣伊莱斯国立学校（St Giles-in-the-Fields National School）为 5 层建筑，可以容纳 1500 名学生。

上图：曼彻斯特市赫尔米区瓦因大街住宿学校，建于 1875 年，是曼彻斯特首座住宿学校

随着《1870 年初等教育法案》的颁布，全国各地，尤其是那些更为拥挤的城市区域建立了许多住宿学校（Board School）。到 1895 年时伦敦已有 400 所住宿学校，这足以说明这类学校之多。伦敦住宿学校（the London School Board）聘请 E·R· 罗伯逊（E R Robson）为首席设计师。罗伯逊于 1874 年完成了这一工作，同年，他的著作《学校建筑》（School Architecture）出版，这对当时乃至后来影响极大。

因为这些种种因素，伦敦住宿学校常为多层建筑，黄砖砌墙，红砖用在建筑外角作为装饰，窗户采用木框，使用抛光的横木。建筑还采用独特的砖砌山墙和高高的烟囱，通常屋顶之上还有一个王冠状或圆形的穹顶。然而，在伦敦以外的地区，学校建筑多采用哥特式风格是众所周知的事实。尽管维多利亚女王在其执政期间采取了许多措施来普及初等教育，但是由于没有公共基金，中等教育和高等教育仍是上层贵族和中产阶级的特权。

然而，这一新的教育政策的确影响深远。最古老的学校——教会学校在 18 世纪时数量极少，且只适合那些绅士的孩子们。但在维多利亚时期，从前遗留的学校必须进行重建和扩建，而且为了满足这种新的教育方式又建了许多新学会。尽管在维多利亚时期主要流行文艺复兴风格的建

上图：伦敦圣伊莱斯国立学校（St Giles-in-the-Fields National School），爱德华·米德尔顿·巴里1860年设计

筑，但是，受牛津和剑桥学会（the Oxford and Cambridge Societies）的影响，这些新学校的建筑主要还是采用了哥特式风格。

奥古斯塔斯·维尔比·诺斯莫·普金规划设计了这样一所学校：学校中心是一个大而华丽的教堂。大多数英国国教公共住宿学校（Anglican public boarding schools）都采用了这一布局方式。哥特式教堂是最重要的建筑，强调了日常生活中宗教的重要性。

学院和大学多采用传统布局：围绕一个庭院进行布局。建于1844年的肯特郡坎特伯雷圣奥古斯丁学院（St Augustine's, Canterbury, Kent）就是采用这一布局的典型代表，由威廉·巴特菲尔德设计。这所学校是为培训那些要到外国工作的传教士而建造的，是圣奥古斯丁修道院的一部分。庭院的一面开敞，另三面被建筑包围，建筑成排布局以示其重要性。此学校中的教堂和图书馆设计最为精致优雅。

这个时期所有的大学建筑中，或许威廉·巴特菲尔德设计的牛津基布尔学院（Keble College, Oxford）是能最好地阐释理想主义和后维多利亚时期多彩装饰风格的一个实例。这个学院始建于1867年，1883年竣工。牛津大学各学院100多年来一直采用石材，而让人大出所料的是巴特菲尔德竟采用红砖作为建筑材料。他后来解释说，他想采用一种能反映本土风格和时代特色的材料，当然也想跳出传统，设计一种自由风格的建筑。尽管建筑还是采用了传统的布局方式，沿方庭展开布局，但其具体安排却不尽相同：大厅并没有面向入口，而是将其设置在首层正对角线上；大厅的旁边即是图书馆，从那里穿过楼梯即可到达上面的房间，这些房间多利用凸肚窗进行采光。

其精致的多彩教堂朝向图书馆，成为整栋综合建筑群的中心。

不久之后，1872年成立了吉顿学院（Girton），它是剑桥的首个女子学院，由艾尔弗雷德·沃特豪斯设计。这是一座哥特式风格的建筑，运用红砖和红瓦作为建筑材料，主要沿走廊进行布局。沃特豪斯沿用他在英格兰北部地区

教会学校

伍斯特郡斯皮切利市罗马天主教学校(Roman Catholic School, Spetchley, Worcestershire),建于1841年,普金设计；采用红砖、有竖框的窗户和带有山墙的屋顶。

康沃尔郡普洛布斯学校(Probus School, Cornwall),建于1849年,威廉·怀特设计;利用当地花岗石碎石,并用一些装饰性强的石头进行立面装饰。

伯克郡尹克盆学校(Inkpen School, Berkshire),建于1850年,乔治·埃德蒙·斯特里特设计；利用当地燧石和红砖建造,局部采用哥特式装饰,采用平屋顶和木框架窗。

博伊尼山学校(School and School House, Boyne Hill),在梅登赫德(Maidenhead)附近,建于1854年,乔治·埃德蒙·斯特里特设计；此综合建筑还包括一座教堂、一处教区牧师住宅和养老院。

什罗普郡普林教会学校(Church Preen School, Shropshire),建于1870年,理查德·诺曼·肖设计；此建筑采用大窗,一直到老虎窗,以便使更多的自然光线射入室内。

公立学校

伯明翰爱德华国王六世(King Edward VI, Birmingham)学校,建于1833～1837年,查尔斯·巴里爵士设计(现已毁)；此建筑采用传统的对称布局,建筑立面采用普金的垂直哥特式风格为装饰基调。

什斯特郡拉德克利夫学院(Radcliffe College, Leicestershire)(只有几部分),建于1843年,普金设计；修道院、宿舍和附属建筑物组成的大型建筑,此建筑与以往大教堂的平面布局、立面设计和细部装饰大不相同。

萨塞克斯郡郎僧学院(Lancing College, Sussex),最早是由R·C·卡彭特(R.C.Carpenter)设计,1854年动工；他死后,由其儿子R·H·卡彭特(R.H.Carpenter)和威廉·斯莱特(William Slater)完成；此建筑运用石头和当地燧石呈现出拘谨的哥特式风格,尽管拖了很久才建成的大教堂采用了早期的装饰,但其细节设计基本上还是反映了维多利亚早期的风格。

威尔特郡马尔伯勒(Marlborough, Wiltshire)学校,建于1843年,1844年后由爱德华·布洛尔(Edward Blore)扩建；对现有一座住宅进行改建而成,采用了威廉和玛丽风格。

伯克郡惠灵顿学院(Wellington College, Berkshire),建于1856～1859年,约翰·肖设计；采用古典主义风格,为红砖建筑,在庭院部分采用石头装饰。

所设计的学校的风格,突出了红砖大学的理论。

巴特菲尔德的牛津基布尔学院和沃特豪斯的剑桥吉顿学院都标志着维多利亚时代的来临,这时建筑师多探索不太张扬的新建筑风格。在牛津大学,托马斯·格雷厄姆(Thomas Graham)于1876～1882年间建造了学校研究大楼(the Examination School Building),主要采用17世纪文艺复兴风格,以石头为建筑材料。而剑桥大学乔治·吉尔伯特·斯科特设计的彭布罗克学院大楼(Pembroke College)同样采用了类似的文艺复兴风格。

也许所有这些后维多利亚式教育建筑中,最值得一提的是威廉·H·克洛斯兰德(William H.Crossland)1879～1887年间设计建造的皇家霍洛威学院(Royal Holloway College),这座学院位于萨里郡艾格汉姆市

右图：威廉·巴特菲尔德1867～1883年间设计建造的牛津基布尔学院教堂(Keble College chapel, Oxford)

大学建筑

牛津埃克塞特学院教堂（Chapel, Exeter College, Oxford)，建于1856～1860年，采用中期尖顶风格，有很高的环形殿和大窗。

剑桥圣约翰学院教堂（Chapel, St John's College, Cambridge)，建于1863～1869年，乔治·吉尔伯特·斯科特爵士设计；此高塔沿用他1865年设计的佩朔·阿比格拉斯哥大学(Pershore Abbey Glasgow University）风格；此教堂的主立面长183米多，正立面设计了一座高塔和梯级式山墙。

牛津贝列尔学院前教学区（Front block, Balliol College, Oxford)，建于1867～1877年，艾尔弗雷德·沃特豪斯设计；是一座哥特式建筑群。

剑桥卡伊伍思学院特里法院建筑（Tree Court, Caius College, Cambridge)，建于1868年，艾尔弗雷德·沃特豪斯设计；其正立面采用石头饰面，有一座塔楼，整座建筑采用早期文艺复兴风格。

剑桥彭布罗克学院，位于特鲁姆屏顿街区（Trumpington Street block)，利用红砖和石头建造成晚期哥特式风格。

约克郡科学学院（Yorkshire College of Science)，现为利兹大学（Leeds University）的一部分，建于1871年，艾尔弗雷德·沃特豪斯设计；为红砖建筑，是一座完全展现沃特豪斯式大学的建筑。

利物浦学院（Liverpool College)，现为利物浦大学维多利亚大楼（the Victoria Building of Liverpool University)，始建于1889年，艾尔弗雷德·沃特豪斯设计。

曼彻斯特大学（Manchester University)，即最早的欧文学院（Owen College)，1869年艾尔弗雷德·沃特豪斯设计；其风格与约克学院相似，但用石头建造。

剑桥纽汉姆学院（Newnham College, Cambridge)，始建于1875年，巴兹尔·卡姆普尼兹（Basil Champneys）设计；是一座女子学院，采用安妮女王风格。

剑桥威斯敏斯特学院（Westminster College, Cambridge)，建于1899年，亨利·托马斯·海尔(Henry Thomas Hare）设计；是一座长老会培训学校，为红砖建筑，采用都铎哥特式风格(Tudor Gothic style)。

左图：托马斯·格雷厄姆爵士1876～1882年间建造的牛津大学研究大楼（the Examination Schools, Oxford）

(Egham, Surrey)。这座大型建筑面积约为168米×115米，围绕两个中庭布局，便于学生学习生活和工作人员开展日常事务。这栋建筑由许多技术熟练的意大利石匠完成，运用了红砖和石料作为装饰，其角塔处采用弧形玻璃窗。而影响最大的一座学校建筑则是法兰西斯一世城堡（Francois I chateau），托马斯·霍洛威（Thomas Holloway）设计，这是当时为数不多的女子大学之一。霍洛威因发明药物而为世人所熟知，他在萨里郡维吉尼亚沃特（Virginia Water, Surrey）还为精神病患者设计了一所精神病院。

如果皇家霍洛威学院（现是伦敦大学的一部分）是维多利亚时期最为华丽的学校建筑，那么查尔斯·伦尼·麦金托什的格拉斯哥艺术学校（Glasgow School of Art）则是最有趣的。此建筑建于1896～1899年间，建筑北立面基本对称，不过麦金托什运用了多种非对称要素，如窗户的大小和形状的变化。金属竖框和横眉分割的巨型演播窗成为建筑立面的主体，使其整个建筑立面极有特色。建筑中心大门上有一个弧形的山塔，但山塔左侧则是一个有凸肚窗的小角塔。此建筑精美的铁艺采用了新艺术风格（art nouveau）。

济贫院、精神病院、医院和监狱建筑

随着《1834年贫困人员修正条例》(the Poor Law

左上图：爱德华·罗伯特·罗伯逊 1870 年设计的伦敦菲尔德兹西街学校，这座建筑引发了陶瓦装饰和荷兰式山墙热。所有安妮女王式的传统风格成为伦敦住宿学校的象征

右上图：威廉·巴特菲尔德 1859 年设计的纽卡斯尔市恩默路圣尼古拉斯学校（St Nicholas School, Enmore Road, Newbury），此建筑群的塔楼在两翼处进行了后置处理

左中图：查尔斯·伦尼·麦金托什 1897 ~ 1907 年建造的格拉斯哥艺术学校（Glasgow School of Art）的北立面，此建筑是现代建筑的经典，完全吸纳了唯美主义和工艺美术运动的特点

右中图：约翰·肖 1856 ~ 1859 年建造的惠灵顿学院（Wellington College），是一座为军队孤儿建造的学院。此学院为红砖建筑，用石头装饰

右下图：亨利·凡·德·威尔德（Henri van de Velde）1906 年设计的德国魏玛撒克逊大公工艺美术学院（the grand-ducal Saxon School of Arts and Crafts, Weimar, Germany）。此建筑宽大的窗户让人想起了麦金托什的格拉斯哥艺术学校（Glasgow School of Art）

Amendment Act of 1834）颁布后，济贫院不断增多。建造救济院可以使那些失业人员重新获得工作。那些大城市和城镇在此条例颁布后的第一个十五计划里都建造了自己的济贫院。

这些济贫院的中心都是开放式庭院，庭院四周是一排排2层小楼，这些建筑多采用简化的古典主义风格，或者是都铎式建筑式样（Tudor）以及伊丽莎白风格。

一旦颁布新的法令，这种百花齐放的现象就嘎然而止了。19世纪50年代出现了新一代的济贫院。建于1852年的伯明翰市文森格林（Winson Green, Birmingham）济贫院，现名为达德利街区医院（the Dudley Road Hospital），J·J·贝特曼（J.J.Bateman）设计。这所济贫院特别大，足以分开容纳男人、女人和小孩；同时这所济贫院还有许多现代化设施：热水管、煤气电灯。这个综合性建筑还有自己的医院。

上图：牛津郡阿丙顿市济贫院（the workhouse at Abingdon, Oxfordshire）（现已毁），这是《1834年贫困人员修正条例》颁布后的首家济贫院，可以容纳500名流浪者，耗资9000英镑。其外部围墙使整个建筑群形成六角形布局：三座主要建筑在场地中心交汇，构成Y字形，此处是管理者办公室，便于管理；六个小庭院便于将流浪者分隔开来

精神病院

大约也正是在这一时期，社会专家认为精神病患者不应该由家庭独自照顾，精神失常者应与正常人隔离开来，他们应该在不同的建筑中生活，否则正常人的生活乐趣也会荡然无存。精神病院的理想尺度是可以容纳350个病人。尽管大家对这类建筑的风格存在着分歧，但许多精神病院大多采用发散式布局。这一布局方式起源于监狱建筑，可

左图：哈格里·桑和哈格里·霍尔（Hagley Son and Hall）1856年设计的科尔顿联盟济贫院（Chorlton Union Workhouse）。1834年法令颁布后，为了便于管理，单个教区不再独自承担管理，而是形成教区联盟。只有在这一新型的济贫院里，身体强壮的流浪者和他们的家庭才可以获得救济。这里严禁性乱交，以一种最不舒适的方式来管理，似乎有些难以接受

以较容易控制和管理，而方便掌控对于这类建筑来说是首要原则。也有人认为十字形双翼布局也可以很好地满足这一要求。

医院

直到19世纪60年代末，即在1853～1856年的克里米亚战争（the Crimean War，英、法、土等与俄国之战——译者注）之后，对病人的照顾、治疗才走上规范化。在这次战争中，4600名战士阵亡，13000名战士受伤，而17500名战士却因无法医治而死。W·H·拉塞尔（W H Russell）主编的《泰晤士报》(The Times）每天都在报道关于战争的消息，民众终于忍无可忍。而弗洛伦斯·南丁格尔（Florence Nightingale 1820～1910年，英国护士，在克里米亚战争中组织领导野战医院，现代护理的奠基人——译者注）的奔走呼吁以及她1859年出版的《医院纪事》(Notes on Hospitals）也让人们看到了希望的曙光。最终于1856～1861年间在汉普郡尼特里市（Netley, Hampshire）建造了维多利亚皇家军区医院（the Royal Victoria Military Hospital)，它是由一位叫梅尼（Mennie）的陆军部（War Department）官员设计的。当这座巨型建筑建成之时，招来了无数批评指责。不可思议的是这样一座庞然大物却只有一面设有窗户。因此，维多利亚女王决定应采用明智合理的设计以满足病人最基本的需求——阳光和新鲜的空气。

人们认为合理的医院应模仿宫殿建筑，每座建筑应只为1层或2层，这样可以提供充足的阳光和新鲜的空气。而入口、楼梯及厕所应设在病房的末端，每个病房大约安置24～30张病床。病房的入口应由有顶的走廊连接起来，而食堂和管理区应设在医院的中心。小型至中型医院最好采用H形布局，将管理区设在正中，病房位于管理区的两侧。首次体现这些设计原则的是伍尔维奇市赫伯特皇家军区医院（the Herbert Royal Military Hospital, Woolwich)，由高尔顿上尉（Captain Galton）设计，于1860年开始建造。

监狱

很显然，在19世纪初，大家一致认为英国监狱应采用一种单独的监禁系统，因而这类建筑应由许多小单元组成，且易于监控管理。圆形监狱正好满足这一要求，中心为管理区，周围为囚室。由这一模式又逐渐发展为放射状布局，从中心向四周发散安排建筑空间，由多个翼展组成，每个翼展连接一个上部采光的走廊。

首个按照这一原则设计的监狱是1823年在宾夕法尼亚州费城建成的东部监狱（the Eastern Penitentiary, Philadelphia, Pennsylvania）。这一布局得到了广泛应用，很快遍布全英国，一直发展到1865年英国中央政府取消对监狱的直接管理和财政支持。

埃德蒙·杜·科恩爵士（Sir Edmund Du Cane）被任命设计这座监狱。而他1873～1875年间设计建造的伦敦沃姆伍德斯格拉布斯（Wormwood Scrubs, London）监狱采用了类似于医院和精神病院中常用的宫殿式布局，这种布局逐渐取代了其他布局方式。

济贫院

埃塞克斯郡大邓莫救济院（Great Dunmow, Essex），建于1840年，乔治·吉尔伯特·斯科特爵士（Sir George Gilbert Scott）和莫法特（W.B.Moffatt）设计；为詹姆士一世风格（Jacobean-style）的红砖建筑，用黄砖做装饰。

精神病院

德文郡伊科斯敏斯特精神病院（Devon Asylum, Exminster），建于1843～1846年，查尔斯·福勒设计；采用发散式布局。

米德尔塞克斯郡科尔尼·赫齐精神病院（Colney Hatch, Middlesex），建于1847～1851年，塞缪尔·道克斯（Samuel Daukes）设计；现为公寓住宅。此建筑可容纳1300名病人，有自己的火车轨道。

萨里郡弗吉尼亚沃特区圣安妮荒地精神病院（The Lunatic Asylum, St Anne's Heath, Virginia Water, Surrey），建于1871～1884年，威廉·H·克洛斯兰德（William H.Crossland）设计；由建造霍尔维皇家学院（Royal Hollway College）（亦名为霍尔维疗养院）的慈善家建造，可容纳100名中产阶级的病人；此建筑采用奢华哥特式风格，有显眼的尖塔和独特的大厅，此大厅采用锤纹梁屋顶。

医院

伦敦圣托马斯医院（St Thomas'Hospital, London），建于1868～1871年，亨利·卡里（Henry Currey）设计；可容纳588名病人，共设6个病区44个病房。

利兹医院（Leeds Infirmary），建于1864～1868年，乔治·吉尔伯特·斯科特爵士设计；与伦敦圣托马斯医院相似，只是规模稍小。

爱丁堡皇家医院（Royal Infirmary, Edinburgh），建于1870～1879年，戴维·布赖斯（David Bryce）设计。

诺维丘与诺福克医院（Norwich and Norfolk Hospital），建于1879年，托马斯·亨利·怀亚特设计；是一座中型医院，采用H形布局。

温彻斯特市汉普郡皇家医院（Royal Hampshire County Hospital, Winchester），建于1863～1868年，威廉·巴特菲尔德设计；采用了极其独特的长条形布局的病房。

伦敦高尔街大学医院（University College Hospital, Gower Street, London），建于1897～1906年，艾尔弗雷德·沃特豪斯设计；此医院基址为一小块方形场地，四个翼展交叉分布，每层安排四个病房。

监狱

伦敦本顿维尔监狱（Pentonville Prison, London），建于1840～1842年，乔舒亚·杰布（Sir Joshua Jebb）设计；在庄重入口的后端是4座翼展，每个单元分开供热。

伯克郡雷丁市监狱（Reading Gaol, Berkshire），乔治·吉尔伯特·斯科特爵士和莫法特（W.B.Moffatt）设计，采用城堡风格。

伦敦卡姆登路霍尔维监狱（Hollway Prison, Camden Road, London），建于1849～1852年，现已毁，邦宁（J.B.Bunning）设计。可容纳300名女犯人，有6座翼展，每4层设置上部采光的中心廊道。

利物浦沃尔顿监狱（Walton Goal, Liverpool），建于1848～1855年，约翰·维特曼（John Weightman）设计；采用诺曼城堡风格（Norman castle style）。

查尔斯·罗伯特·科克雷尔(Charles Robert Cockerell) 1841～1845年建造的阿什莫尔博物馆(the Ashmolean Museum) 主入口

第七章　博物馆、剧院、俱乐部、小旅馆和酒店建筑

博物馆

伦敦和爱丁堡有许多雄伟的具有新古典风格的博物馆。尽管直到维多利亚时代，有些博物馆既没有完全建成，也没有向公众开放，但可以肯定地说，这些博物馆源自很早以前。

大英博物馆（the British Museum）始建于1823年，由罗伯特·斯默克爵士（Sir Robert Smirke）设计，是一座硬朗的希腊复兴风格建筑，直到1842年才开始建造其雄伟的正立面（入口立面）。而几乎同一时期（1822年）建造的苏格兰皇家研究院（the Royal Scottish Institution）却采

左图：建于1842年的大英博物馆展现一种全新外观。修建此博物馆时拆毁了蒙塔古别墅（Montagu House）和其他附属建筑，取而代之的是精致的古典希腊式柱廊立面，其山墙装饰表明了文明的进程

用了大量多立克柱，该研究院是由威廉·亨利·普莱费尔（William Henry Playfair）设计的，1832 ~ 1835 年间又对其进行了扩建和改造。这座建筑一侧的苏格兰国家艺术馆(the National Gallery of Scotland）采用了爱奥尼柱式（Ionic），建于 1850 ~ 1854 年，比苏格兰皇家研究院稍晚一些，同样是由普莱费尔设计的。

阿什莫尔博物馆和其一侧的牛津泰勒研究院（Taylorian Institution, Oxford）均建于 1841 ~ 1845 年间，由查尔斯·罗伯特·科克雷尔设计。这两座建筑是公共建筑采用哥特式

右上图：阿什莫尔博物馆和牛津泰勒研究院（右侧），查尔斯·罗伯特·科克雷尔设计。他采用希腊文艺复兴风格，包括在爱奥尼柱上端雕刻大写字母，作为装饰元素

左下图：牛津大学博物馆（the University Museum, Oxford）内部，其中庭由 2 层楼高的回廊环抱，回廊柱身采用不同的石料或大理石，所有的柱子都仔细雕刻了大写字母

右下图：建造中的牛津大学博物馆（1859 ~ 1861 年）。1860 年完成建筑框架，而几年后才完成内部建设。工人大多为爱尔兰人，是建筑师本杰明·伍德沃德（Benjamin Woodward）从都柏林（Dublin）带来的。此建筑自从落成之后就茕茕孑立，如今却被实验室包围起来

复兴风格最后的典型实例。泰勒研究院的建筑立面主要采用爱奥尼柱式，柱子上刻满了大写字母，位于宏伟的山墙之上，这些柱上楣构的上部是断开的。

乔治·巴斯威（George Basevi）设计的剑桥菲特兹威廉博物馆(the Fitzwilliam Museum, Cambridge)建于1837年。这座建筑整体感觉灵巧，甚至是随意，其内部空间设计标志着向一个更丰富、更大型建筑效应转变的尝试。它采用了8根科林斯柱廊，将精美的阁楼置于建筑群的尽端。

当牛津大学博物馆，即现在的牛津大学自然历史博物馆（the Oxford University Natural History Museum）举行公开招标时，人们的观念有所改变，产生了后维多利亚时代折衷哥特式建筑（high-Victorian Gothic eclecticism）：欧洲哥特式风格，运用砖和大理石甚至古典元素。牛津大学博物馆于1855年动工，直到1860年才建成，是托马斯·迪恩爵士（Sir Thomas Deane）和本杰明·伍德沃德共同设计的。此建筑内部房间围绕着一个很大的中庭展开，中庭周围是一圈2层楼高的圆柱，这些圆柱的柱身采用不同的英国石和大理石材料；建筑的墙壁选用石料镶嵌成威尼斯(Venetian）早期文艺复兴风格。建筑的外立面相对而言比较平滑，建筑立面采用了各种颜色的条石，使整个墙面焕发生机。在主立面正中心，入口走廊的正上方是一个尖塔，这个尖塔的窗户不是完全对称的，每个窗户上雕刻了不同的字母、树叶、动物和鸟类图形。

在建造牛津博物馆的同时，在伦敦南肯辛顿（South Kensington, London）也建造了一组建筑群。其中最早的一座建筑是建于1859年的维多利亚与艾伯特博物馆（the Victoria and Albert Museum)，由弗朗西斯·福克上尉(Captain Francis Fowke）设计。然而当福克1865年去世时，建筑还未完成。最后由陆军中校亨利·扬·达拉科特·斯科特(Lieutenant-Colonel Henry Young Darracott Scott）接手剩下的部分。从开始兴建到1877年建成，他付出了辛勤的劳动，最后建造了令人印象深刻的方庭建筑。这座方庭建筑采用了意大利文艺复兴风格，而且是意大利北部的建筑风格，

下图：伦敦维多利亚与艾伯特博物馆（the Victoria and Albert Museum）主入口

左上图：艾伯特皇家礼堂（the Royal Albert Hall），1870年威尔士王子（the Prince of Wales）亲自剪彩，对外开放。因为筹集建筑基金的困难，此建筑共耗资1先令（0.05英镑）的年利息

右上图：艾伯特纪念馆（the Albert Memorial），这张图片是在其全面整修后拍摄的

并没有采用当时常见的威尼斯或佛罗伦萨（Florentine）风格。此建筑的立面运用了细腻的红砖和米黄色的陶瓷饰面，同时运用装饰性壁柱和圆柱来丰富整个建筑立面，而这些柱子正好分割不同的弧形窗。

维多利亚与艾伯特博物馆一直到1899～1909年才真正完成。阿斯顿·韦布（Aston Webb）完成了最后的工作——用红砖和波特兰石装饰整个建筑立面。主立面周围是精美的八角形穹顶，此穹顶带有巴洛克复兴风格或后维多利亚巴洛克风格。

综合大楼还包括1867年动工的艾伯特皇家大楼（the Royal Albert Hall）和艾伯特纪念馆，并且包括这个地区其他的主要博物馆——自然历史博物馆（the Natural History Museum）。1864年为此博物馆设计方案进行了公开招标竞赛，最后福克获胜。福克死后，艾尔弗雷德·沃特豪斯成为其主要建筑师，他重新设计了建造方案，新方案于1873年动工，1881年完成。此建筑面向克伦威尔路的立面宽205.88米，中心是一座高58.56米的塔楼，塔楼两端是陡屋顶的阁楼，丰富了建筑立面。建筑外立面主要采用陶瓦装饰，黄色墙面外加灰色带而极富特色，墙面上还雕刻着动物图形。两座造型相同的塔楼之间是拱形大门，穿过此拱形大门，就可以直接来到光亮的大厅。

左图：伦敦克伦威尔路（the Cromwell Road, London）的自然历史博物馆（the Natural History Museum）。此建筑是为了降低布罗姆斯伯里（Bloomsbury）的大英博物馆扩建费用而建造的，主要用于自然历史资料的收集。在建造之前，举行了竞赛活动，最后弗朗西斯·福克上尉胜出。不过在此工程完成之前，福克去世了，只得由艾尔弗雷德·沃特豪斯接任。他新增了陶瓦设计，于1881年完工。此建筑反映了维多利亚时期的创造性，其中心广场模仿教堂的中心广场布局，而外观上用塔楼和尖顶进行装饰

贵族和拥有土地的乡绅一直引领英国城市的生活水平。这一情形直到19世纪当地政府提供了许多便利的基础设施后才得以改变。博物馆（常常附带一个图书馆）是1845年和1850年颁布的《议会法案》（Acts of Parliament）改革的产物。这两条法案增强了政府职能，他们可以为这类建筑的建设和管理征收特别税，但实际操作中，所征得的税收并不可观。因此，这些建筑常常拖延很长时间，常常拖延到维多利亚晚期，甚至爱德华时期。

其他的博物馆和图书馆要么完全依靠赞助人，要么部分依靠赞助人，如19世纪90年代的赞助人安德鲁·卡

下图：伦敦市弗里斯特希尔区伦敦路（London Road, Forest Hill, London）的霍尼曼博物馆。弗雷德里克·J·霍尼曼（Frederick J.Horniman）投资建造，他是一家著名茶叶公司的董事长，在国外旅行中收集了大量物品。1890年，在他的家里——弗里斯特希尔区的萨里别墅（Surrey House），其收藏品每星期对外开放三次；1898年，此别墅被一座新博物馆取代，新建筑由查尔斯·哈里森·汤森德设计。此建筑用石头和砖建造而成，包括南厅、北厅和一座钟楼，建筑正立面用马赛克镶嵌成一组反映人类生活的寓言故事。1901年竣工，此建筑还配有8.51公顷的花园，位于伦敦市政议会（the London County Council）一侧。此建筑和花园是伦敦市民的荣幸

内基（Andrew Carnegie）和帕斯默·爱德华兹（Passmore Edwards）。尽管这些建筑尺度小，但其多采用维多利亚晚期独特的建筑风格，或者是巴洛克的雄伟风格，这些建筑形式表明要放弃19世纪80年代对文艺复兴风格的非正式使用。19世纪的最后10年，还出现了许多原始建筑风格和文艺复兴风格的糅合，并带有工艺美术运动元素和新艺术元素。如查尔斯·哈里森·汤森德（Charles Harrison Townsend）1898～1901年设计建造的伦敦霍尼曼博物馆（the Horniman Museum, London）。此建筑最显眼之处是其拱形山墙；从建筑侧面一个别致的塔楼下进入内部，此塔采用圆形尖顶，其尖顶上雕刻了叶饰图案。

剧院和娱乐建筑

在维多利亚和爱德华统治时期，剧院（包括音乐厅）是人们主要的娱乐休闲场所。这些建筑与当地社会潮流紧密相连，因此，这个时期的剧院建筑达到了建筑的顶峰。

剧院建筑的改革最先是布景师提出的，接着剧院决策者开始响应。为了完成幻想的情节，剧院建筑需极好地处理空间变换，从而创造出一种视觉变幻的感觉。

因而，对于剧院建筑，英国人不再固守传统。最早的时候，演员们主要在法院和一些大型建筑中进行表演，后来才在剧院中演出。而演员们的表演多是免费的，因而，商业性剧院在公众的抗拒下发展缓慢，甚至可以说是失败。而演员表演的建筑多是临时搭建的，造价低廉，远离城市中心。直到1705年约翰·范布勒爵士（Sir John Vanbrugh）设计的女王剧院成为伦敦第一家剧院，这一局面才得以改观。

1662年，查尔斯二世亲自指定戏剧应在伦敦特鲁里街（the Drury Lane）剧院和考文特花园剧院（the Covent Garden Theatres）中上演。然而，1809年特鲁里街剧院毁于大火，1856年考文特花园也被大火烧毁。到1843年时，这种不在商业剧院中表演的时代结束了。剧院建筑为保证

实际操作过程的顺畅，常常需要考虑出入口的位置、防火屋顶和舒适的座椅。在这以前，英国剧院要么在大街上用诱人的画面简单围合成一个封闭空间，更别提提供一个安全、舒适、美好的夜晚了；要么借用当地非常有名的市政建筑。这些演出场所的入口大厅和主要楼梯空间往往不足，又因执照的限制而无法改进。直到 1840 ~ 1858 年间才开始建造新剧院。

此剧院的重建效果图，据说方案源于大礼堂建筑

还有一些改造和重建的剧院在风格上并没有一脉相承。如 1846 年对萨德勒斯维尔斯剧院（Sadlers Wells）进行了改造，新建半圆形开放式回廊，回廊一直延伸至剧院正厅后座。1847 年对莱森戏院（the Lyceum）重新进行了装修，改建后，拥有了开放式走廊和巨大的舞台空间。而到 1856 年，考文特花园公司（the Covent Garden Company）的演员来此表演时，舞台后移，顶棚加高，从而提供了更大的空间，以容纳更多的观众；而那些开放式走廊也被围合成包间。

左图和右图：巴黎歌剧院，建于 1875 年。现因其设计师查尔斯·加尼尔而闻名于世，称为加尼尔剧院。现已对其进行重新修葺，作为巴黎千禧年景点之一

19世纪50年代~19世纪60年代的伦敦戏院和剧院

弓街皇家剧院（Royal Opera House, Bow Street），建于1857年，爱德华·米德尔顿·巴里设计；英国现存最古老的维多利亚剧院。

阿德尔菲剧院（Adelphi Theatre），建于1858年，托马斯·亨利·怀亚特设计；其外部是大型灰泥粉刷的立面，利用铁改造内部结构，从而使得其空间更让人感觉舒适并使处于所有方位的观众视线不受妨碍。

白教堂路皇家宫殿剧院（Royal Pavilion Theatre, Whitechapel Road），建于1858年，西蒙兹（G.H.Simmonds）设计；闻名于东部的特鲁里街（the Drury Lane of the East），可容纳3000名观众，大部分座位票价低廉

霍尔伯恩皇家剧院（Holborn Theatre Royal），建于1866年，希尔·芬奇（Hill Finch）和帕莱利（Paraire）设计；此建筑造价低廉，没有走廊，可容纳1500人，现已毁。

埃杰外尔路玛丽波恩皇家剧院（Royal Marylebone, off Edgware Road），建于1868年，拥有伦敦最大的舞台，在第二次世界大战中遭遇闪电战。

斯特兰德大道纽卡斯尔街格娄布剧院（Globe, Newcastle Street, Strand），建于1868年，建造质量差，设有剧院花楼和包间；毁于1902年。

埃尔德维奇科米克剧院（Opera Comique, Aldwych），建于1870年；与格娄布剧院背靠背，从斯特兰德大道经过霍尔维大街地铁站即可到达。

主要省级剧院

曼彻斯特市王子剧院（Prince's Theatre, Manchester），建于1864年，爱德华·萨洛蒙斯（Edward Salomons）设计。

诺丁汉皇家剧院（Theatre Royal, Nottingham），建于1865年，查尔斯·约翰·菲普斯（Charles John Phipps）设计。

利物浦威尔士亲王剧院（Prince of Wales', Liverpool），建于1866年，爱德华·萨洛蒙斯设计；采用意大利建筑风格，内部通风条件有所改善，脚灯都隐藏在舞台下面的搪瓷铁盒中。

斯特拉特福德埃文河上游莎士比亚纪念剧院（Shakespeare Memorial, Stratford-upon-Avon），建于1877～1879年，道奇逊（Dodgshun）和威廉·弗雷德里克·恩斯沃斯（William Frederick Unsworth）设计；一座艺术馆将其与博物馆分开，便于防火，但是此剧院还是于1926年毁于大火。

利兹大剧院（Leeds Grand Theatre and Opera House），建于1878～1879年，乔治·科尔逊（George Corson）设计；在剧院下面是一排（6家）商店，剧院舞台后面是道具店、排演室和油画商店。此剧院设2600个座位，外加600个站席。

埃克塞特皇家剧院（Theatre Royal, Exeter），查尔斯·约翰·菲普斯设计；1887年毁于大火，140人死亡。

爱丁堡国王剧院（King's, Edinburgh），建于1906年，詹姆斯·戴维森（James Davidson）和斯旺森（J.D.Swanson）设计。

1846年，为了模仿米兰斯卡拉歌剧院（La Scala, Milan），考文特花园剧院重新粉刷了观众席，次年重新开放，改名为皇家意大利歌剧院（the Royal Italian Opera House），可以容纳3000多名观众。1856年毁于大火后，爱德华·米德尔顿·巴里于1858年对其进行了重建，主要采用一种新帕拉第奥式样（neo-Palladian style）。改造后的剧院，虽其外观上感觉变小了，但可以容纳更多的观众，舞台也比先前的大。此剧院是英国保留最完好、最古老的维多利亚式

剧院。据说考文特花园皇家歌剧院最近又在进行一次大规模的修缮工程。

考文特花园剧院（the Covent Garden Theatres）的门廊

到1858年时，剧院建筑空前发展。这一年，托马斯·亨利·怀亚特设计了伦敦阿德尔菲皇家剧院（the Theatre Royal, Adelphi, London）。这家剧院的巨型阶梯状看台与走廊柱子相隔1.83米，做到这一点得归功于钢铁的发展。熟铁制成的屋顶桁架分段铰合铆钉，由支柱承重，将重力分散到地基之上，因此，整个屋顶采用悬臂式。尽管新建成的阿德尔菲皇家剧院比伦敦其他任何一家商业剧院都要宏伟，可以容纳更多的人，但其观众席却正好设在斯特兰德大街（the Strand）的后面。对于剧院建筑来说，建筑前面的主道复杂，因此，需设计一组走廊来组织人流。

将传统风格的建筑用作剧院建筑或歌剧建筑逐渐引起了人们更多的关注，从而也引进了几种外国式样，如法国皇家风格（French Empire）、威尼斯巴洛克风格（Vinnese baroque）和巴伐利亚洛可可风格（Bavarian rococo）等，还有一些人采用改良式哥特式风格。剧院建筑逐渐走向繁荣时期。

随着交通的便捷、经济的发展和人口的增加，到19世纪末剧院建筑走向成熟。19世纪中叶，主要的铁路线已建设完毕，伦敦著名的演出公司人员可以快速、舒适地进行外出表演，因此，各省就需要建造商业剧院了。

剧院的全方位设计原则提出于1878年。其中包括：出入口的设置、楼梯高度、座位数、舞台和表演设备。更为重要的是，还需合理选择建筑选址，以便于剧院一半以上的空间可以毗邻公共高速路，尤其是剧院配备人工照明和空调等设施后，这一点尤为重要。

但是，音乐厅却是另一种完全不同的建筑。到1843年，维多利亚流行音乐已在小酒馆中盛行。当时这些小酒馆和小型剧院互相竞争，争夺举行一些较正式的娱乐活动的机会，有时也可以唱歌、跳舞。《1843年法案》颁布了禁止观众边看戏剧表演边吃喝东西的规定，而吃吃喝喝是小酒馆最基本的经营手段。因此，大型戏剧只能在正规的音乐厅中举行。很快许多小酒馆都进行了扩建，新增部分比较长，

米兰斯卡拉歌剧院

19 世纪 70 年代~ 19 世纪 80 年代的伦敦剧院

皮卡迪利广场克莱特伦剧院 (Criterion, Piccadilly Circus)，建于 1870 ~ 1874 年，托马斯·维里蒂 (Thomas Verity) 设计；采用装饰性新文艺复兴风格，其内部于 1884 年重建，1902 ~ 1903 年改建和重新装修。剧院大厅全在地面以下。

黑马克特 (Haymarket) 剧院，建于 1821 年，1879 年由查尔斯·约翰·菲普斯重建，当其首层阳台凹陷重建受阻后，就于 1879 年转交给班克罗夫特家族 (the Bancroft family)，稍后于 1904 年重修，首次为舞台增加了四面皆有布景的框架。

伦敦喜剧院 (Comedy)，建于 1881 年，托马斯·维里蒂设计。

塞沃伊剧院 (the Savoy Theatre)，建于 1881 年，查尔斯·约翰·菲普斯设计；首座全部使用电灯的公共建筑，其建筑立面用红砖装饰，为安妮女王风格。

特洛克德洛宫 (Trocadero Palace)，建于 1882 年。

莱斯特广场帝国剧院 (Empire, Leicester Square)，建于 1882 年，托马斯·维里蒂设计；楼层和走廊用防火材料建造，一座宽大的楼梯可以抵达各楼层的大厅和休息厅。

皮卡迪利广场伦敦宫殿剧院 (London Pavilion, Picadilly Circus)，建于 1885 年，沃里 (Worley) 和桑德斯 (Saunders) 公司设计。

利立克剧院 (Lyric)，建于 1888 年，查尔斯·约翰·菲普斯设计。

夏福特斯伯利剧院 (Shaftsbury)，建于 1888 年，在第二次世界大战中被炸毁。

加利克剧院 (Garrick)，建于 1888 ~ 1889 年，沃尔特·埃姆登 (Walter Emden) 设计。

剑桥广场英国皇家剧院 (Royal English Opera House, Cambridge Circus)，建于 1889 ~ 1891 年，霍洛威和托马斯·爱德华·卡尔卡特 (Thomas Edward Cullcutt) 为理查德·德奥尼·卡特 (Richard D' Oyly Carte) 设计；1892 年卖给奥古斯塔斯·哈里斯 (Augustus Harris)，哈里斯把其改造为戏剧之家而在此开放。此建筑采用悬臂式看台，在视线受阻处终止；并采用冷热空气交换设备。

维多利亚时期的音乐厅

利物浦圣乔治大楼的音乐厅 (Concert Room, St George's Hall, Liverpool)，1836 年哈维·朗斯代尔·埃尔米斯 (Harvey Lonsdale Elmes) 开始建造，直到 1847 年由查尔斯·罗伯特·科克雷尔完成。

利物浦市菲哈默尼克礼堂 (Philharmonic Hall, Liverpool)，建于 1846 ~ 1849 年，约翰·坎宁安 (John Cunningham) 设计。

利物浦圆形大剧场 (Colosseum, Liverpool)，1850 年惟一神教堂改造而成。

伦敦阿尔罕布拉大楼 (the Alhambra, London)，建于 1851 年，T·海特·刘易斯 (T.Hayter Lewis) 设计；一般称作科学艺术圆形大楼 (the Panopticon of Science and Art)，其圆形直径长达 29.59 米，有一个水力乘客电梯。1860 年改名为皇家阿尔罕布拉宫音乐厅 (the Royal Alhambra Palace Music Hall)，1882 年却毁于大火，第二年按照原来风格重建，1888、1892、1897、1907 和 1912 年进行了改造，最后于 1936 年毁塌，这一年其侧的奥迪恩剧院 (Odeon Cinema) 建成。

伦敦圣潘克拉斯纳尔逊勋爵酒店 (Lord Nelson Tavern, St Pancras, London)，1852 年开始营业。

索斯沃克萨里动物园音乐厅 (Surrey Zoological Gardens Concert Hall, Southwark)，建于 1856 年，霍瑞斯·琼斯 (Horace Jones) 设计；耗资 18200 英镑，可容纳 10000 名观众和 1000 名音乐家。

伦敦考文特花园埃文斯音乐厅 (后为乔伊音乐厅) (Evans late Joy's, Covent Garden, London)，建于 1857 年；在舞台一端是长长的空间。

伦敦霍克斯顿麦克唐纳音乐厅 (McDonald's Music Hall, Hoxton, London)，建于 1864 年，用了大量铸铁圆柱、装饰性字母、装饰性栏杆和镀锌铁制屋顶。

伦敦朔迪奇希腊音乐厅 (Grecian, Shoreditch, London)，1876 ~ 1877 年重建；由一个令人愉悦的花园、一座剧院和一座名为伊格尔的沙龙组成。1882 年被布斯将军 (General Booth) 为救世军 (the Salvation Army) 买去。毁于 1901 年。

伦敦维多利亚皇家大楼和咖啡馆 (Royal Victoria Hall and Coffee Tavern, London)，现名为古老的维克 (Old Vic)。1880 年卖给艾玛·康斯 (Emma Cons) 时再次改名。

伦敦迈尔恩得路帕拉根剧院 (Paragon Theatre of Varieties, Mile End Road, London)，建于 1884 ~ 1885 年；是伦敦通风效果最好的剧院，其底层上方通风孔道长达 1.83 米，成为 200 多家大型剧院的典范。

伦敦迪沃利综合大楼 (Tivoli, London)，建于 1888 ~ 1890 年，查尔斯·约翰·菲普斯设计，其中有剧院和餐馆，其临街立面为一排法国新古典风格壁柱，拱的高度大于起拱线长度的一半之上，是具有浪漫主义情调的拱廊阁楼，阁楼采用双重斜坡的屋顶。

纽卡斯尔泰恩河上游帝国音乐厅 (Empire Music Hall, Newcastle-upon-Tyne)，建于 1891 年，奥利弗 (Oliver) 和利森 (Leeson) 设计；其建筑立面采用早期佛兰德文艺复兴风格。

利兹帝国音乐厅 (Empire Palace Music Hall, Leeds)，建于 1897 年，弗兰克·麦卡姆 (Frank Matcham) 设计。

后期维多利亚时期和爱德华时期的娱乐场所

伦敦克兰伯恩大街戴利(Daly's, Cranbourn Street, London)大楼，建于1891～1893年，由斯宾塞·查德威克(Spencer Chadwick)在查尔斯·约翰·菲普斯(Charles John Phipps)的帮助下设计完成。

伦敦跑马场(Hippodrome, London)大楼，建于1889～1900年，弗兰克·麦卡姆设计；采用英国偏远地区的巴洛克风格。1909年改建为杂技宫，1958年重新粉刷，改名为市政会议厅。

伦敦女王剧院(Her Majesty's Theatre, London)，建于1896～1897年，查尔斯·约翰·菲普斯设计。

伦敦皇家剧院(Imperial, London)，建于1901年，弗兰克·托马斯·维里蒂(Frank Thomas Verity)设计；最先开放于1876年，名为皇家水族剧院(the Royal Aquarian theatre)。1900年莉莉·朗特里(Lily Langtry)买下此建筑，并聘请维利特对其内部进行全面整修。1906年被拆毁。

伦敦游乐中心(Playhouse, London)，建于1905～1906年，最早建于1881～1882年，由福勒(F.M.Fower)负责改建工作，但在完成之前，卡灵克洛斯车站倒向此建筑时被毁坏。最后由迪特马·布洛(Detmar Blow)和费尔南德·比利里(Fernand Billerey)重建，保留了福勒设计的建筑立面。

伦敦大剧场(Coliseum, London)，建于1904年，弗兰克·麦卡姆设计；为新巴洛克风格建筑，最早名为伦敦德鲁克斯剧院(the Theatre De Luxe of London)，有4000个座位(但真正只有3389个)。后来成为英国国家大剧院(English National Opera)。

伦敦剧院(London Opera House)，建于1910～1911年，伯蒂·克鲁(Bertie Crewe)设计；还包括奥斯卡·哈默斯坦一期(Oscar Hammerstein I)，但无论从哪个角度衡量，此建筑尺度过大，设计并不成功；奥斯卡·斯多尔(Oscar Stoll)于1916年成为其主人，并于1917年将其改造成斯多尔电影剧院(Stoll Picture Theatre)。

夏福特斯伯利(Shaftbury)大楼，建于1911年，伯蒂·克鲁设计；之前名为国王剧院。

戈尔德斯·格林·希普得罗姆(Golders Green Hippodrome)大楼，建于1913年，伯蒂·克鲁设计。

斯布拉格的伦敦剧院

诺丁·希尔·盖特的克罗尼特(the Coronet, Notting Hill Gate)剧院，建于1898年，后改为一家电影院。

卡灵克洛斯路温德汉姆剧院(Wyndham's, Charing Cross Road)，建于1899年，可容纳1200人。

卡姆登镇卡姆登剧院(Camden, Camden Town)，建于1901年。

皮卡迪利大街艾尔贝里剧院(Albery, Piccadilly)，建于1903年。

斯特兰德剧院(the Strand)，建于1905年，最先名为沃尔多夫剧院(Waldorf)。

埃尔德维奇剧院(Aldwych)，建于1905年，为斯特兰德剧院的翻版，综合运用了乔治巴洛克古典主义和法国巴洛克古典主义风格。

夏福特斯伯利大道格娄布剧院(Globe, Shaftebury Avenue)，建于1906年；为国王剧院(Queen's)的翻版，此剧院被商业大楼和商店隔开。

国王剧院，建于1907年；是多种风格集大成者。夏福特斯伯利大道立面在第二次世界大战中被毁，并于1958年重建。

西街阿穆巴萨多斯剧院(Ambassadors, West Street)，建于1913年。

西街圣马丁剧院(St Martin's, West Street)，建于1916年。

著名的码头建筑

大雅茅斯的大不列颠码头(the Britannia Pier, Great Yarmouth)，建于1858年。

布赖顿西部码头(West Pier, Brighton)，建于1863～1866年，尤基纽斯·伯奇(Eugenius Birch)设计。

黑泽冬园宫殿(Pavilion, Winter Gardens, Blackpool)，建于1876～1878年，米切尔(Mitchell)和麦克劳德(Macleod)设计。

黑泽冬园女王舞厅(Empress Ballroom, Winter Gardens, Blackpool)，建于1896年，芒纳尔(Mangnall)和立特伍德(Littlewood)设计

布赖顿宫码头(Palace Pier, Brighton)，建于1898年

上图：利兹乌姆(Lecyum)大楼柱廊，塞缪尔·比兹利(Samuel Beazley)1834年设计；其内部空间从1856年起经常重修

左上图：诺丁汉皇家剧院（the Theatre Royal, Nottingham）。建于1865年，查尔斯·约翰·菲普斯设计；此建筑是这位著名剧院建筑师的首座也是最伟大的建筑之一

右上图：索斯沃克的萨里动物园（the Surrey Zoological Gardens），建于1856年，霍瑞斯·琼斯设计。因其音乐厅而闻名，不可思议的是，此音乐厅在四个月内建成，可容纳10000名观众和1000名音乐家

在其一端设置舞台，为不饮酒的顾客安排阳台。小酒馆扩建逐渐发展为专门建造音乐厅，因此，在1880～1910年的30年内，全国各地建造了许多音乐厅，它们尤其受比较贫困地区人们的欢迎。音乐厅建筑借鉴了其他传统，几乎糅合了建筑史中所有风格：巴洛克式（baroque）、东方式（oriental）、哥特式（Gothic）、弗兰德式（Flemish）和中东地区建筑风格（middle-eastern）。

维多利亚时期，戏剧还在码头的尽头上演。这种临时建筑让许多普通老百姓第一次能与戏剧艺术近距离接触，因此沿着不列颠海岸，建造了无数这类建筑。这些建筑常常采用这种布局：场地的一端为舞台，另三面则为独立式看台；并常常采用平地板。而那些更红火的音乐厅则追求奢华风格，如黑泽市（Blackpool，英格兰西北部的一个城市——译者注）著名的塔阁（Tower Pavilion），这座建筑中设计了巴洛克风情的豪华、雄伟的舞厅。

剧院建筑在维多利亚和爱德华时期特别常见，但随着电影摄影师拍摄的首部影片——《移动的图片》流行后，剧院就渐渐被冷落了。最早可以播放这种新艺术的建筑特别简单，有些甚至只分隔成包厢和看台，如建于1910年伦敦托顿汉姆法院路（Tottenham Court Road, London）的梅杰斯迪克电影院（the Majestic Picturedrome）。

左下图：塞沃伊剧院，于1881年向公众开放，上演了吉尔伯特和沙利文（Gilbert and Sullivan）的《佩兴斯》（Patience）。查尔斯·约翰·菲普斯为理查德·德奥尼·卡特设计，此剧院是首座整栋大楼用电灯照明的建筑

俱乐部

伦敦俱乐部起源于17世纪的咖啡馆，这些场所可以

左图：伦敦白厅区的国家自由俱乐部（the National Liberal Club, Whitehall Place, London），艾尔弗雷德·沃特豪斯1884年设计。其内部有大量瓷砖组成的图案，宽大的大理石楼梯并未用支撑物，一直抵达建筑的三楼，这是由克莱德·杨和克莱德·伊格尔（Clyde Young and Eagle）于1950～1951年设计的，此俱乐部是在格莱斯顿（William Ewart Gladstone, 1809～1898年，英国政治家，于1868～1894年间四度任英国首相——译者注）1882年当选首相时成立的

营造一种欢乐的氛围，一些志趣相投的人聚在这里。这种场所是介于私密空间和公共空间之间的一种半公共半私密空间，这一空间常常分隔成餐厅、图书馆、休息室、吸烟室和弹球室。

1829年旅行俱乐部（the Traveller's Club）开放后，才标志着私人俱乐部的开始。随后成立了改革俱乐部（Reform

其他早期的俱乐部

格拉斯哥市布加南大街147号西部俱乐部（Western Club, 147 Buchanan Street, Glasgow），建于1841年，戴维·汉密尔顿和詹姆斯·汉密尔顿（David and James Hamilton）设计。

伦敦圣詹姆斯保守党俱乐部（Conservative Club, St James, London），建于1843～1845年，乔治·贝斯维（George Basevi）和悉尼·斯默克（Sydney Smirke）设计。

伦敦帕尔商业街卡尔顿俱乐部（Calton, Pall Mall, London），建于1845～1856年，悉尼·斯默克设计；自从毁坏后进行了相当程度的改造。

伦敦帕尔商业街陆海军俱乐部（Army and Navy Club, Pall Mall, London），建于1845～1851年，查尔斯·奥克塔维厄斯·帕内尔（Charles Octavius Parnell）和艾尔弗雷德·史密斯（Alfred Smith）设计；现已毁。

后期维多利亚俱乐部

伦敦帕尔商业街卡尔顿俱乐部分部（Junior Carlton Club, Pall Mall, London），建于1866年，戴维·布兰顿（David Brandon）设计；现已毁。

伦敦诺森伯兰大道养生俱乐部（Constitutional Club, Northumberland Avenue, London），建于1884年，罗伯特·艾迪斯（Robert Edis）设计。

伦敦白厅区的国家自由俱乐部（National Liberal Club, Whitehall Place, London），建于1884年，艾尔弗雷德·沃特豪斯设计。

伯明翰纽厄尔街/科尔默街联合俱乐部（Union Club, Newell Street/Colmore Row, Birmingham），建于1869年，耶欧维勒·托马森（Yeoville Thomason）设计。

曼彻斯特改革俱乐部（Manchester Reform Club），建于1870年，爱德华·萨洛蒙斯（Edward Salomons）设计。

左图和右图：帕尔商业街104～105号(104-105 Pall Mall)的改革俱乐部(Reform Club)。成立于1832年，1837年举行了俱乐部建筑方案设计竞赛，最后查尔斯·巴里获胜。最初设计方案中采用开放式中庭，由主楼两侧的柱廊围合而成，但俱乐部坚持建成封闭式内庭。最后此俱乐部于1841年对外开放

Club)，这家俱乐部就在帕尔商业街（Pall Mall）旁。这座建筑是英国19世纪首座豪华俱乐部，是一座极为重要的建筑。从平面上看是一个近四方形，中心是一个宽敞的庭院，庭院上部利用玻璃屋顶来采光。建筑立面用波特兰石装饰，使得建立立面与水平布局同样重要，同时，还可以反映建筑内部的空间布局。

小旅馆和酒店建筑

在维多利亚时期，酒店建筑不可避免地要经历许多激烈的变化，正如同交通方式的改革。1830年后，迅速出现了许多小酒馆和酒店，这些小旅馆和酒店主要为在新建收费公路上的旅行者服务。

然而，这些小旅馆和酒店因迅猛发展的火车旅行而落寞了。火车旅行这一新型旅游方式的全部时间表都安排在一天之内，因此，在火车站终点站需要提供住宿的地方。19世纪30年代后铁路公司出资建设了许多车站大酒店，这一新型建筑形式与伦敦俱乐部档次相当，然而也提供较便宜的房间。一直到19世纪60年代这些酒店建筑都是无与伦比的。

菲利普·查尔斯·哈德维克（Philip Charles Hardwick）1851～1853年为帕丁顿火车站（Paddington Station）设计建造了西部大酒店（the Great Western Hotel），此建筑预示

着酒店建筑真正繁荣的到来。西部大酒店有150个房间，这些房间规格不同，大型公寓（位于第一层）设有单独的卫生间，第四层以上是更小些的房间。

随后的1860～1862年间，老詹姆斯·努里斯（James Knowles, Snr）设计了格罗夫纳酒店（the Grosvenor Hotel），此酒店就在布赖顿公司车站（the Brighton Company's station），即今天的维多利亚车站旁。这栋7层建筑极为成功，而且很快就有不少追随者，如爱德华·米德尔顿·巴里1861年设计建造的坎农街道酒店(the Canon Street Hotel)(现已毁)。1864年巴里还设计了卡灵克洛斯酒店（the Charing Cross Hotel），此酒店有214张床铺。而乔治·吉尔伯特·斯科特爵士1868～1874年间设计建造的圣潘克拉斯车站大酒店（St Pancras Station Midland Grand Hotel）是卡灵克洛斯酒店的2倍，可以容纳400名客人，但此酒店于1935年关闭了。这座具有纪念意义的建筑采用砖墙立面，并设计了拱形哥特式窗和磨光花岗石通道，里面有一个别致的楼梯用暴露的铁梁支撑着。

另一些场所也需要酒店，如疗养地和海滨度假胜地，这在维多利亚时期特别流行。约翰·维邱科德（John Whichcord）1862～1864年间设计建造的布赖顿大酒店（the Grand, Brighton）就是其中之一。这座建筑用镀金的阳台作为装饰，极为优美，但更为重要的是这座建筑安装了5部电梯。电梯是这一时期最重要的技术进步，自从1857年以

左下图：伦敦白金汉宫路101号格罗夫纳酒店(the Grosvenor Hotel, 101 Buckingham Palace Road, London)，1861年詹姆斯·托马斯·努里斯(James Thomas Knowles）设计，采用了巴斯石。此建筑共有5层，外加2层老虎窗，其角楼采用了法国宫殿式屋顶和叶饰。拱门的拱肩上是维多利亚女王(Queen Victoria)、艾伯特王子（Prince Albert）和帕默斯顿头像，全部采用波特兰石

右下图：伦敦玛丽波恩路的中央大酒店(the Great Central Hotel, Marylebone Road, London)，建于1899年，罗伯特·威廉·埃利斯(Robert William Ellis）设计，是伦敦最后一座铁路终点站大酒店

右上图：伦敦金克洛斯的北部大酒店（the Great Northern Hotel, King's Cross, London），1854年刘易斯·丘比特（Lewis Cubitt）设计，新月形建筑，共有66间卧室，位于车站一侧

其他大酒店

朗汉姆酒店（Langham Hotel），伦敦波特兰区，建于1865年，约翰·贾尔斯（John Giles）设计。

伦敦拉塞尔酒店（Russell Hotel, London），查尔斯·菲茨罗伊·多尔（Charles Fitzroy Doll）设计，运用陶瓦装饰形成法国文艺复兴风格。

曼彻斯特米德兰酒店（Midland Hotel, Manchester），建于1898年，图鲁伯肖（C T Trubshaw）设计。是一座真正的维多利亚风格的大型建筑。

利沙·奥蒂斯（Elisha Otis）首次在纽约运用后，其应用范围极为广泛，对建筑师的影响极为深远。

但布赖顿大酒店在1888年密特洛伯里（Metropole）酒店建成后就黯然失色了。此酒店由艾尔弗雷德·沃特豪斯设计。但卡斯伯特·布罗德里克（Cuthbert Broadrick）1863～1867年在约克郡斯卡伯洛菲市（Scarborough, Yorkshire）一个悬崖边建造的假日酒店也许是这一时期最壮观的建筑了。

在19世纪前半叶，酒店建筑主要采用古典主义风格或文艺复兴风格，但后来出现了多种风格的糅合。许多酒店多建成独特风格或法国文艺复兴风格，但还保留了许多古典要素。

右下图：伦敦布雷德大街的西部大酒店（the Great Western Hotel, Praed Street, London），即后来的西部皇家大酒店（the Great Western Royal Hotel），菲利普·哈德维克设计，1854年建成，是英格兰最大的酒店，共有103套卧室

到 19 世纪末，酒店建筑特别精致，不再追求宏伟风格。建筑风格转向本土复兴风格。托马斯·爱德华·卡尔卡特 1884 ~ 1889 年间设计建造的伦敦塞沃伊酒店（the Savoy, London）不仅采用了电力照明，还有 67 间浴室；而查尔斯·约翰·菲普斯 1891 ~ 1899 年设计建造的卡尔顿（Carlton）酒店中，每一个卧室都有自己的洗手间，这在当时的伦敦是首创。

左上图：布赖顿大酒店（the Grand, Brighton），建于 1862 ~ 1864 年，约翰·维邱科德（John Whichcord）设计

右上图：萨塞克斯郡（Sussex）伊斯特伯尼（Eastborne）的卡文迪什酒店（the Cavendish Hotel），建于 1866 年，托马斯·爱德华·斯特里特设计

左下图：伦敦拉塞尔广场的拉塞尔酒店（the Russell Hotel, Russell Square, London），建于 1898 年，查尔斯·菲茨罗伊·多尔（Charles Fitzroy Doll）设计。此建筑采用红砖和陶瓦，展现了一幅弗朗西丝城堡酒店的景象，可以俯瞰整个拉塞尔广场。它于 1900 年对外开放，共有 324 间包间，华丽的主入口和餐馆用大理石柱和枝形吊灯装饰。最近此建筑重修耗资 1000 万英镑

受到国际赞誉的巴黎地下铁道主入口大帐篷，赫克托·吉玛德（Hector Guimard）设计，为1900年巴黎展览会（the Paris Exposition Universelle of 1900）设计。当其建成之时，震撼了巴黎传统城市景观的推崇者

第八章　更广泛的领域

阿德勒和沙利文：高层框架建筑

19 世纪 80 年代是芝加哥的繁荣发展期。1871 年芝加哥曾发生大火，整个城市都毁掉了。当其作为中西部的中心重建时，政府鼓励建筑师运用新手法、新技术来建造，如电梯。有了电梯就可以把建筑建造得很高，钢结构可以让高层建筑固若金汤。

1886 年阿德勒和沙利文被委任设计芝加哥大礼堂（the Auditorium Building, Chicago），他们成立了阿德勒 - 沙利文建筑事务所。这座综合性大楼占用了城市的半个社区，拥有一家剧院，剧院两侧是 11 层建筑，一侧是酒店，另一侧是办公楼。

上图：芝加哥大礼堂(the Auditorium Building, Chicago)

芝加哥大礼堂是一个可变空间，这是阿德勒的首创。通过一组可折叠顶棚和垂直屏幕，礼堂可以是一座容纳 2500 人的音乐厅，也可以变成一座 7000 人的会议室。

在建造时，整栋大楼采用了大石块（massive masonry）和铁框架结构，从而分担地基的承重。考虑到建筑主体，沙利文采用了不同的建筑材料，三楼以上运用粗石和抛光琢石。

然而，并不是沙利文发明了摩天大楼，因为发明承重砖时就已出现了多层建筑。最著名的是建于 1889 ~ 1892

担保大楼（Guaranty Building）

年的芝加哥16层蒙纳德诺克集团大楼（Monadnock Block），这座大楼的主人是伯汉姆和鲁特（Burnham and Root）公司。然而，是沙利文首创高层框架建筑的建筑语言则是事实，众人皆知。

沙利文最著名的建筑理论“形式追随功能”在他1895年于布法罗市教堂街28号（28 Church Street, Buffalo）建造的13层保险大楼（Guaranty Building）中得到了最完美的表达。

弗兰克 · 劳埃德 · 赖特：草原建筑传奇

19世纪90年代早期，弗兰克·劳埃德·赖特曾经作为一名绘图员为阿德勒和沙利文工作，帮助沙利文绘制其国内的建设项目。但1893年，即在哥伦比亚世界博览会（the Columbian World Exposition in Chicago）之后，赖特离开了阿德勒-沙利文事务所。

赖特1889年建造了自己的住宅，采用了刻板的建筑风格。在20世纪以前，赖特的作品已经初步展示了基本的设计要素。赖特认为为了满足功能的需要而不必展示所有的建筑特征，中央空调等设备应隐藏起来。这一建筑思想也应用于工业建筑中，这或许是因为他怀疑传统的工作间会浪费空间和建筑材料。

弗兰克·劳埃德·赖特1905年重建后的芝加哥卢克里大楼（the Rookery Building, Chicago）大厅

赖特1889年在芝加哥橡树园建立了自己的工作室，他早期的住宅建筑被命名为美国中西部草原住宅。这些住宅建筑深受他童年宁静的乡村环境的影响，这些住宅多采用平缓的坡屋顶、深远的挑檐、低屋檐、宽阔的壁炉空间和长长的院墙。

这些住宅常为多层建筑，楼梯狭窄，入口既隐蔽又狭窄，建筑平面多为十字形布局，轴线交叉部分则安置宽大的中央壁炉。

赖特1906～1910年在芝加哥为弗雷德里克·C·罗比（Frederick C.Robie）设计的罗比别墅是其草原住宅建筑的

左上图：芝加哥罗比别墅，建于1908～1910年，是赖特草原住宅的经典之作，其水平线代表了中西部宽阔的大草原

右上图：安东尼奥·高迪（Antoni Gaudii）1883～1926年设计的巴塞罗那（the Sagrada Familia cathedral, Barcelona）萨格拉达家庭大教堂

精品。在这座别墅中，楼梯分隔起居室和餐厅，壁炉放在屋内，再由宽宽的排窗连接在一起，这样便在视觉上扩大了起居室和餐厅的空间感。

高迪、霍塔、吉玛德和伯拉吉：结构理性主义

早在1835年，法国伟大建筑理论家欧仁-埃马纽埃尔·维略特公爵（Eugene-Emmanuel Viollet-le-Duc）在他的一次演讲《法国巴黎国家美术学院》（the Ecole des Beaux-Arts in Paris）中提出建筑应回归理性，在他1875～1900年间出版的《对话》（Entretiens）或多或少地反映了新艺术理念。这些建筑思想主要是为前卫艺术服务的。

维略特公爵的思想影响了很多人，如英国建筑师乔治·吉尔伯特·斯科特爵士、艾尔弗雷德·沃特豪斯和理查德·诺曼·肖。但受其影响最深的是加泰罗尼亚人（Catalan）安东尼奥·高迪·科尼特（Antoni Gaudii Cornet）、比利时人（Belgian）维克多·霍塔和荷兰人（Dutch）亨得里克·皮图斯·伯拉吉（Hendrick Petrus Berlage）。

高迪的成就主要受两方面的影响：振兴本土建筑和充分表达新艺术形式。

高迪和他的赞助人艾塞比·奎尔·巴慈加鲁比（Eusebi

维略特公爵（1814 ~ 1879 年）

维略特出生在法国巴黎。他因其理性主义建筑理论、著作与 20 世纪功能主义的浪漫主义复古倾向相连而声名远扬。同时，他是一名法国哥特式复兴主义建筑师和一名中世纪建筑修复工作者。

他是阿基里·里克立利（Achille Leclere）的学生，但他的事业受建筑师亨利·拉布路斯特（Henri Labrouste）的影响。1839 年他负责修复维兹雷（Vezelay）的拉马德琳教堂（the church of La Madeleine），这座教堂也是首次采用现代风格进行修复的大型建筑。1840 年他与杜斑（F-L-J Duban）一起修复巴黎的圣徒教堂（the Saint-Chapelle），1845 年与拉苏斯（J.B.Lassus）共同修复巴黎圣母院（Notre-Dame），新教堂采用哥特式风格。此项目得到政府部门的认同，还引发了法国哥特市复兴主义运动。另一个重要的修复项目是他 1846 年修复的圣丹尼斯教堂（the abbey church of Saint-Denis）。1848 年后，他被任命为众多中世纪建筑修复的主要监督者，其中最重要的有：亚眠大教堂（the cathedral of Amiens）（1849 年）、森斯宗教所（the synodal hall at Sens）（1849 年）、卡尔卡索尼城堡（the fortifications of Carcassonne）（1852 年）和图卢兹（Toulouse）的圣谢宁教堂（the church of Saint-Sernin）。

其著作内容清晰，这些为研究维略特大公提供了基础资料。他的两部百科全书式的著作讲述了精确的结构知识和大量的设计分析：16 卷的“Dictionnaire raisonne de l'architecture francaise du XIe au XVIe siecle”，1845 ~ 1868 年出版；以及“Dictionnaire raisonne du mobilier francaise de l'epoque carlovingienne a la Renaissance”，1858 ~ 1875 年出版。

在研究哥特式建筑的结构和构成的基础上，他提出了 19 世纪理性主义建筑理论，不过并不是说照抄其形式和细部装饰。他认为建筑师应该显露建筑材料、技术和功能的本来面目。

维略特大公的建筑理论总体上影响了现代有机设计和功能设计理念，这在他 1858 ~ 1872 年出版的著作《建筑对话录》（Entretiens sur l'architecture），1875 年出版英文版，名为《建筑论》（Discourse on Architecture）。在这本书中，介绍了不承重的石墙围合的铁框架构造，极大地影响了 19 世纪晚期芝加哥学校的建筑师们，特别是建筑师约翰·W·鲁特（John W.Root）。

Guelli Bacigalupi）受加泰罗尼亚独立主义运动（Catalan separatist movement）的影响。1878 年高迪在马塔罗工人（Mataro Workers）的帮助下设计了一个工场。同年他设计了有外国风情的卡萨维森斯之家（Casa Vicens），主要采用了半摩尔人风格（quasi-Moorish），这主要是受维略特公爵的影响。这座建筑群沿着温室展开，是一件姆德加(Mudejar)的模仿作品，运用红砖、釉面砖和装饰铁艺，这座建筑比同时期任何一栋住宅更富有变化。高迪首次采用了传统的加泰罗尼亚或鲁西荣（Roussillon）拱顶，用瓷砖层层垒跌来支撑拱形结构。拱顶成为高迪的标志之一，其最精致的薄壳结构是他 1909 年设计的巴塞罗那萨格拉达家庭学校(Sagrada Familia School, Barcelona)。

1900 年高迪被委任设计奎尔花园（the Park Guell）。这个居住区是他狂野思想的集中表现，尽管最后只完成了建筑入口、一直通往上面有顶集市的宽宽的楼梯和高迪自己的住宅。其不规则波形拱顶由 69 根怪异的多立克柱支撑，

左图：高迪 1887 年在西班牙阿斯托加的主教堂 (Bishop's Palace, Astorga, Spain)
右图：路易斯·阿拉德伦和路易斯·达罗盖 (Luis Aladren and Darroguy) 1901 ~ 1904 年间在西班牙毕尔巴鄂设计的卡萨·蒙特洛大楼 (Casa Montero, Bilbao, Spain)，他们都是高迪的追随者

屋顶一侧是一条蜿蜒的长椅。这个屋顶还可用作舞台或开放空间，屋顶边缘是怪异的嵌花装饰。公园末端是散步道，而其他部分则用碎石铺成自然形状。公园被散步道分隔成不同的空间，在需要的地方设置拱形扶壁，建造成石质树木年轮形状。

同时，19 世纪末，布鲁塞尔在许多方面与巴塞罗那特别相似。在巴塞罗那，人们有意识地追求现代艺术，试图脱离传统价值观念，推崇流行时尚艺术。布鲁塞尔和巴塞罗那有许多中产阶级，他们似乎都很喜欢华丽的装饰。布鲁塞尔借助经济繁荣、中产阶级的中坚力量和社会党 (the Socialist Party) 产生了新的建筑赞助商，他们经常拿出资金来资助一些年轻有为的建筑师。

下图：高迪设计的巴塞罗那奎尔花园 (Park Guell, Barcelona)

然而，政府建设部门对城市形态控制严格。建筑的高度，甚至房间的尺度、柱基的尺度、檐口宽度和阳台宽度都有严格的规定。这是众多设计原则的延伸，也是建筑师想像力的延伸。

这些新建筑理论及风格需要运用各种建筑材料，以尽可能地展现材料的本来材质。建筑布局符合逻辑，基本和谐。维克多·霍塔设计的建筑外观相对而言比较保守，与周围环境融为一体，但其内部设计却绝然相反，这也是维克多·霍塔的创新之处。他常常将钢材、大理石、优质木材和扁铁

维克多·霍塔在布鲁塞尔的三件杰作之一
上左图：建于1898～1901年的霍塔别墅
上中图：建于1895～1897年的德布里兹酒店（Hotel Deprez）主入口
上右图：建于1893年的特塞尔酒店（Hotel Tassel）立面

福卢斯·拉维罗特（Fules Lavirotte）1901年在巴黎拉普大道29号（29 Avenue Rapp, Paris）的建筑

设计成极有艺术感的栏杆和灯具。精致的装饰、精美的色彩和承重柱都给人新的视觉冲击。如今，霍塔的自宅成为展示其作品风格的博物馆。

霍塔的创作灵感源于当时的流行绘画艺术：如图卢兹·洛特雷克（Toulouse-Lautrec，1864～1901年）生动的张贴画、阿瑟·赫格特·麦克默多（Arthur Heygate Mackmurdo）和沃尔特·克瑞恩（Walter Crane，1845～1915年）的著作插图，甚至奥布里·比尔兹利（Aubrey Beardsley，1872～1898年）的插图画。许多新艺术派的作品灵感都源于远东国家的图画，如日本艺术家北斋（Hokusai）的作品，以及其他更多正式设计师的作品。建筑师很容易看到这些著作，不过他们的设计风格还受自然万物形态的影响：自然界中许多生物开始极为粗壮，可一瞬间就变成细长卷曲，极有装饰效果。很快这些自然要素作为装饰元素出现在建筑师的作品之中，在应用艺术中极具排他性，却不能解决建筑的长久性挑战，如建筑师路易斯·康福特·迪福尼（Louis Comfort Tiffany，1848～1933年）的作品。新艺术风格很快受到全世界的欢迎，其典型代表有德国的弗金德斯迪尔（Fugendstil）、澳大利亚的分离画派（Sezessionstil）和西班牙现代派（Modernismo or Modernista）。

巴黎最早展现新艺术风格的建筑是赫克托·吉玛德

(Hector Guimard) 设计的贝朗热城堡（Castel Beranger）。这栋建筑的立面主要运用自然界中花朵的形态，整栋建筑立面生动活泼，极有吸引力。吉玛德采用的花朵图案与霍塔作品中的装饰图案有相似之处。他承认自己深受维略特公爵的影响，他曾说："我的装饰原则或许是全新的，但其实希腊人早已用过，我只是从那里获得灵感……为了不沉迷于中世纪，我引伸了维略特公爵的装饰理论"。

吉玛德的《贝朗热城堡（Castel Beranger）作品集》的封面，出版于1898年

1899年，吉玛德设计了巴黎地下铁车站（the Paris metro stations），其入口采用了交迭式标准铁艺，这些铁艺都雕刻成自然形态，以釉质钢和玻璃作为框架。在后来的四年时间里，这种从自然世界吸收自然元素的做法大爆发，巴黎大街小巷都可以看到这种风格的建筑，而吉玛德因地下车站的建筑风格而声名远扬。

霍塔1897～1900年设计的布鲁塞尔麦森·皮尤伯大楼

这些建筑特征掩盖了吉玛德作品中杰出的结构理性主义，如建于1901年的巴黎亨伯特·罗曼斯音乐厅（the Humbert de Romans concert hall, Paris）（毁于1905年），这座建筑延续了霍塔1897～1900年在布鲁塞尔设计建造的麦森·皮尤伯（Maison du Peuple, Brussels）大楼。这些建筑是这一时期的最高成就。

这一时期许多相似风格和造型的建筑几乎无法激发任何长久的变化。家具的出现还得感谢亨得里克·皮图斯·伯拉吉和亨利·凡德·威尔德（Henry van de Velde）对这些风格和造型进行了系统的简化。

根据结构理性主义的原理，荷兰建筑师皮图斯·约瑟夫·赫伯特斯·奎基伯司（Petrus Josephus Hubertus Cuijpers）在探索理性主义过程中，在一种新的自然风格上形成了自己的折衷主义风格，他于1855年设计的阿姆斯特丹新佛兰德莱克斯博物馆（neo-Flemish Rijksmuseum, Amsterdam）中做了一次尝试。这座建筑极大地影响了伯拉吉，他们正好也是《阿米斯提亚建筑》（Architectura et Amicitia）的主编。

伯拉吉1896～1903年间设计的阿姆斯特丹比尤尔斯（Amsterdam Beurs）交易所室内景观

伯拉吉的代表作品是阿姆斯特丹比尤尔斯（Amsterdam Beurs）交易所。虽然在1883年的设计竞赛中，伯拉吉

上图：约瑟夫·玛丽亚·奥尔布里邱1898年为维也纳分离派展览设计的海报

的方案只是第四名，但12年后，他被聘请来建造这座建筑。此建筑糅合了多种建筑理论，参考了维略特公爵的建筑思想，同时又参考了阿姆斯特丹数学艺术学校（the Amsterdam School of Mathematical Aesthetics）的设计方法，这所学校是由简·赫塞尔·德格鲁特（Jan Hessel de Groot）设计的。比尤尔斯交易所是一座砖承重结构建筑，清晰地表达了结构理性主义。建筑内部的花岗石柱基、榫子、枕梁和压檐梁都极清楚地展示了其结构和承重点。其花岗石用途之一是作为钢结构的承重材料，另一用途是作为拱顶的楔石。通过这种手法，维略特精神体现在了建筑质感之中，而不是体现在结构之中。这座交易所于1903年对外开放。

维也纳分离派：复古风格

德国和澳大利亚的建筑部分地吸收了新艺术风格，这是20世纪初的重要进步之一，形成了所谓的维也纳分离派(the Vienna Secession)。奥托·瓦格纳（Otto Wagner）1894年成为维也纳美术学院（the Academy of Fine Arts, Vienna）建筑专业的一名教授。两年后，他出版了首部理论专著:《现代建筑》(Moderne Architektur)。瓦格纳的教育经历——高技派使得他通晓19世纪末的技术和社会状况，但同时，他那浪漫主义的性格更加激励了那些才华横溢的学生们。他这一时期的助手有约瑟夫·玛丽亚·奥尔布里邱（Joseph Maria Olbrich)、他最得意的学生约瑟夫·霍夫曼（Josef Hoffman）以及两名年轻的维也纳画家古斯塔夫·克里姆特（Gustav Klimt）和科洛曼·摩西（Koloman Moser)。他们于1897年

右图：奥托·瓦格纳1896年版的《现代建筑》的标题封面

上图：奥尔布里邱 1897 ~ 1898 年间设计建造的分离派展览馆

离开了学院，在瓦格纳的支持下成立了维也纳分离派。瓦格纳时常赞扬这场运动，并于 1899 年成为其中的一员。

1898 年奥尔布里邱在维也纳建造了维也纳分离派展览馆（the Secession Exhibition Hall），很显然此建筑是克里姆特的设计方案。但这个团体的主要风格在姆施塔特市（Darmstadt，德意志联邦共和国中部城市）得以实现，奥尔布里邱在此设计了恩斯特·路德维格大公（the Grand Duke Ernst Ludwig）府邸。到 1899 年，又有 6 名艺术家加入这个团体：画家彼得·贝伦斯、保罗·布克（Paul Burck）和汉斯·克里斯蒂安森（Hans Christiansen）；建筑师帕特里兹·休伯（Patriz Huber）；雕塑家路德维格·哈比丘（Ludwig Habich）和鲁道夫·波塞尔特（Rudolf Bosselt）。两年后，这个“艺术家群体”展示了他们的生活方式和工作场所：

下图：奥托·瓦格纳 1912 ~ 1913 年在维也纳建造的第二座瓦格纳式别墅，第一座是他 1905 年为一位寡妇设计的

约瑟夫·霍夫曼1905年出版的《维纳·维克斯塔特海报》(Wiener Werkstatte)

约瑟夫·霍夫曼1905～1910年间设计的布鲁塞尔斯托克莱宫，是一座新艺术风格建筑的精品，其主人是比利时银行家阿道夫·斯托克莱(Adolphe Stoclet)。此建筑光滑的外表面用挪威大理石饰面，青铜条镶边；上层窗户打破建筑天际线，起到强调建筑光滑立面的飘逸感。

基于威廉·莫里斯提倡的建筑和艺术的统一思想，霍夫曼1903年在维也纳成立了维纳·维克斯塔特手工艺作坊。此作坊一直运营至1932年

完全是一个自我控制的艺术工厂。这是一座极具现代风格的建筑，有8个工作生活空间，建筑其他部分是会议室。而1901年建造的恩斯特·路德维格大公府邸无疑是奥尔布里邱的最好作品。

彼得·贝伦斯与奥尔布里邱是一生的合作伙伴。他1899年从慕尼黑分离派（Munich Secession）来到达姆施塔特市，当时他只是一名画家，后来成为了一名建筑师和设计师，其创造才能远远超过了奥尔布里邱。在他的影响下，奥尔布里邱开始运用神秘的古典主义风格。其实，贝伦斯影响了奥尔布里邱最后职业生涯的建筑风格。

约瑟夫·霍夫曼深受1900年分离派展览中查尔斯·伦尼·麦金托什设计的家具的影响。1900年，他代替奥尔布里邱作为维也纳霍伊·沃特（Hohe Warte）郊区的主要设计师，同时取代奥尔布里邱成为分离派的领袖人物。

霍夫曼的建筑风格不断发展，1902年他已初步形成了自己更为简洁的古典主义风格，很大程度上还是受奥托·瓦格纳建筑的影响。与包括摩西在内的其他分离派成员一样，霍夫曼对装饰应用艺术的工艺生产极感兴趣，如查尔斯·罗伯特·阿什比（Charles Robert Ashbee）的手工艺协会（Guild of Handicraft）。

到1909年时，分离派的顶峰时期结束了，《神圣》（Ver Sacrum）杂志停刊。1905～1910年间，霍夫曼开始建造他的杰作——布鲁塞尔的斯托克莱宫（the Palais Stoclet, Brussels）。这座建筑采用细长的挪威（Norwegian）大理石、抛光石条和金属作为装饰材料，这些材料都是手工制成的，极为精美，是维纳·维克斯塔特作品的放大版。

麦克默多和麦金托什：格拉斯哥艺术学院

英国新艺术运动最主要的实践者阿瑟·赫格特·麦克默多和查尔斯·伦尼·麦金托什。麦克默多在世纪协会（the Century Guild）中继承了约翰·拉斯金和威廉·莫里斯的设

计思想。世纪协会成立于 1882 年，由建筑师、艺术家和设计师组成，而《旋转的木马》(Hobby Horse) 是先锋派（avant garde）的刊物。

麦克默多 1883 年出版了他描摹的克里斯托弗 · 雷恩爵士（Sir Christopher Wren）的伦敦教堂建筑。雷恩建筑中蜿蜒、卷曲的线条极大地影响了英国新艺术运动，标志着一种具有世界影响风格的开端。

麦金托什的杰作是他 1896 年设计的格拉斯哥艺术学校（the Glasgow School of Art），这座建筑溶入了新艺术风格复杂曲线和坚硬的规则风格。在考虑功能的基础上，综合了新艺术风格自由装饰的特点，此建筑给人一种罕见的多种风格的糅合。

左图：格拉斯哥艺术学校北立面的中心装饰，位于伦弗鲁大街 167 号 (167 Renfrew Street)，建于 1896 ~ 1899 年

右图：格拉斯哥艺术学校的西侧翼展和其斯科特大街入口

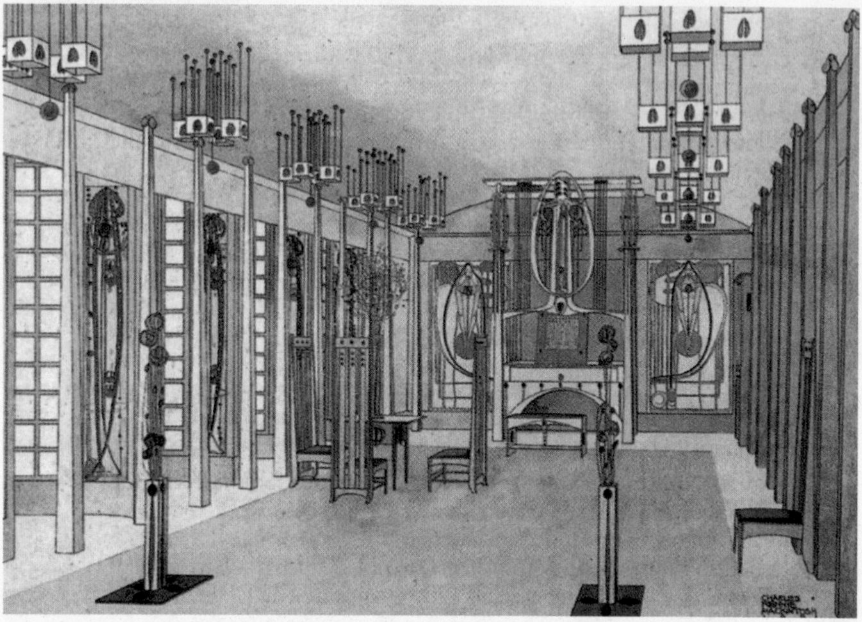

上图：杂志《艺术爱好者之家》中绘图室和音乐厅的效果图，亚历山大·科克（Alexander Kock）出版［达姆施塔特市（Darmstadt）1902 年］

其中能最好、最戏剧性地展示麦金托什将新旧风格糅合的部位是这座建筑的西立面：传统的凸肚窗，玻璃镶嵌在现代露柱之间，以铁格子作为框架。

麦金托什 1897 年为格拉斯哥的凯特·克兰斯顿（Kate Cranston）设计的茶室独一无二地展示了他高超的能力，囊括了他在苏格兰的教育经历，同时反映了他大胆的创新精神。麦金托什惟一保留下来的建筑作品——格拉斯哥索切哈尔大街的维鲁茶室于 1981 年得以重建。

麦金托什建筑作品的多样性和创造性对英国以外的同时期建筑产生了极深刻的影响。其建筑色彩简洁鲜亮：蓝紫色、银色有机装饰映衬白色抛光墙面，这被认为是麦金托什风格的试金石。其风格在 19 世纪末完全成熟，形成自己特有的建筑风格，1905 年得到诸如卡拉的推崇和赞扬。麦金托什在其格拉斯哥公寓（建造于 1900 年）中的家具设计和装饰设计为他提供了一次极好的锻炼机会，而在 1900 年维也纳分离派展览苏格兰分展和 1902 年在维也纳为弗里

左图：克兰斯顿女士茶室的餐厅，位于格拉斯哥布加南大街（Buchnan Street, Glasgow），建于 1896 ~ 1897 年

右图：维鲁茶室（the Willow Tea Room）的华美装饰，位于格拉斯哥索切哈尔大街（Sauchiehall Street，Glasgow），建于 1903 年

兹·沃恩多弗（Fritz Warndorfer）设计的音乐沙龙过程中得到了进一步提高。建筑师詹姆斯·塞蒙和詹姆斯·桑（James Salmon and Son）1899 ~ 1902 年间在格拉斯哥圣文森特大街（St Vincent, Glasgow）设计建造的哈特拉克建筑（Hatrack building）也深受麦金托什这种新艺术风格交融的影响，在此建筑狭窄的建筑立面（只有 7 米宽）运用了曲线和方格网。

牛津大学基布尔学院，1867 ~ 1883 年，威廉·巴特菲尔德设计

本时期的建筑师及其建筑

圆括号中是大家所知的建筑师的生卒年份

毛里斯·B·亚当

毛里斯·宾汉·亚当（1849～1933年）

一位值得尊敬的方案师，最初为威廉·爱默生爵士工作，1872年起在《建筑新闻》中担任建筑编辑。

伦敦贝德福德公园，1880年以前（住宅；已毁坏）

伦敦码头圣彼得教堂，1884～1894年（扩建）

伦敦贝德福德公园圣迈克尔教堂，1887年；1909年扩建

伦敦帕克汉大道帕斯默·爱德华兹画廊，1896～1898年

伦敦霍顿大街伦敦经济学院，1899年

丹克玛·阿德勒（1844～1900年）*见*路易斯·亨利·沙利文

老乔治·艾特奇森（死于1861年）

哥伦比亚圣凯瑟琳码头和伦敦与伯明翰铁路的建筑师。

赫特福德郡特灵火车站，1838年

伦敦圣凯瑟琳码头“I”仓库（象牙库房），1852年

小乔治·艾特奇森（1825～1910年）

从1859年起，担任他父亲的助手；1887～1905年，在英国皇家艺术学院担任建筑学教授，同时，1896～1899年间担任英国皇家建筑师协会会长；1898年获得协会的金质奖章。

伦敦马克大街59～61号，1864年

伦敦荷兰公园大道12号莱顿别墅，1865～1879年

伦敦圣斯韦辛街创建大楼，1877～1878年

伦敦卡灵克洛斯路49号德鲁蒙德大楼（现为苏格兰皇家银行），1885年

伦敦帕尔商业街，皇家交易保险公司大楼，1885年

路易斯·阿拉德伦和达罗盖

西班牙毕尔巴鄂市卡萨·蒙特罗，1901～1904年，下图

艾伦与沙利文 *见*路易斯·亨利·沙利文

托马斯·阿洛姆（1804～1872年）

著名的建筑绘画师，师从弗朗西斯·古德温，后在赫尔成为亨利·弗朗西斯·洛克伍德的合伙人。

伦敦勒德布卢克住宅区，19世纪50年代（北侧，包括兰丝唐路）

伦敦肯斯顿公园路圣彼得教堂，1885年

利物浦威廉·布朗图书博物馆，1857年（改建）

埃塞克斯郡哈维奇东方大酒店（现为市政厅），1864年

罗伯特·罗恩·安德森爵士（1834～1921年）

在乔治·吉尔伯特·斯科特爵士手下工作。1902年被授以爵士，1916年获得由英国皇

家建筑师协会颁发的金质奖章。
爱丁堡万圣堂，1873～1894年
爱丁堡大学医学院和麦克伊万礼堂，1875～1897年
比特岛斯图尔特山，1877年
爱丁堡王子大道保守党俱乐部，1882年
格拉斯哥中央车站酒店，1884年
爱丁堡国家肖像艺术馆，1885～1890年
爱丁堡莫宁塞德大街英国独立教会，1891～1892年

乔治·汤森德·安德鲁斯(1804～1855年)
约克角圣海伦广场约克郡保险公司，1840年
赫尔市斯卡伯勒车站和旅店，1846～1849年
约克郡牛顿上区-奥斯，万圣堂，1849年
约克郡里士满学院，1849年
约克郡弗勒克斯顿荒原圣劳伦斯教堂，1853年
约克角汽车旅馆，1853年
约克角圣伦纳德广场新月形建筑，1844年（与P·F·鲁宾逊合作）

托马斯·G·安德鲁斯（1838～1886年）和**约瑟夫·佩珀**（1837～1881年）
约克郡布拉德福德李斯特先生的曼宁汉姆工厂，1871～1873年
乔治·奥古斯（约1792～1845年）
泰赛德区邓迪市改革大街高中，1832～1834年
泰赛德区邓迪市瓦特协会（现为基督教青年会），1838～1839年

埃里克·贡纳·阿普斯勒德(1885～1940年)
1905～1909年间，他在斯德哥尔摩一所专科学校学习建筑学，随后在独立建筑学院继续其学业。1912～1913年，他回到原来的专科学校任助教；1931～1940年，他再次回到该校作为一名建筑学教授。
歌德堡卡尔·琼安学院，1915～1924年
德尤索尔姆市斯奈尔曼别墅，1917～1921年
萨伏伊斯堡地方法院，1917～1921年
斯德哥尔摩森林教堂，1981～1920年

阿彻与格林*见***阿瑟·格林**

查尔斯·罗伯特·阿什比（1863～1942年）
建筑师、设计师和作家，1883～1887年师从乔治·弗雷德里克·伯德利；同时也是工艺美术理论家，1888年在伦敦商业街成立了手工艺协会和学校。
伦敦薛尼步行街37号麦格派和斯汤普住宅，1894年（已毁）
伦敦薛尼步行街72～74号，1897年（已毁）
伦敦薛尼步行街38～39号，1899年

乔治·科宾基·阿什林 *见***爱德华·维尔比·普金**

阿瑟·阿什皮特（1807～1869年）
仓库和浴室设计方面的著名作家。
伦敦霍默顿大街圣巴纳巴斯教堂，1845～1851年
与小约翰·维丘沃德合作
伦敦坎特伯雷大主教官邸浴室，1853年（已毁）

亨利·阿什顿
伦敦维多利亚大街公寓，1853年

乔治·阿特金斯
诺福克郡迪斯市谷物交易所，1854年

乔治·贝尼斯
英国非国教徒教堂专家，在他职业生涯的最后几年与其儿子雷金纳德·帕默·贝尼斯(死于1962年）合作。
兰开夏郡阿克灵顿浸信会教堂，1874年
伦敦姆斯威尔山基督教长老会教堂，1901～1903年
埃塞克斯郡小伊尔福德市公理教会教堂，1903年

约翰·贝尔德（1798～1859年）
斯特拉斯克莱德区格林诺克乔治广场公理教会教堂，1839～1840年

格拉斯哥市布加南大街和王子广场，1840年
格拉斯哥市牙买加大街36号加德纳仓库，1855年

本杰明·贝克 *见*约翰·福勒爵士

威廉·贝克 *见*E·A·科伯

威廉·贝克维尔(1839～1925)
利兹市哈丁城堡式工厂，1899年

J·H·鲍尔（1861～1931年）
艾尔弗雷德·沃特豪斯的学生。
汉普郡伊斯特雷市格兰瑟姆路教区大楼，1891年
朴次茅斯市兰德泊特区圣阿加莎教堂，1893～1895年（海伍德·萨默设计装璜）
萨里郡欣德黑德市昂德肖别墅，1896年

维克多·巴尔塔德（1805～1875年）
在巴黎艺术学院学习绘画，1833年赢得罗马建筑设计大奖。
巴黎哈里斯女子中心学校，1853～1858年（已毁坏）1971年
巴黎圣奥古斯丁教堂，1860～1871年

詹姆斯·巴伯（1835～1912年）
邓弗里斯市布克里奇大街24～36号，1877年
邓弗里斯市英格兰大街109～113号民兵营，1877年

休·巴克利（1828～1892年）
学校建筑专家，师从W·斯宾塞，与其弟戴维·巴克利（1846～1917年）合作。
格拉斯哥市伊温广场教堂，1858年（已毁）
格林诺克市政大楼，1881～1889年
格拉斯哥市菲尔德兹圣乔治教堂，1886年
格拉斯哥市波斯威尔大街纤维公司，1891～1901年
格拉斯哥市国王大街亨特·巴尔住宅，1899年

威廉·H·巴洛
伦敦圣潘克拉斯车站列车棚，1865～1868年

西德尼·霍华德·巴恩斯利(1865～1926年)

1885年就学于皇家学院，1886年师从理查德·诺曼·肖；和罗伯特·韦尔共同出版《希腊拜占庭式建筑》，是艺术家协会成员之一。
萨里郡下金思伍德圣索非亚教堂，1891年

查尔斯·巴里爵士（1795～1860年）
在他的职业生涯中，其建筑从19世纪20年代不太成熟的哥特式建筑到杰出的威斯敏斯特宫，此建筑与奥古斯塔斯·维尔比·诺斯莫·普金共同完成。尽管其教堂为砖建筑、石料装饰，常采用简洁哥特式风格，不像后来的建筑师如普金在哥特式建筑恢复工作时追求的繁重感，但他常采用的古典要素给人一种华丽的感觉，成为维多利亚时期建筑的代表。1850年他获得英国皇家建筑协会金质奖章。
曼彻斯特市艺术馆，1824～1835年
伦敦霍洛威路圣约翰国家学校，1830年
伦敦帕尔商业街旅行者俱乐部，1830～1832年，下图
伯明翰市国王爱德华六世学校，1833～1837年（装饰由奥古斯塔斯·维尔比·诺斯莫·普金完成；已毁）

伦敦圣彼得大街圣彼得教堂，1834 年
萨里郡霍瑟广场（现为塔楼），1834 年
斯塔福德郡特伦特汉姆礼堂，1834 ~ 1842 年（已毁）
威尔特郡包伍德住宅，1834 ~ 1857 年（改造和扩建）
伦敦林肯区皇家外科医学院，1835 ~ 1836 年（改造），上图
伦敦新威斯敏斯特宫（议会大楼），1835 ~ 1860 年（装饰由奥古斯塔斯·维尔比·诺斯莫·普金完成），下图

曼彻斯特市普林斯大街雅典娜神庙（现为艺术馆的一部分），1837 ~ 1839 年
曼彻斯特市布鲁克上街一神教礼拜堂，1837 ~ 1839 年
伦敦帕尔商业街改革俱乐部，1839 ~ 1841 年
伦敦特拉法加广场，1840 年（柱廊和台阶；国家剧院的反面）
汉普郡海克里尔城堡，1842 年（改造）
萨塞克斯郡赫斯特皮耶泊因特市圣三一教堂，1843 ~ 1845 年
萨瑟兰郡邓洛宾城堡，1844 ~ 1850 年
伦敦白宫财政大楼，1845 年（立面）
伦敦肯辛顿宫花园 12、18 ~ 19 号和 20 号，1845 ~ 1847 年
伦敦克利夫兰街布里吉沃特住宅，1845 ~ 1854 年
伦敦苏格兰路本顿维尔监狱立面，1847 年（改造）
伦敦摄政公园圣约翰小屋，1847 年（扩建和改建）
白金汉郡克里弗登，1850 ~ 1851 年
多塞特郡坎福德庄园，扩建，1854 ~ 1855 年
格拉摩根郡道莱斯市学校，1855 年
哈利法克斯市政厅，1859 ~ 1863 年

小查尔斯 · 巴里（1823 ~ 1900 年）
查尔斯·巴里爵士的长子，也是他的学生。1876 ~ 1879 年担任英国皇家建筑师协会主席，并于 1877 年获得英国皇家建筑师协会金质奖章。其合作者为罗伯特·理查森·班克斯（1813 ~ 1872 年）。
诺福克市白拉夫大楼，1849 ~ 1851 年
伦敦大学路达尔维奇学院，1866 ~ 1870 年
伦敦大学路圣斯蒂芬教堂，1868 ~ 1875 年
伦敦皮卡迪利大街伯灵顿建筑立面，1869 ~ 1873 年
德文郡斯蒂文斯通别墅，1869 ~ 1874 年（部分已毁坏）
伦敦利物浦大街东方大酒店，1884 年

爱德华 · 米德尔顿 · 巴里（1830 ~ 1880 年，

查尔斯·巴里爵士的第三个儿子。在加入父亲的事务所之前，他在托马斯·亨利·怀亚特的事务所工作，并于1860年继承了父亲的事业。1873～1880年间，他是伦敦皇家学院建筑学教授。

伯明翰和米德兰学院，1855年（已毁）

伦敦汉普斯黛耶稣基督教堂，1856年

伦敦弓街皇家剧院，1857～1858年

伦敦弓街弗罗尔大楼，1858～1860年，下图

伦敦因德尔大街圣伊莱斯学校，1860年

伦敦坎农大街车站旅馆，1861年（已毁）

伦敦斯特兰卡灵克洛斯车站酒店，1863～1864年（随后改建）

萨里郡里士满公寓旅馆，1864年（已毁）

切斯特市克鲁大楼，1866～1871年

剑桥菲特兹威廉博物馆，1870～1875年（楼梯）

萨塞克斯郡斯拉格汉姆附近的维克赫斯特庄园，1871～1874年

伦敦坦普尔中街坦普尔花园建筑，1878年

乔治 · 巴斯威（1794～1845年）

约翰·索恩爵士（1753～1837年）的学生，他在伊利大教堂西塔快建成之际不幸去世。

伦敦贝尔格雷夫广场，1827～1844年

林肯郡斯坦福德市斯戈特盖特区图鲁斯戴尔医院，1832年

剑桥特鲁姆屏顿大街菲特兹威廉，1837年

米德尔塞克斯郡特威克纳姆圣三一教堂，1839～1841年

剑桥郡艾伊市圣马修教堂，1845～1846年

与悉尼·斯默克合作：

伦敦圣詹姆斯大街保守党俱乐部，1843～1845年

亨利 · 巴塞特（生于1803年）

西萨塞克斯郡，皮特沃斯附近的伯顿花园，1831年

J·J· 贝特曼

伯明翰市文森格林工厂（现为达德利街区医院），1852年

欧内斯特 · 贝茨（死于1877年）

兰开夏郡达尔文市埃克尔斯-休洛克兄弟公司的印度工厂，1859～1867年

托马斯 · 贝特布里（死于1922年）

赫胥黎的合作者。

伦敦汉普斯黛希尔花园，1877年（住宅）

萨里郡沃恩汉姆旅馆，1894年（已毁）

约瑟夫 · 威廉巴扎尔盖特（1819～1891年）

伦敦市主要排水系统，1858～1875年（包括1865年克洛斯尼斯下水道工厂；1867年阿比·米尔兹泵站）

伦敦泰晤士河大堤，1862～1874年

伦敦哈默斯密斯大桥，1884～1887年

威廉 · 汉密尔顿 · 比堤伊（1840～1898年）

爱丁堡里基斯特西街造纸厂，1865年

爱丁堡王子大街47～52号詹尼斯分厂，1893～1895年

爱丁堡王子大街北大不列颠酒店，1896～1900年

爱丁堡北桥卡尔顿酒店，1898年

塞缪尔 · 比兹利（1786～1851年）

伦敦考文特花园特鲁里街皇家剧院，1831年（外侧柱廊和门廊）
高地区雷斯城堡，1833年
伦敦莱森舞厅，1834年

埃德蒙 · 贝克特 *见*格里姆托普勋爵

彼得 · 贝伦斯（1868～1940年）
版画家、画家和设计师。毕业于德国卡尔斯鲁厄和杜塞尔多夫；1890年来到慕尼黑，1892年协助成立慕尼黑分离画派。1897年加入手工艺联合工厂；1899年受海塞的欧内斯特·路德维格大公之邀加入达姆施塔特市艺术家协会，在此教学直到1903年。1903～1907年间，担任杜塞尔多夫应用艺术学校主任，同时担任柏林电力总公司美术指导；勒·柯布西耶、沃尔特·格罗皮乌斯和密斯·凡·德·罗后来都在贝伦斯事务所工作。1922～1927年间，担任维也纳美术学院建筑系主任，1936年担任柏林普鲁士艺术学院建筑系主任。
德国达姆施塔特市自宅，1901年
德国萨尔布吕肯市奥本诺尔别墅，1905～1906年
柏林－莫阿比特电力总公司图比嫩法布力克（涡轮机厂），1908～1909年
柏林－外町亨伯尔特恩电力总公司高压电厂，1909～1910年
亨宁斯多夫电力总公司职工综合住宅区，1910～1911年
柏林－外町亨伯尔特恩电力总公司小型发动机厂，1910～1913年
法兰克福近郊煤气厂，1911～1912年
法兰克福近郊霍克斯特IG－法本染料厂，1920～1924年
达姆施塔特市玛希尔登霍别墅，1901年（和艺术家协会共同完成，为“德国装饰艺术”展设计）

小约翰 · 贝尔彻（1841～1913年）
老约翰·贝尔彻(1816～1890年)之子和弟子。这位伦敦建筑师和测量员1865年成为其父亲的合伙人，1905年成为约翰·詹姆斯·乔阿斯合伙人之一。1904～1906年间担任英国皇家建筑协会主席，1907年获得皇家建筑协会颁发的金质奖章。
伦敦维多利亚女王大道麦宾与韦布大楼，1870年
伦敦伍德大街里兰兹和桑斯仓库，1885年（已毁）
伦敦天鹅大道注册会计师学院，1890～1893年
伯克郡沃尔格雷夫好牧人女修道院，1894年
伯克郡庞波恩塔，1897～1898年
埃塞克斯郡科尔切斯特市政厅，1898～1902年
伦敦穆尔盖特伊莱克特拉别墅，1902年
伦敦牛津大街麦宾与韦布大楼，1906～1908年
伦敦亨里特大街皇家医药协会，1908年

乔治 · 贝尔 *见*威廉 · 克拉克

托马斯 · 贝拉米（1798～1876年）
伦敦坎伯维尔路以马利教堂，1841～1841年
伦敦海格特西山布卢克菲尔德圣安妮教堂，1852～1853年
伦敦法院路火险公司，1857～1858年和1874～1876年

皮尔逊 · 贝拉米
大约从1855起，为林肯市斯宾塞·哈代的合伙人。
卢斯市政厅，1854年
林肯郡斯波尔丁谷物交易所，1854年
赫尔谷物交易所（现为交通博物馆），1856年
林肯郡格里姆斯比市政厅，1863年
诺丁汉郡东勒特福德市政厅，1864年
伊普斯维奇市政厅，1867年
林肯市谷物交易所，1880年

约翰 · 弗朗西斯 · 本特利（1839～1902年）
师从亨利·克拉顿，克拉顿于1862年改信天主教。本特利最伟大的作品——威斯敏斯特

大教堂，此教堂直到他死后八年才得以完成。
伦敦珀特里路阿斯斯的圣弗朗西斯罗马天主教堂，1861 ~ 1863 年（扩建）
伦敦兰开斯特路 235 号，1863 年
伦敦威斯特伍德山 108 号桑迪恩，1868 ~ 1870 年
伦敦悉登汉姆山艾勒斯莱尔，1870 年
伦敦黑姆斯密斯圣托马斯神学院，1876 ~ 1888 年
伦敦凯铎冈大街圣玛丽教堂，1877 ~ 1882 年
伦敦赫兹伍德新月广场圣母教堂，1881 年
赫特福德郡沃特福德圣基督罗马天主教堂，1883 年
伦敦布里克斯顿山圣体教堂，1886 ~ 1887 年
伯克郡温莎市博蒙特圣约翰预备学校，1886 ~ 1888 年
伦敦克拉彭公园路至圣救主会修道院，1891 ~ 1893 年
伦敦最重要的布拉德大教堂（威斯敏斯特大教堂），1894 ~ 1902 年

亨得里克·皮图斯·伯拉吉（1856 ~ 1934 年）
1875 ~ 1878 年间在苏黎世工业大学学习，1882 年回到过阿姆斯特丹，1889 年在此建立自己的事务所。他一直致力于城市规划研究：阿姆斯特丹市（1902 ~ 1925 年）、海牙市（1908 ~ 1924 年）、鹿特丹市（1922 年）、乌得勒支（1924 年）和戈罗宁根市（1927 ~ 1928 年）。1913 年接受克罗尔－姆勒斯造船厂项目后搬至海牙市；1905 年出版《建筑风格探讨》，1908 年出版《建筑原理和发展》，1924 年后在代尔夫特科技大学任教。
阿姆斯特丹福克与梅尔兹大楼，1885 年
德阿尔基米尼保险大楼，1893 年
阿姆斯特丹市德尼德兰顿火灾保险大楼，1893 ~ 1895 年
海牙市德尼德兰顿火灾保险大楼，1895 年
阿姆斯特丹市比尤尔斯，1896 ~ 1903（股票交易所）
海牙市卡尔·亨尼别墅，1898 年
阿姆斯特丹市钻石工人的工会大楼，1899 ~ 1900 年
伦敦市克罗尔－姆勒斯办公大楼，1914 ~ 1916 年
荷兰海尔德兰省奥特洛市森特赫伯图斯旗布厂，1915 年

威廉·亨利·彼得雷克（1861 ~ 1938 年）
伍尔弗汉普顿市教堂建筑师乔治·彼得雷克之子，先求学于乔治·弗雷德里克·伯德利，后师从于托马斯·加纳。1883 年进入皇家学院，1885 年获得英国皇家建筑协会奖章。
伯明翰司巴克布卢克圣阿加莎教堂和牧师住处，1898 ~ 1901 年
伯明翰莫塞利路艺术分校，1899 年
伯明翰伊杰巴斯顿公园路加思别墅，1901 年
伯明翰汉斯沃斯拉提莫主教教堂，1904 年

罗伯特·威廉·比灵斯（1813 ~ 1874 年）
师从约翰·布里顿，著名的建筑绘画师、古文物研究者和修复者。
哥伦比亚市克罗斯比圣约翰福音传教教堂，1854 年
北兰开夏郡，马瑟韦尔附近的达尔兹尔城堡，1859 年（修复）

爱德华·拉什顿·布勒克波尼（1803 ~ 1888 年）
伦敦圣马克上区圣马克教堂，1877 ~ 1880 年（塔）

西波立特·吉恩·布朗克（1844 ~ 1917 年）
师从罗伯特·马西森。
爱丁堡梅菲尔德北教堂，1876 ~ 1879 年
佩斯利纪念教堂，1885 ~ 1894 年
爱丁堡普林斯大街 70 ~ 71 号爱丁堡咖啡馆，1886 年
爱丁堡普林斯大街 60 号，1903 年

阿瑟·威廉·布洛姆菲尔德爵士（1829 ~ 1899 年）
伦敦主教之子，师从菲利普·查尔斯·哈德维

克。1889 年授予爵位，1891 年获得英国皇家建筑协会金质奖章。

伦敦朔迪奇圣保罗教堂，1859 ~ 1860 年（已毁）

德文郡托基圣卢克教堂，1861 年

伯克郡温莎万圣教堂，1863 ~ 1864 年

伦敦福尔汉姆万圣教堂，1880 ~ 1901 年

剑桥塞尔温学院，1882 ~ 1889 年

朴次茅斯市海滨码头圣玛丽教堂，1884 ~ 1889 年

伦敦王妃路皇家音乐学院，1890 ~ 1894 年

爱德华 · 布洛尔 (1787 ~ 1879 年)

德比郡一位古董商人的儿子，布洛尔最早是一名插画家，专为地理和建筑方面的书籍插画。

伦敦威斯敏斯特教堂，1827 ~ 1849 年（测量和准备工作）

贝德福德郡沃波恩市场建筑，1830 年

克卢伊德郡圣阿萨弗主教官邸（先前的），1830 ~ 1831 年（西侧翼展）

剑桥特鲁姆屏顿大街大学出版社，1831 ~ 1833 年

贝德福德哈勃大街贝德福德现代学校，1833 ~ 1837 年

剑桥郡拉姆齐教堂，1838 ~ 1839 年（扩建）

沃里克郡密里维尔大楼，1838 ~ 1844 年

兰开夏郡沃斯利大楼，1840 ~ 1845 年（已毁）

伦敦比斯纳尔格林圣詹姆斯大教堂，1842 ~ 1843 年

伦敦切尔西圣马克学院的教堂，1843 ~ 1847 年

威尔特郡马尔伯勒学院，1844 ~ 1850 年

伦敦白金汉郡宫，1846 ~ 1847 年（东立面）

乔治 · 弗雷德里克 · 伯德利（1827 ~ 1907 年）

乔治·吉尔伯特·斯科特爵士的亲戚，1869 ~ 1897 年间与托马斯·加纳合作，之前则在斯科特的事务所工作，进行技能训练。1899 年获得英国皇家建筑协会颁发的金质奖章。

格洛斯特郡法兰西林奇圣约翰浸信会教堂，1855 ~ 1857 年

布赖顿西普大街圣迈克尔教堂，1858 ~ 1862 年，下图

格洛斯特郡塞尔斯利万圣教堂，1859 ~ 1862 年

约克郡斯卡伯勒市圣马丁教堂，1861 ~ 1863 年

伯克郡德得沃斯万圣教堂，1863 年

萨塞克斯郡海沃德希斯圣威尔弗雷德教堂，1863 ~ 1865 年

剑桥万圣大教堂，1863 ~ 1869 年

邓迪市圣耶稣基督教堂，1865 ~ 1870 年

约克郡斯卡伯勒市圣马丁牧师住处，1867 年

利物浦圣约翰浸信会教堂，1868 ~ 1870 年

兰开夏郡盆德尔伯里市圣奥古斯丁教堂，1870 ~ 1874 年

卡迪夫市洛斯圣杰曼教堂，1883 ~ 1884 年

伍斯特郡赫维尔农庄，1884 ~ 1891 年

诺丁汉郡克拉姆伯教堂，1886 ~ 1889 年

埃塞克斯埃平圣约翰浸信会教堂，1889 年（直到 1908 年动工）

剑桥皇家学院教堂，1890 ~ 1901 年

柴郡埃克里斯顿市圣玛丽教堂，1894 ~ 1899 年
美国华盛顿特区圣彼得和圣保罗教堂，1906 年
与托马斯·加纳合作：
斯塔福德郡霍尔克洛斯圣盎格里斯教堂，1872 ~ 1876 年
伦敦切尔西堤 3 号立维别墅，1876 ~ 1879 年
伦敦卡姆登路圣迈克尔教堂，1880 ~ 1894 年
伦敦海科尼维克圣玛丽伊顿传教团教堂，1890 年
伦敦王后路圣三一教堂，1902 ~ 1903 年

伊格内修斯 · 伯诺米（约 1787 ~ 1870 年）
科达拉谟温德里斯顿大楼，大约 1834 年（据说由其设计）
坎布里亚郡威格顿圣卡斯伯特罗马天主教堂，1837 年
北约克郡布洛甫霍尔圣泊尼努斯罗马天主教堂，1834 ~ 1837 年（与 W· 劳森合作）

路易斯－奥古斯蒂 · 伯里伍姆 *见***古斯塔夫 · 埃菲尔**

艾萨克 · 布斯（1823 ~ 1891）
哈利法克斯市沃什大街染厂，1871 ~ 1875 年

W · J · 波士顿 *见***弗兰克 · 伯内特**

詹姆斯 · 保奇（1832 ~ 1892 年）和**詹姆斯 · 卡斯兰**（约 1832 ~ 1866 年）
格拉斯哥市巴斯大街伦菲尔德自由教堂，1857 年（已毁）
格拉斯哥市埃尔德斯里大街圣乔治自由教堂，1864 年（已毁）
格拉斯哥市圣伊诺克广场 18 号教师大楼，1875 年
格拉斯哥市西部大道 998 号，1877 年

亨利 · 保曼（1814 ~ 1883 年）和**约瑟夫 · 斯特里奇 · 科劳兹**（1832 ~ 1893 年）
二者在曼彻斯特开始合作之旅。
柴郡海德市斯托克泊波路一神派教堂，1846 ~ 1848 年
利兹公园路米尔希尔一神派教堂，1847 ~ 1848 年
曼彻斯特市赫尔米圣玛丽教堂，1856 ~ 1858 年
兰开夏郡贝里圣奥尔本教堂，1871 ~ 1876 年
曼彻斯特市诺斯登圣维尔弗里德教堂，1873 ~ 1876 年

威廉 · 海沃德 · 布雷克斯比尔（1818 ~ 1898 年）
兰开夏郡布勒克波恩交易所（现为一家电影院），1863 ~ 1865 年

戴维 · 布兰顿（1813 ~ 1897 年）
求学于皇家学院，1838 ~ 1851 年间与托马斯·亨利·怀亚特合作。
格洛斯特郡科勒斯波尼别墅，1853 ~ 1856 年
伯克郡沃灵福德圣玛丽教堂，1854 年
伦敦帕尔商业街卡尔顿年轻人俱乐部，1866 年（已毁）
德文市希德伯里庄园，1879 年
与托马斯·亨利·怀亚特合作：
威尔特郡威尔顿圣玛丽和尼古拉斯教堂，1840 ~ 1846 年
伦敦肯辛顿宫苑 16 号，1846 ~ 1847 年

约翰 · 拉菲尔 · 布兰顿（1817 ~ 1877 年）
与其弟乔舒亚·阿瑟·布兰顿(1822 ~ 1847 年)合作，他们共同出版了《哥特式建筑分析》(1844 年，1847 年)。
萨里郡阿普塞姆市克罗伊登和阿普塞姆大气火车站，1844 ~ 1845 年
伦敦戈登广场国王教堂，1850 ~ 1854 年
白金汉郡得特奇特市圣玛丽教堂，1858 ~ 1860 年
伦敦克莱门特旅馆 1 号，1874 年

亨利 · 布雷恩特
伯克郡雷丁市伦敦路伯克皇家医院，1837 ~ 1839 年

伯克郡雷丁市国王大道巴克利银行，1838～1839年（与纳撒尼尔·布雷恩特合作）

沃尔斯滕霍姆·布里格斯和索恩利·布里格斯

利物浦皮尔希德默西码头和海港管理委员会办公大楼，1907年

卡斯伯特·布罗德里克（1822～1905年）

亨利·弗朗西斯·洛克伍德的学生。

利兹市政厅，1853～1858年

约克郡伊尔克利水疗医院，1860年（后来成为家政学院）

利兹谷物交易所，1861～1863年

赫尔市政厅，1862年（已毁坏；在约克郡布朗丁汉姆的纪念活动中部分得以重新使用）

约克郡斯卡伯勒市大酒店，1863～1867年

利兹药物研究所（现为艺术学校），1865年

利兹库克里杰大街土耳其澡堂，1866年（已毁）

詹姆斯·布鲁克斯（1825～1901年）

伯克郡一名农民的儿子，师从于刘易斯·斯泰德。1849年来到伦敦，进入皇家学院学习；1851年建立自己的事务所；1895年获得英国皇家建筑协会颁发的金质奖章。

牛津郡亨里－泰晤士河教会学校，1856年

伯克郡郡旺蒂奇浸信会教堂，1860年

伦敦克里索尔德新月广场42号格兰奇，1861～1862年

伦敦马克大街圣迈克尔教堂，1863～1865年（多余）

牛津黑丁顿采石场教会学校，1864年

伦敦普拉斯托圣安德鲁教堂，1867～1870年（多余）

伦敦金丝兰路圣科伦巴教堂，1868～1869年

伦敦邓洛普大街圣乍得教堂，1868～1869年

肯特郡克斯里赫斯特市天使报喜教堂，1868～1870年

斯塔福德郡沃尔斯丹顿市国立学校，1871～1872年

约克郡莫托姆利圣耶稣基督教堂，1872年

伦敦荷兰路圣约翰浸信会教堂，1872年

爱尔兰科维克露吉尔蒂根W·W·F·休姆·迪克墓地，1875年

威尔特郡玛斯顿梅瑟市圣詹姆斯教堂，1875～1876年

伦敦拉文达希尔耶稣升天教堂，1876～1883年

珀斯窦尼圣莫多克教堂，1877～1878年

伦敦阿尔杰农路耶稣变容教堂，1880～1886年

萨塞克斯郡圣伦纳德海边圣彼得教堂，1883～1885年

伦敦帕顿斯维克路神圣教堂，1889～1901年

肯特郡多佛的圣彼得和保罗教堂，1891～1893年

伦敦萨维内克路万圣教堂，1892～1901年（其圣坛直到1913～1915年由伊莱斯·吉尔伯特·斯科特完成）

J·帕默·布朗

肯特郡屯布里吉维尔斯高街的基督教堂，1836～1841年

约翰·布朗（1805～1876年）

住在诺维奇，1835年成为诺福克县测量员。

林肯郡斯坦福德市圣迈克尔教堂，1835年

诺维奇考盖特比格诺尔德纺织厂（现为加罗德斯印花工厂），1836年

诺福克郡斯维恩托普市救济院（现为维利医院），1836年

伦敦李特勒斯圣玛格丽特教堂，1839～1841年（詹姆斯·布鲁克斯改造）

诺维奇郡新卡顿基督教堂，1841年

萨默塞特布里吉沃特伊斯特欧维圣约翰教堂，1843年

乔治·华盛顿·布朗爵士（1854～1939年）

出生于格拉斯哥市，师从于约翰·詹姆斯·史蒂文森和詹姆斯·瑟勒斯。他跟多位建筑师合作过，其中有罗伯特·洛万德·安德森爵

士、阿瑟·威廉·布洛姆菲尔德爵士、威廉·伊登·奈斯菲尔德和约翰·詹姆斯·史蒂文森。他是首个获得英国皇家建筑协会普金奖的苏格兰人，1926年担任苏格兰学院院长，同年，他被授予爵士。*见约翰·莫尔·迪克·帕迪。*

爱丁堡市中央博物馆，1887～1889年

爱丁堡市王子大街红鳍淡水鱼商店，1892年（已毁）

格拉斯哥市布加南大街91号克兰斯敦女士的茶室，1897年（后改为克莱德戴尔银行）

爱丁堡市乔治大街英国利嫩银行，1905年

布赖恩·伯朗宁（1773～1856年）

林肯郡斯坦福德圣彼得山斯坦福德研究所（现为基督教青年会）

林肯郡斯坦福德巴恩山别墅，1843年（北立面）

伊萨姆巴德·金德姆·布鲁内尔（1806～1859年）

著名的工程师和企业家，尤其是西部大铁路。

里斯托尔港口克利夫顿吊桥，1836～1859年

伯克郡梅登赫德火车桥，1838年

布里斯托尔港口坦普尔米德斯车站，1839～1840年，下图

埃文河巴斯车站，1840年

芒茅斯郡切普斯图大桥，1852年（已毁坏）

康沃尔郡瑟尔特什市艾伯特皇家大桥，1859年

与理查德·沙克尔顿·波普合作：

布里斯托尔皇家西部大饭店（现为办公大楼），1837年

与马修·迪格比·怀亚特合作：

伦敦帕丁顿车站，1852～1854年

戴维·布赖斯（1803～1876年）

威廉·波恩的学生，1841～1850年成为其合伙人。

爱丁堡卡索尔特里斯圣马克惟一教堂，1834～1835年

爱丁堡－利思银行，1841年（后为克莱德戴尔银行）

爱丁堡圣安德鲁广场英国利嫩银行，1846～1851年

爱丁堡圣安德鲁广场西部银行，1846年（后为苏格兰丧偶基金会办公楼，之后毁坏）

安格斯市法内尔金奈尔德城堡，1854年（重建工程，城堡后来被毁坏）

爱丁堡皇后剧院，1857年

爱丁堡费蒂斯别墅，1863～1870年

邓弗里斯市洛克比卡索尔米尔克，1864年

爱丁堡苏格兰银行，1864～1870年

都柏林市格林大学邮局，1868年

爱丁堡医院，1870～1879年

爱丁堡乔治大街62～66号联合银行，1874～1878年（后为苏格兰银行）

皮布尔斯市因纳利森格伦，1875年

约翰·麦克金·布里顿（1840～1901年）

首先是戴维·布赖斯的学徒，后成为理查德·诺曼·肖和威廉·伊登·奈斯菲尔德的助手。

伦敦切尔西庄园切尔西礼拜堂，1885～1887年（后为市政厅；1965年后为政府办公楼）

伦敦曼里萨路切尔西工艺学校和图书馆，1891～1895年

伦敦议会广场市政府办公大楼，1898～1912年

查尔斯·布克里基（1832～1873年）

乔治·吉尔伯特·斯科特爵士的学生。

牛津圣三一女修道院（现为圣安东尼大学），

1865 ~ 1868 年

约翰 · 切瑟尔 · 巴克勒（1793 ~ 1894 年）

建筑绘画师约翰·B·巴克勒（1770 ~ 1851 年）之子。专于教堂修复，是著名的古文物研究作家。

萨默塞特格拉斯顿伯里附近的巴特雷法院，1845 年

剑桥郡维斯比奇博物馆，1847 年

牛津马歌德林大学合唱楼，1849 ~ 1851 年

牛津图尔大街耶稣斯大学，1854 ~ 1856 年（立面）

查尔斯 · 奥尔本 · 巴克勒（1824 ~ 1905 年）

约翰·切瑟尔·巴克勒之子。

格洛斯特郡斯特劳德市圣灵感孕教堂，1858 年

伦敦南安普敦路圣多米尼克小修道院，1874 年

萨塞克斯郡阿劳德城堡；重建，1890 ~ 1893 年

本杰明 · 布克内尔（1833 ~ 1895 年）

芒茅斯郡阿博格维尼市圣母和圣迈克尔教堂，1858 年

格洛斯特郡伍德切斯特公园，大约 1858 年

萨默塞特陶顿圣乔治罗马天主教堂，1861 年

斯旺西市斯曼教堂，1868 年

约翰 · 邦斯通 · 邦宁（1802 ~ 1863 年）

伦敦一位测量员之子，也是其学生；1843 ~ 1863 年担任伦敦市建筑师。

伦敦农赫德墓地教堂和旅馆，1844 年

伦敦煤炭交易所，1847 ~ 1849 年（已毁）

伦敦霍洛威监狱，1849 ~ 1852 年（已毁）

伦敦因灵顿苏格兰市场，1855 年（已毁）

威廉 · 伯吉斯（1827 ~ 1881 年）

他是一位城市工程师的儿子，最初他也是把自己训练成一名工程师，后师从于爱德华·布洛和马修·迪格比·怀亚特爵士。

法国里尔大教堂，1855 年（方案未实施）

君士坦丁堡市克里米亚纪念教堂，1857 年（方案未实施）

白金汉郡盖伊赫斯特别墅，1859 ~ 1860 年（改造）

汉普郡福利特万圣教堂，1861 ~ 1862 年

爱尔兰科克市圣芬巴教堂，1863 年

伦敦泰晤士大街上区 46 号商店，1866 年

萨里郡洛菲尔德希斯圣迈克尔教堂，1867 年

卡迪夫城堡，1868 ~ 1881 年

德文郡耐斯赫兹法院，1869 ~ 1871 年

约克郡斯戈顿－乌尔上游圣耶稣基督安抚教堂，1870 ~ 1876 年

约克郡斯塔德利皇家圣玛丽教堂，1871 ~ 1878 年

美国康涅狄格州哈特福德市圣三一学院，1873 ~ 1880 年

米德尔塞克斯郡哈罗镇小山上的哈罗学校，1874 ~ 1877 年（演讲厅）

格拉摩根郡卡瑟尔科奇，1875 ~ 1881 年

伦敦梅尔伯里路 9 号（现 29 号）塔楼，1876 ~ 1881 年（自宅）

威廉 · 波恩（1789 ~ 1870 年）

苏格兰建筑师罗伯特·波恩之子，师从罗伯特·斯默克爵士；1820 年继承父业。在爱丁堡一直与戴维·布赖斯合作，直到 1844 年搬到伦敦建立自己的事务所。后来一直与马克维卡·安德森合作。

洛锡安区，邓巴附近泰宁赫姆别墅，1829 ~ 1830 年

邓弗里斯和加洛韦区，莫法特附近雷希尔斯，1829 ~ 1834 年（扩建）

洛锡安区斯波特别墅，1830 年（改造）

格兰扁区皮特卡普城堡，约 1830 年（扩建）

邓弗里斯和加洛韦区德卢姆兰灵城堡，约 1830 ~ 1834 年（侧翼；推测）

博得斯地区，塞尔克尔克附近的布希尔，1831 年以前（波恩改造，1870 年）

格兰扁区罗杰布坎奥克玛科伊别墅，1831 ~ 1833 年

法夫吉尔孔奎城堡，1831 ~ 1839 年（重建）

邓弗里斯和加洛韦区基科迈克别墅，1832 ~ 1833 年

泰赛德区奥克特拉德别墅，1832～1833年
博得斯地区珀索别墅（现为得克别墅），1832～1833年（1898年扩建）
法夫市基克卡迪苏格兰银行，1833年
英国中部斯特灵国王大道苏格兰银行，1833年
坎布里亚郡尼兹比大楼，1833年（改造）
洛锡安区盆克兰市泰尼霍米别墅，1835年
法夫市巴尔卡里斯别墅，1836～1838年（波恩改造，1863年）
泰赛德区印维戈外尔别墅，1837年（重建）
泰赛德区布莱尔安托儿附近鲁德别墅，1837～1840年
泰赛德区兰诺奇湖芬纳特别墅，1838年
林肯郡哈拉克斯顿庄园，1838～1855年
泰赛德区蒙特鲁兹大道苏格兰银行，1839年
林肯郡斯杜克洛克福德大楼，1839～1841年
洛锡安区拉斯韦德怀特霍尔别墅，1839～1844年（破损中）
法夫市福克兰别墅，1839～1844年
雷切斯特郡普里斯沃德大楼，1842～1844年
斯特灵布加南别墅，1851～1853年
威尔特郡方斯尔修道院，1856年
伦敦白宫花园蒙塔戈别墅，1857～1859年（已毁）

爱德华·科利·伯恩－琼斯爵士（1833～1898年）
画家、设计师，出生于伯明翰，就学于牛津，并在那里结识威廉·莫里斯。他主要设计彩色玻璃和挂毯，还为莫里斯多本书籍插画。

弗兰克·伯内特(1848～1923年)和**W·J·波士顿**（1861～1937年）
格拉斯哥市圣文森特广场圣文森特议院，1898年
格拉斯哥市伦菲尔德和西摄政大道卡索尔议院，1898年
格拉斯哥市圣乔治路和伍德兰兹路交叉处卡索尔议院，1900年
格拉斯哥市米切尔大街戈顿议院，1906年

老约翰·伯内特（1814～1901年）
格拉斯哥市巴斯大街埃尔根广场公理教教堂，1856年
格拉斯哥市圣文森特广场克莱德戴尔银行，1870～1873年
格拉斯哥市股票交易所，1874年

约翰·詹姆斯·伯内特爵士(1857～1938年)
最初在格拉斯哥市为其父亲约翰·伯内特工作，1885～1898年与约翰·阿奇博尔德·坎贝尔（1859～1909年）合作。
格拉斯哥市英格拉姆大街拉纳克别墅，1876年
格拉斯哥市索切霍尔大街艺术研究所，1879～1880年（已毁）
格拉斯哥市卡索尔大街巴罗尼教堂，1886年
格拉斯哥市圣乔治广场雅典娜神庙（现为音乐学院），1891年
格拉斯哥市索切霍尔大街卡灵克洛斯公寓，1891年
格拉斯哥市英格拉姆大街储蓄银行，1894年
格拉斯哥市索切霍尔大街奥尔巴尼议院，1896年
格拉斯哥市厚普大街43～47号亚特兰大议院，1899年
伦敦英格兰博物馆爱德华七世侧翼，1904～1914年
敦巴顿加莫里别墅，1890年（和约翰·阿奇博尔德·坎贝尔合作）

丹尼尔·哈得逊·伯纳姆(1846～1912年)**和约翰·维尔波恩·鲁特**（1850～1891年）
伯纳姆给卡特、德雷克和赖特作学徒，并遇到鲁特，1873年两人合作。1894年伯纳姆担任美国建筑研究院院长。
美国芝加哥贫民窟，1886年
美国芝加哥保险大楼，1890年
美国芝加哥蒙纳德诺克大楼，1891年
美国芝加哥共济会大楼，1892年（毁于1931年）
鲁特死后，伯纳姆独自完成项目：

美国纽约弗勒特伦大楼，1901 年

美国华盛顿特区联合车站，1909 年，上图

美国波士顿菲伦商店，1912 年

亨利 · 波特（死于 1844 年）

康沃尔郡博德明市佛利山阿瑟斯法院，1837 ~ 1838 年

德西默斯 · 伯顿（1800 ~ 1881 年）

建筑师詹姆斯·伯顿的第十个儿子。他与乔治·沃恩·玛多克斯一起在他父亲的事务所实习。在新古典主义时期或摄政时期，尽管涉足公共建筑才 20 多年，但他比其他任何建筑师对伦敦的贡献都大，为伦敦增添了许多优雅、迷人的建筑。不过他很早就退休了，在他人生的下半辈子作为鲜微。

伦敦帕尔商业街滑铁卢广场雅典娜俱乐部，1827 ~ 1830 年，下图

东萨塞克斯郡布赖顿市阿德莱德新月形广场，1830 ~ 1834 年

伦敦厄伽大街卡灵克洛斯医院（先前的），1831 ~ 1834 年

肯特郡格卢姆布里吉附近巴尔斯伍德，1831 ~ 1838 年

肯特郡南布洛市本瑟姆希尔，1832 ~ 1833 年

萨福克郡格里温大楼，1834 ~ 1835 年（扩建）

兰开夏郡弗利特伍德新城，包括圣彼得教堂和一家酒店，1835 ~ 1843 年

萨塞克斯郡伊斯特本市圣三一教堂，1837 ~ 1839 年，下图

北约克郡格里姆斯通公园，1840 ~ 1845 年

萨里郡里奇蒙市克佑皇家植物园温室，1845 ~ 1848 年

萨里郡里奇蒙市克佑皇家植物园博物馆，1856 ~ 1857 年

萨里郡里奇蒙市克佑皇家植物园温室，1860 ~ 1899 年

伦敦摄政公园冬园，1845 ~ 1846 年（和 T·特纳合作，已毁）

托马斯 · 塔尔博特 · 伯里（1811 ~ 1877 年）

奥古斯塔斯·查尔斯·普金的学生。他负责奥古斯塔斯·维尔比·诺斯莫·普金和欧文·琼斯的著作插画。1845 ~ 1849 年间与查尔斯·李合作。

赫特福德郡齐佩菲尔德圣保罗教堂，1837 年

伯克郡维尔福德圣格雷戈里教堂，1852 ~ 1855 年

萨塞克斯郡伯吉斯山圣约翰教堂，1861 ~ 1863 年

萨里郡东莫里斯圣玛丽教堂，1864 ~ 1867 年

威廉 · 巴特菲尔德（1818 ~ 1900 年）

伦敦一位化学家之子，1833 ~ 1837 年师从爱德华·拉什顿·布勒克波尼；他在 1840 年建立自己的事务所之前，曾为 W· 因伍德和 H· 因伍德工作；1884 年获得英国皇家建筑协会颁发的金质奖章；见小托马斯·康迪。

布里斯托尔市海伯里教堂，1842 年

格洛斯特郡科尔皮特希斯圣耶稣基督教堂和牧师住处，1844 ~ 1845 年

肯特郡坎特伯雷市圣奥古斯丁学院，1844 ~ 1873 年

德文郡伊姆普顿圣巴塞洛缪教堂，1848 ~ 1849 年（重建）

德文郡奥尔丰顿圣詹姆斯和圣玛丽教堂，1849 年

德文郡奥特里圣玛丽市的圣玛丽教堂，1849 ~ 1850 年（修复）

比特岛库姆布里斯埃尔教堂，1849 ~ 1851 年

伦敦玛格丽特大街万圣教堂、牧师住处和唱诗班学校，1849 ~ 1859 年

普利茅斯市圣邓斯坦修道院，1850 年

伦敦市马提亚路圣马提亚教堂，1851 ~ 1853 年

约克郡科维克教区牧师住处，1853 年

贝德福德郡米尔顿·欧内斯特大楼，1853 ~ 1854 年

约克郡维克汉姆市万圣大教堂、牧师住处和学校，1853 ~ 1854 年

汉普郡布雷谢尔德市万圣大教堂，1854 ~ 1855 年

肯特郡梅德斯通市附近的兰利教堂和学校，1854 ~ 1855 年

牛津郡班伯里附近的米尔顿市圣玛丽教堂，1854 ~ 1856 年

牛津市贝列尔学院教堂，1854 ~ 1857 年

剑桥郡维尔斯里市圣詹姆斯教堂，1855 ~ 1857 年

约克郡巴尔德斯比圣詹姆斯教堂和别墅（1855 年）及学校（1857 年）

诺森伯兰郡伊特尔市圣玛丽教堂，1856 ~ 1858 年

德比郡班姆福德市教堂，1856 ~ 1860 年

剑桥郡特鲁姆屏顿学校住宅，1855 ~ 1857 年

康沃尔郡皮达市内的圣摩根教区长住宅，1858 年

沃里克郡橄榄球专业学校，1858 ~ 1884 年（1870 ~ 1872 年扩建，包括教堂）

伦敦市格伦托里路圣约翰教堂，1858 ~ 1859 年

伯克郡纽伯里市恩默路圣尼古拉斯教会学校，1859 年

伦敦市伯利大街 14 号圣保罗教区长住宅，1859 ~ 1860 年（已毁）

德文郡卡索尔山教会学校，1859 ~ 1864 年

伦敦布卢克大街圣奥尔本教堂，1861 ~ 1862 年（改造）

温彻斯特市皇家汉普郡级医院，1863 ~ 1868 年

格拉摩根郡皮纳斯市圣奥古斯丁教堂，1864 ~ 1866 年

白金汉郡卓普莫市圣安妮教堂，1865 ~ 1866 年

德文郡巴巴柯比市万圣教堂，1865 ~ 1874 年

牛津市基布尔学院，1867 ~ 1883 年

伦敦市奥尔巴尼路耶稣基督教堂，1867 年（改造）

伦敦市国王路圣奥古斯丁教堂，1870 ~ 1877 年

伦敦市达特茅斯公园布卢克菲尔德圣玛丽教堂，1876 年

贝尔法斯特市圣马克当德拉，1876 ~ 1891 年

德文郡埃克塞特市语文小学，1877 ~ 1887 年

澳大利亚墨尔本圣保罗英国国教教堂，1877 ~ 1891 年

德文郡埃克斯布里吉市圣迈克别墅，1878 年

德文郡奥特里圣玛丽牧师住宅，1880 ~ 1883 年

帕特里克 · 伯恩斯（1783 ~ 1864 年）

都柏林阿兰·奎伊圣保罗罗马天主教堂，

1835～1837年
都柏林高街圣奥多恩罗马天主教堂，1841～1846年
都柏林拉斯迈恩斯罗马天主教堂，1850年

威廉·道格拉斯·卡罗（1857～1938年）
出生于利物浦附近，丹麦领事的儿子，毕业于剑桥圣三一学院，是约翰·劳伯拉夫·皮尔森的学生。后在教会委员会工作，先与J·H·克利斯汀合作，后与赫伯特·帕斯默合作。
兰开夏郡赫伊顿市公理会教堂，1889～1890年
利物浦市不伦瑞克大街和卡索尔大街交叉处的马丁斯银行，1890～1894年
德文郡埃克塞特市圣大卫教堂，1897～1900年
伦敦米尔班克1号教会委员会办公大楼，1903年

理查德·克伦威尔·卡彭特（1812～1855年）
在约翰布里斯门下当学徒，是奥古斯塔斯·维尔比·诺斯莫·普金的好友，他与剑桥卡姆登社团关系紧密；他的大部分作品是与威廉·斯莱特合作完成的。
伦敦朗斯代尔广场，1842～1845年
伯明翰市布洛迪斯尔维圣安德鲁教堂，1844～1846年
布赖顿市圣保罗教堂，1846～1848年
萨塞克斯郡奇切斯特市圣彼得教堂，1848年
伦敦芒斯特广场圣女玛丽教堂，1849～1852年
萨塞克斯郡赫斯特皮耶泊因特市圣约翰学院，1851～1853年
德文郡波维特拉瑟市圣约翰教堂，1852年
法夫市波恩迪斯兰区牧师住宅，1854～1856年
萨塞克斯郡兰幸学院，1854年

理查德·赫伯特·卡彭特（1841～1893年）
理查德·克伦威尔·卡彭特之子，威廉·斯莱特的学生。最早是与斯莱特合作，后与本杰明·因格洛合作。
萨塞克斯郡兰幸学院礼拜堂，1868年
什罗普郡埃里斯米尔市埃里斯米尔学院，1876～1883年
斯塔福德郡邓斯通市邓斯通学院礼拜堂，1879～1887年（与本杰明·因格娄合作）
与威廉·斯莱特合作：
萨塞克斯郡阿玎利学院，1864年

欧文·布朗·卡特（1806～1859年）
汉普郡温彻斯特市朱利大街谷物交易所（现为图书馆），1836～1838年

理查德·卡弗（大约1792～1862年）
萨默塞特郡布里吉沃特市圣三一教堂，1839年

沃尔特·弗雷德里克·凯夫（1863～1939年）
出生于布里斯托尔的克里弗顿，在伊顿艺术学校和布里斯托尔艺术学校学习。后拜师于阿瑟·威廉·布洛姆菲尔德爵士，1885年进入皇家学院学习，1889年建立自己的事务所，后被任命为甘特居住区、布朗普顿和伦敦的总监。
伦敦老布朗普顿路科尔赫恩法院官邸，1901～1902年
伯克郡萨顿市沃夫别墅，1908～1916年，为总理赫伯特·阿斯奎思设计
伦敦伯伯里干草市场，1912年

阿瑟·考思顿
伦敦梅尔伍德路阿森松教堂和牧师住宅，1883～1884年
肯特郡布洛姆里市布洛姆里公地圣卢克教堂，1886～1890年
卡莱尔市费希尔大街市场，1887～1889年（与J·格雷厄姆合作）

约翰·亨利·张伯伦（1831～1883年）

师从莱斯特市的H·戈达德，深受约翰·拉斯金的影响，1856年在意大利开始实践活动。他是拉斯金的圣乔治协会的忠实成员，1864～1883年与威廉·马丁合作。1873～1898年在伯明翰设计了41多所寄宿学校。

伯明翰市联合大街28～29号,1856年(已毁)

伯明翰市伊杰巴斯顿区安普敦路/卡彭特路埃尔德住宅，1858年

伯明翰市瑟里欧克区塞彭泰恩山圣斯蒂芬教堂，1870年

伯明翰市隆布里吉泵站，1870～1880年

伯明翰市阿可可格林区圣塞浦路斯教堂，1873年

伯明翰埃蒙德大街寄宿学校办公大楼（现为市司库部门），1875年

伯明翰市欧兹尔思大街学校，1877年（后为食品和本国艺术学院）

伯明翰市哈勃尼区格罗夫，1877年（已毁，不过其内部的'哈勃尼房间'现收藏于伦敦维多利亚与艾伯特博物馆）

伯明翰市国王的荒地区红豆杉树路海伯里，1879年

伯明翰市张伯伦广场张伯伦纪念馆，1880年

伯明翰市中央图书馆,1880～1882年（已毁）

伯明翰市天堂街米德兰研究所,1881年(扩建;已毁)

伯明翰市艺术学校，1881～1885年（后为工艺美术学院）

伯明翰市国会图书馆，1883年

巴兹尔·卡姆普尼兹（1842～1935年）

里奇菲尔德教区长之子，出生于白教堂区，毕业于剑桥圣三一学院，拜师于约翰·普理查德，1912年获得英国皇家建筑协会金质奖章。

伦敦卡福斯汉姆路圣卢克教堂，1868～1870年

伦敦里玎顿花园橡树屋，1872～1873年

剑桥纽汉姆学院，1875～1935年

剑桥塞尔温神学院，1878～1879年

贝德福德市女子高中，1878～1882年

伦敦弗罗格内尔霍尔欧克，1881年（自宅）

牛津印度研究所，1883～1896年

米德尔塞克斯郡哈罗－希尔交界哈罗学校巴尔特博物馆，1884～1886年

伦敦布莱德维尔广场圣布莱德牧师住宅，1885年

伦敦维多利亚堤法斯特纪念馆，1886年

伦敦克普索尔大道19～27号，1890年

曼彻斯特市约翰·里兰兹图书馆，1890～1899年

伦敦布莱克沃尔大街圣安德鲁与圣迈克尔教堂，1900～1902年

伦敦摄政公园区贝德福德学院，1910～1913年

罗伯特·丹尼斯·钱特里尔（1793～1872年）

约翰·索恩爵士（1753～1837年）的学生。

利兹市圣彼得教堂，1839～1841年

利兹市谢德维尔区圣保罗教堂，1841年

朱利叶斯·艾尔弗雷德·切特文（1830～1907年）

查尔斯·巴里爵士的学生。

伯明翰市坦普尔街劳埃德斯银行，1864年

伯明翰市伊杰巴斯顿区里特尔顿路圣奥古斯丁教堂，1868～1876年

伯明翰市科尔默街劳埃德斯银行,1871年（已毁）

伯明翰市阿斯顿区圣彼得与圣保罗教堂，1879年

伯明翰市圣菲利普大教堂，1883年（圣坛）

伯明翰市文森·格林区萨默菲尔德新月形广场基督教堂，1883～1885年

弗兰克·西德尼·卓斯特顿 *见***约翰·都克·科尔里奇**

伊万·克里斯蒂安（1814～1895年）

拜师于马修·哈勃森，在1842年建立自己的事务所之前为威廉·雷尔顿和约翰·布朗工

作。1850年后担任教会委员会的建筑顾问，1884～1886年间担任英国皇家建筑协会主席，1887年获得英国皇家建筑协会颁发的金质奖章；见乔治·萨默斯·利·克拉克。

肯特郡罗切斯特圣彼得教堂，1858～1860年

威尔特郡拉文顿市场领主之宅邸，1865年

莱斯特市圣马克教堂，1867～1872年

约克郡斯卡伯勒市圣三一教堂，1880年

伦敦福尔汉姆区圣迪欧尼斯教堂，1884～1885年

伦敦国家肖像展览馆，1890～1895年，下图

威廉·克拉克(1812～1889年)**和乔治·贝尔**（1814～1897年）

他们分别是威廉·波恩和戴维·布赖斯的学生。

格拉斯哥市威尔逊大街市镇建筑，1842～1871年

威廉·迪耶尼·克拉克（1783～1852年）

城市工程师，是科尔布鲁克代尔铸造厂的一名技工，后是西米德尔塞克斯郡水利工程方面的工程师。

白金汉郡马洛市吊桥，1831～1836年

老乔治·萨默斯·利·克拉克(1825～1852年)

查尔斯·巴里爵士的学生，1849年与J·约翰逊一起图解了《威斯敏斯特新宫》。

格洛斯特郡考利庄园，1854～1862年

伦敦西史密斯菲尔德区出版公司大楼，1860年（已毁）

伦敦旺斯特德区商人西门斯的孤儿院，1861～1863年

伦敦洛锡安区7号信用公司总部（现为海外银行家俱乐部），1866年

牛津郡威佛尔德法院，1872～1876年

与伊万·克里斯蒂安合作：

伦敦塔夫顿大街18号建筑博物馆和建筑协会大楼，1869年（已毁）

小乔治·萨默斯·克拉克(1841～1926年)

布赖顿镇书记之子，老乔治·萨默斯·克拉克的侄子；师从乔治·吉尔伯特·斯科特爵士，1876～1892年间与约翰·托马斯·米克尔斯维特是合作伙伴。1896～1906年担任圣保罗大教堂的建筑总监。

布赖顿圣马丁教堂，1871～1875年

伯克郡阿玎顿市圣三一教堂，1887年

约瑟夫·克拉克（1819～1888年）

1852年出版《学校及学校建筑》。坎特伯雷、罗切斯特和圣奥尔班斯教区的建筑师。

萨里郡伯伍德市精神病院，1840年

赫特福德郡斯多特福德教区霍克希尔训练学院，1851～1852年

坎布里亚郡可可茅斯市万圣教堂，1852～1854年

托马斯·切特菲尔德·克拉克(1829～1895年)

伦敦上街一神教教堂，1862年（已毁）

伦敦特洛格莫顿大街25号，1869年

伦敦主教门苏格兰皇家银行，1877年

伦顿科恩希尔66～67号，1880年

伦敦牛津大街385～97号，1889年

伦敦斯德普尼区女子中央慈善学校，1891年

伦敦格里思邱齐街77～78号，1897年

亨利·克拉顿（1819～1893年）

爱德华·布洛尔的学生，威廉·伯吉斯的好友。他们赢得了1856年里尔大教堂的设计竞赛。

萨默塞特市昆托克别墅，1857年

汉普郡敏利庄园，1858～1862年

伦敦珀里利大街圣弗朗西斯教堂，1859～1860年

伯明翰市演讲厅，1860年（回廊）

沃里克郡利名顿市圣彼得罗马天主教堂，

1861～1865年
德文郡塔维斯托克 St.Mary Megdalene R.C. 教堂，1865～1867年
贝德福德郡沃本圣玛丽教堂，1865～1868年
贝德福德郡阿普斯里希斯市圣迈克尔教堂，1868年
伦敦考文特花园贝德福德商会，1877～1890年

查尔斯·罗伯特·科克雷尔（1783～1863年）
塞缪尔·佩皮斯·科克雷尔（1753～1827年）的第二个儿子，也是他的学生。1809年作为罗伯特·斯默克爵士的助手在其事务所工作，1810～1817年间在意大利和希腊游历，是1848年英国皇家建筑协会金质奖章的第一位获得者，1860年担任英国皇家建筑协会主席。
多塞特郡长布兰福德市兰顿区兰顿住宅，1827～1833年（已毁）
埃文河布里斯托尔港口霍特维尔路圣三一教堂，1829～1830年
埃文河布里斯托尔港口附近亨伯里市布莱斯城堡，1832年（扩建）
剑桥大学图书馆，1836～1842年
伦敦洛锡安区伦敦与威斯敏斯特银行，1837年（已毁）
剑桥老学校法学院图书馆，1837～1842年
伦敦斯里德尼德大街太阳火灾与人寿保险公司，1839～1842年（已毁）
德文郡基勒顿公园礼拜堂，1840～1841年
牛津市阿什莫尔博物馆与泰勒研究院，1841～1845年
牛津郡卡弗菲尔德住宅，1842～1845年（已毁）
利物浦和曼彻斯特市英国银行布里斯托尔分行（已毁），1844～1847年
利物浦市库克大街商会银行，1846～1849年（已毁）
利物浦市圣乔治礼堂，1847～1856年（完成）
与弗雷德里克·佩皮斯·科克雷尔合作：
利物浦市达尔特大街伦敦与全球保险公司，1855～1857年

弗雷德里克·佩皮斯·科克雷尔（1833～1878年）
查尔斯·罗伯特·科克雷尔之子，1854～1855年师从菲利普·查尔斯·哈德维克。
伦敦海格特学校，1865～1868年
埃塞克斯地下礼堂，1871～1873年
什罗普郡伍德科特礼堂，1876年
汉普郡克劳雷礼堂，1877年

亨利·爱德华·科伊（1825～1885年）
乔治·吉尔伯特·斯科特爵士的学生。他曾与多位建筑师合作。1856年获得战争指挥部设计竞赛第一名，但其方案最后并未实施。
伦敦伊斯灵顿区农业厅，1861～1862年（铁艺由德比郡的海维赛德完成）
与科伊、培克和史蒂文斯合作：
剑桥市政厅（现是公共图书馆的一部分），1862年

约翰·都克·科尔里奇（1879～1934年）
沃尔特·凯弗和埃德温·勒琴斯爵士的学生。
伦敦霍恩顿大街联排公寓，1904年
伦敦肯辛顿大街霍恩顿法院，1905年

托马斯·爱德华·卡尔卡特（1840～1924年）
最早在托马斯·爱德华·斯特里特事务所工作，1873年与斯坦利·汉普建立自己的事务所，1902年获得英国皇家建筑协会颁发的金质奖章。
约克郡韦克菲尔德市政厅，1877年
伦敦肯辛顿区皇家研究院，1887～1893年（惟有塔楼幸存）
伦敦斯特兰区塞沃伊大酒店，1889～1903年（改造）
伦敦剑桥露天圆形广场英国皇家歌剧院（现为宫廷剧院），1889～1890年

伦敦鲁德基特山 45 ~ 47 号米德兰银行，1890 年
伦敦维格默礼堂，1890 年，下图

白金汉郡威雷斯伯里礼堂，1892 年
赫特福德郡托特里基市克罗夫特，1895 年
伦敦劳埃德斯大道与芬邱齐大街交叉口劳埃德斯商店注册处，1900 年

詹姆斯 · 克拉威 · 克灵（1816 ~ 1905 年）
曾在威廉·布鲁克斯（1786 ~ 1867 年）、马修·哈勃森、约翰·布朗（诺维丘）、乔治·吉尔伯特·斯科特爵士以及莫法特等人的事务所工作。1848 ~ 1850 年间出版《哥特式装饰》。
利物浦市老市长大街奥尔巴尼大楼，1856 年
柴郡胡顿市圣保罗教堂，1858 ~ 1862 年
林肯郡科克斯乌尔德礼堂，1861 年

维克多 · 康塔敏（1840 ~ 1893 年）**与查尔斯 · 路易斯 · 费南德 · 杜特**(1845 ~ 1906 年）
巴黎世界展览会机械展厅，1889 年

约翰 · 詹姆斯 · 库珀（死于 1839 年）
伯克郡雷丁市卡索尔大街公理会礼拜堂，1837 年

托马斯 · 库珀
东萨塞克斯郡布赖顿市集市广场市政厅，1830 ~ 1832 年

乔治 · 科尔逊（1829 ~ 1910 年）
利兹市公园路苏格兰寡妇保险大楼，1869 年
利兹市公园路太阳大楼，1877 年（已毁）
利兹市大剧院，1878 ~ 1879 年
利兹市市政建筑，包括图书馆和城市艺术馆，1878 ~ 1888 年

戴维 · 库辛（1809 ~ 1878 年）
威廉·亨利·布雷法尔的学生。
格林诺克市西教会（现为老教会），1841 年
爱丁堡市谷物交易所，1847 年（已毁）
爱丁堡市里德音乐学校，1858 年
爱丁堡市维多利亚大街印度大楼，1864 年

詹姆斯 · 卡斯兰 *见***詹姆斯 · 保奇**

E · A · 科伯与威廉 · 贝克
伯明翰市新街车站，1850 ~ 1854 年（已毁）

伯蒂 · 克鲁（死于 1937 年）
W · G · R · 斯布拉格的主要助手，后与其合作直到 1895 年建立自己的事务所，共负责了 100 多家剧院和音乐厅的设计。
布里斯托尔贝德敏斯特区新东方剧院，1904 年
巴黎默加多舞厅，1904 年
布鲁塞尔市阿尔罕布拉宫，1907 年
布里斯托尔贝德敏斯特区希普得罗姆，1909 年
伦敦国王路伦敦歌剧院，1910 ~ 1911 年（已毁）
伦敦夏福特伯里大道新王子剧院，现为夏福特伯里剧院，1911 年
伦敦戈尔德斯·格林·希普得罗姆大楼，1911 年
曼彻斯特市维尔里迪斯宫，1913 年
都柏林大剧场，1913 年，毁于 1918 年

乔治 · 雷克斯多 · 克里克美（1830 ~ 1907 年）
担任多塞特副主教之职的教区建筑总监，在此设计了大量的教堂和学校，并修复了大量的老建筑。后和其儿子乔治·雷·克里克美（1858 ~ 1921 年）在威茅斯建立事务所，

19 世纪 80 年代建立伦敦事务所。
多塞特郡多尔切斯特市威茅斯大道埃尔德里基·波普酿酒厂，1880 年
伦敦肯宁顿区霍恩斯公共大楼，1886 年
瑟尔伯里市克雷恩大街教堂，1887 年
多塞特郡威茅斯市圣三一教堂，1887 年
多塞特郡利切特希斯圣埃尔德赫尔姆教堂，1898 年

威廉·H·克洛斯兰德（1823 ~ 1909 年）
乔治·吉尔伯特·斯科特爵士的学生。
约克郡阿克罗伊顿，1861 年（示范市镇，继续乔治·吉尔伯特·斯科特爵士未尽的事业）
约克郡布拉德利市圣托马斯教堂，1861 年
约克郡科普利市圣斯蒂芬教堂，1863 ~ 1865 年
约克郡欧塞特市圣三一教堂，1865 年
兰开夏郡洛奇代尔市政厅，1866 ~ 1871 年
萨里郡维吉尼亚沃尔特市霍洛威疗养院，1871 ~ 1884 年

约瑟夫·斯特里奇·科劳兹 *见***亨利·保曼**

托马斯·丘比特（1788 ~ 1855 年）
刘易斯·丘比特和威廉·丘比特的弟弟，设计了大量的建筑，并由他们完成。
布赖顿刘易斯新月形广场，1825 年
伦敦贝尔塔莱维亚区伊顿住宅区伊顿广场，贝尔格雷夫广场，切斯特广场，1825 ~ 1853 年
伦敦巴恩斯伯里居住区曼彻斯特联排公寓，始建于 1827 年
伦敦巴恩斯伯里居住区学院交叉街道，1836 ~ 1843 年

皮图斯·约瑟夫·赫伯特斯·奎基伯司
阿姆斯特丹莱克斯博物馆，1855 年

小托马斯·康迪（1790 ~ 1867 年）
老托马斯·康迪(1765 ~ 1825 年)之子和学生，是格罗夫纳伯爵的伦敦房地产(1825 ~ 1866 年）总监。
伦敦威尔顿广场圣保罗教堂，1840 ~ 1843 年
伦敦帕丁顿住宅区圣三一教堂，1844 ~ 1846 年（部分被毁）
伦敦切斯特广场圣迈克尔教堂，1846 年
伦敦汉密尔顿区圣马克教堂，1846 ~ 1864 年
伦敦沃里克广场圣加百利教堂，1852 ~ 1853 年
与威廉·巴特菲尔德合作：
伦敦皮姆里科路圣巴纳巴斯教堂，1847 ~ 1850 年

托马斯·康迪（1820 ~ 1895 年）
小托马斯·康迪的第三个儿子，担任格罗夫纳居住区总监。
伦敦格罗夫纳居住区格罗夫纳花园贝尔格雷夫公寓，1868 年
伯克郡公园广场住宅，1870 年

约翰·坎宁安
利物浦市菲哈默尼克礼堂，1846 ~ 1849 年
利物浦市坎宁广场船员之家，1846 ~ 1852 年（已毁）

亨利·卡里（1820 ~ 1900 年）
狄西摩斯·伯顿的学生。
德比郡布顿市澡堂，1852 年（改造）
伦敦大桥终点饭店，1859 ~ 1861 年（已毁）
伦敦圣托马斯医院，1868 ~ 1871 年（部分被毁）
萨塞克斯郡伊斯特本市德文郡公爵庄园，1870 年，1874 年，1889 年
伊斯特本学院，1889 年
伊斯特本市米德兹路圣彼得教堂，1894 ~ 1896 年

亨利·达比希尔
伦敦贝斯纳尔格林区哥伦比亚广场，1857 ~ 1860 年（公寓；已毁）

伦敦商业街皮博迪信用大楼，1862 ~ 1864 年
伦敦布莱克弗莱尔斯路皮博迪信用大楼，1864 年以前
伦敦格林曼大街皮博迪信用大楼，1865 年
伦敦斯温街与切斯特路霍里社区，1865 年
伦敦哥伦比亚市场，1866 ~ 1868 年（已毁）
伦敦威尔德大街皮博迪信用大楼，1881 年

亚伯拉罕 · 达比
什罗普郡科尔布鲁克代尔铁桥

塞缪尔 · 怀特菲尔德 · 道克斯(1811 ~ 1880 年)
铁路车站和教堂方面的专家，在约克市老詹姆斯 · 皮格特 · 普里奇特门下当学徒，但其项目大多在格洛斯特市和切尔滕纳姆市。
伦敦老教堂街圣安德鲁教堂，1845 ~ 1847 年（最早在维尔斯大街，1932 年毁塌）
格洛斯特郡克林切斯特市皇家农业学院，1846 年
切尔滕纳姆市圣彼得教堂，1847 ~ 1849 年
赫特福德郡弗里恩 · 巴尼特区科尔尼 · 赫奇精神病院，1847 ~ 1851 年（后改为弗里恩医院，现改造成公寓）
格洛斯特郡泰特伯里市基督教堂，1848 年
萨塞克斯郡霍斯特德广场，1850 ~ 1852 年
伦敦坎农广场基督教堂，1852 年
伍斯特郡基德明斯特镇附近维特里法院，1855 年（已毁）

亨利 · 戴维 · 戴维斯（1838 ~ 1915 年）
欧内斯特 · R · 巴洛 · 以马利（1868 ~ 1948 年）的合作伙伴。
伦敦伯克利街上区犹太教会堂，1870 年
伦敦维多利亚堤伦敦市男校，1879 年
伦敦圣詹姆斯大街 63 号，1887 年

乔舒亚 · 道森（大约出生于 1812 年）
默西塞德郡雷恩希尔市雷恩希尔斯杜普斯区圣巴索罗缪罗马天主教堂，1838 ~ 1840 年

威廉 · 道斯
曼彻斯特市维多利亚大街维多利亚大楼，1874 年（已毁）

查尔斯 · E · 迪肯（1844 ~ 1927 年）
W · 爱默生的学生，奥尔德里奇的合作伙伴。
利物浦市伊维顿区圣本尼迪克特教堂，1886 ~ 1887 年
利物浦市维夫特里区圣邓斯坦教堂，1886 ~ 1889 年
利物浦市圣托马斯大街 14 号市教育大楼，1898 年

老托马斯 · 迪恩爵士（1792 ~ 1871 年）
与本杰明 · 伍德沃德（1815 ~ 1861 年）及自己的儿子托马斯 · 尼文翰 · 迪恩爵士合作，他还担任爱尔兰科克市市长，1830 年被授予爵士称号。
科克市女王学院（现为大学学院），1845 ~ 1849 年
与合作者合作：
都柏林市圣三一学院博物馆，1854 ~ 1860 年
牛津市自然历史博物馆（现为牛津大学博物馆），1855 ~ 1860 年
伦敦新桥大街王冠生活办公楼，1855 ~ 1858 年（已毁）
安吉里瑟市兰温里佛附近里斯杜拉斯，1856 年（住宅；已毁）
牛津市牛津联合协会，1856 ~ 1857 年
都柏林市吉尔戴尔大街俱乐部，1858 ~ 1861 年
爱尔兰吉尔肯尼城堡，1858 ~ 1861 年（改造）

小托马斯 · 尼文翰 · 迪恩爵士(1828 ~ 1899 年)
老托马斯 · 迪恩爵士之子和合作者，1890 年授予爵士称号。
果尔维兹郡图姆市爱尔兰大教堂，1861 ~ 1864 年
牛津市基督教堂麦都大楼，1862 ~ 1865 年
都柏林国家图书馆与博物馆，1885 ~ 1890 年

（与其儿子托马斯·曼里·迪恩合作）

约翰·彼得·迪灵 *见*约翰·彼得·甘迪

埃德蒙·德尼森 *见*格里姆托普勋爵

约翰·马克达夫·德里克（死于1861年）
利兹市基督教堂，1839～1845年
曼彻斯特市拉什尔米区达尼斯路圣詹姆斯教堂，1845年
斯塔福德郡盆斯尼特市圣马克教堂，1846～1849年

路易斯·德·苏瓦松
赫特福德郡维尔温花园城住宅，1920年

加布里埃尔－西波立特·德思塔耶（1822～1893年）
白金汉郡沃兹登庄园，1874～1889年

H·德·特林奎蒂男爵
伯克郡温莎市艾伯特纪念礼拜堂，约1863年

乔治·德维（1820～1886年）
肯特郡盆斯赫斯特市教堂旁的住宅，1850年
肯特郡贝迪山格庄园，1856～1882年
肯特郡比嫩登市教区学校，1861年
格洛斯特郡维克沃市老档案馆，1864年
白金汉郡阿克里伍德，1867～1878年
肯特郡德尼希尔，1871～1875年
肯特郡霍尔广场，1871～1876年
肯特郡圣奥尔本法院，1874～1878年
赫特福德郡阿斯哥特，1874～1888年
萨塞克斯郡汉德克洛斯市阿什福尔德，1875～1878年（已毁）
赫特福德郡布雷克斯维尔，1876～1879年
白金汉郡埃特罗普，1876～1879年
多塞特郡岗特斯住宅，1886年
汉普郡敏利庄园，1886年

约翰·多布森（1787～1865年）
诺森伯兰郡里尔波恩塔，1829～1837年（内部损坏）
诺森伯兰郡梅尔庄园，1832年
纽卡斯尔泰恩河上游新市场，1835～1836年
坎布里亚郡沃里克市福尔摩斯伊登礼堂，1837年
诺森伯兰郡克布里吉市比佑弗朗特城堡，1837～1841年
北谢尔德兹市政厅，1844年
纽卡斯尔泰恩河上游中央车站，1846～1865年
诺森伯兰郡奥特波恩市圣约翰教堂，1858年
纽卡斯尔泰恩河上游耶斯蒙德教区教堂，1858年
林肯郡萨德布卢克市圣爱德华教堂，1860年
纽卡斯尔泰恩河上游格雷大街，1834～1840年（东侧面，与理查德·格兰杰合作）
与罗伯特·斯蒂芬森合作：
纽卡斯尔泰恩河上游高空桥，1847年

罗伯特·B·多科雷 *见*罗伯特·斯蒂芬森

查尔斯·菲茨罗伊·多尔（1851～1929年）
在科布伦次市泊里特科尼库姆学习，后拜师于伦敦的查尔斯·格里藤，1885年担任布卢姆斯伯里贝德福德住宅区和考文特花园建设总监。
伦敦拉塞尔广场拉塞尔酒店，1898年
伦敦拉塞尔广场皇家酒店，1905～1911年（已毁）

托马斯·里弗顿·多纳尔德森（1795～1885年）
詹姆斯·多纳尔德森之子和学生。在皇家学院学习，为学习古典建筑，游历广泛。1835年成为英国建筑研究院创办人之一，1842～1862年担任伦敦大学建筑学首席教授。1863～1864年担任英国皇家建筑协会主席，1851年获得英国皇家建筑协会金质奖章。
伦敦戈顿广场威廉博士图书馆，1848年
伦敦大学大礼堂（内部）和图书馆，1848年
萨塞克斯郡里伦纳德兹·李，1853年（住宅）

伦敦赫科尼区德国医院，1865 年

威廉 · 约翰 · 冬托恩（1799 ~ 1859 年）

诺丁汉郡厄普顿礼堂，约 1830 年

汉普郡海克里弗城堡，1830 ~ 1834 年（重修，现已毁）

诺福克霍尔克汉姆礼堂，1844 ~ 1850 年

坎贝尔 · 道格拉斯（1828 ~ 1910 年）

约翰 · 托马斯 · 罗奇德弟子之一，在与约翰 · 詹姆斯 · 史蒂文森及詹姆斯 · 塞拉斯合作之前，曾为约翰 · 德布森工作。

艾尔市埃洛维教堂，1858 年

格拉斯哥市布莱基特自由教堂，1859 年（已毁）

苏格兰科夫市哈特菲尔德住宅，1859 年（已毁）

约翰 · 道格拉斯（1829 ~ 1911 年）

兰喀斯特市爱德华 · 格雷厄姆 · 佩利的弟子之一，1885 年与 D·P· 福德汉姆合作，1898 年与敏斯希尔合作。

柴郡埃尔德福德市圣约翰教堂，1866 年

柴郡山迪威市欧克米尔礼堂，1867 年

柴郡赫尔斯比市圣保罗教堂，1868 ~ 1870 年

柴郡大苏格霍尔市休特维克庄园，1872 年

柴郡布洛克斯顿市旧礼堂，1873 年

柴郡怀特基特圣玛丽教堂，1874 年

柴郡茅尔顿市圣斯蒂芬教堂，1876 年

斯塔福德郡霍普沃斯市圣乍得教堂，1879 年

柴郡普尔福德市圣玛丽教堂，1881 ~ 1884 年

柴郡伊顿霍尔区弗兰德门，1882 年

柴郡埃克里斯顿市小牧场，1883 年兰开夏郡威里斯戴尔上区修道院住宅，1886 年

兰开夏郡海多克市圣詹姆斯教堂，1891 年

卡那封郡雷恩，1892 年（住宅）

卡那封郡格朗瓦纳，1893 年（自宅）

柴郡山迪威市圣约翰福音教堂，1902 年

切斯特市布劳顿区圣保罗教堂，1902 年

柴郡阳光港示范城，始建于 1888 年（与其他建筑师合作）

约翰 · 弗朗西斯 · 道尔（1840 ~ 1913 年）

出生于利物浦市。在 1895 ~ 1898 年间建造其位于利物浦市詹姆斯大街 30 号的白色之星办公楼（后改为太平洋蒸汽航海大楼）时，理查德 · 诺曼 · 肖担任其建设顾问。

兰开夏郡韦德尼斯市圣安布罗斯教堂，1879 ~ 1893 年

利物浦市戴尔大街皇家保险大楼，1896 ~ 1903 年

利物浦市阿勒顿路圣巴纳巴斯教堂，1900 ~ 1914 年

托马斯 · 德鲁爵士（1838 ~ 1910 年）

出生于都柏林。主要从事教堂修复工作。

都柏林市格林学院阿尔斯特银行，1887 ~ 1891 年

都柏林图书馆广场毕业生纪念馆，1899 ~ 1902 年

贝尔法斯特市圣安妮大教堂，1899 年（只完成设计，施工由威廉 · 亨利 · 林恩负责完成）

弗马纳郡阿奇戴尔城堡教堂，1908 年

埃德蒙 · 弗雷德里克 · 杜 · 科恩爵士（1830 ~ 1903 年）

1848 年加入皇家工程师协会并获得总工程师称号。后担任军队监狱建设总监，1885 年出版《犯罪的惩罚和预防》。

伦敦杜科恩路沃姆伍德斯格拉布斯监狱，1873 ~ 1885 年

威廉 · 马里努斯 · 杜多克（1884 ~ 1974 年）

他在荷兰布里达市皇家军区学院学习工程，1913 年在莱顿市建立自己的事务所。1915 年担任希尔弗萨姆市的市政工程总设计师，1927 年成为市政建筑师，1934 年后主要负责海牙的城市规划。

希尔弗萨姆市基拉纽姆斯特拉学校，1917 ~ 1918 年

希尔弗萨姆市公共澡堂，1920 年

阿奇博尔德 · 马提亚 · 达恩（1833 ~ 1917 年）

最早在布里斯托尔市查尔斯·弗朗西斯·汉瑟姆门下当学徒，1871 ~ 1900 年与汉瑟姆的儿子爱德华·约瑟夫·汉瑟姆合作。

萨默塞特佛斯市内的思特拉顿县下修道院，1872 年（教堂十字形翼部）

剑桥市圣母慈心罗马天主教堂，1887 ~ 1890 年

纽卡斯尔泰恩河上游医学院（现为牙科医院），1887 ~ 1895 年

纽卡斯尔泰恩河上游圣迈克尔罗马天主教堂，1891 年

查尔斯·路易斯·费南德·杜特 *见*维克多·康塔敏

查尔斯·岱尔（1794 ~ 1848 年）

布里斯托尔市维多利亚大楼（现是布里斯托尔大学的一部分），1839 ~ 1841 年（稍后扩建）

乔治·迪蒙（约 1797 ~ 1835 年）和**查尔斯·福勒**

德文郡埃克塞特女王大道高级市场，1835 ~ 1838 年

詹姆斯·布加南·伊兹（1820 ~ 1887 年）

工程师和发明家，曾发明了潜水钟，后因发明潜水蒸汽艇而闻名。1861 年在 100 天内为政府设计了 8 艘装甲式密西西比号蒸汽船。

美国密苏里州圣路易斯伊兹大桥，1874 年

罗伯特·埃德加（1837 ~ 1873 年）

J·L·吉卜林的合作者。

斯塔福德郡特伦特市内的斯杜克县布斯里姆韦奇伍德纪念馆研究所，1863 ~ 1869 年

查尔斯·埃吉（死于 1867 年）

北约克郡菲利市新月形广场，1835 ~ 1838 年

罗伯特·威廉·艾迪斯上校爵士（1839 ~ 1927 年）

1881 年出版《市镇住宅装饰及家具》，1919 年被授予爵士称号，他还是一名艺术家军团志愿者陆军上校。

诺福克市桑德灵汉姆住宅，1881 年，1883 年（扩建，包括浴室）

伦敦皮卡迪利大街 100 号，1883 年

伦敦诺森伯兰大道养生俱乐部，1884 年

伦敦玛丽波恩车站中央铁路大酒店（现成为当地地标），1897 ~ 1899 年

古斯塔夫·亚历山大·埃菲尔（1832 ~ 1923 年）

出生于法国第戎，城市工程师。其因设计巴黎展览馆塔楼和大量的桥梁和高架桥而为众人所知。同时，他还设计纽约自由女神的结构和巴黎首座气体力学实验室。

巴黎奥本马奇商店，1876 年（与 L·C· 伯伊里合作）

葡萄牙波尔图市杜罗河大桥，1877 年

法国索尼特附近格拉比特高架桥

巴黎世界展览会埃菲尔铁塔，1889 年

查尔斯·埃里特（1810 ~ 1862 年）

美国城市工程师。在巴黎学习桥梁建造，其首座吊索桥位于美国。

西维吉尼亚州惠灵俄亥俄河大桥，1849 ~ 1852 年

彼得·埃利斯（1804 ~ 1884 年）

利物浦市沃特街奥里尔商会大楼，1864 年

利物浦市库克大街 16 号，1866 年

哈维·朗斯代尔·埃尔米斯（1813 ~ 1847 年）

詹姆斯·埃尔米斯之子和学生，巴斯市亨利·埃德蒙·古德里吉的助手。

利物浦市肖大街学院研究院，1840 ~ 1843 年

利物浦市圣乔治礼堂，1841 年

雷恩希尔市兰开夏郡级精神病院，1847 年

利物浦市乌尔顿路艾伦住宅塔楼，1847 年（住宅，已毁）

E·W·埃尔姆赛尔

F·C·蔻普、C·伊里斯、福拉尼与哈顿的合作者。

温彻斯特市圣托马斯与圣克莱门特教堂，1845～1846年

伍斯特郡大马尔文市林克酒店，1860～1862年（已毁）

赫里福德郡布洛姆雅德附近希特波恩礼堂，1860～1862年

伍斯特市高街劳埃德斯银行，1861～1862年

沃尔特·爱姆登（1847～1913年）

意大利利伏诺市英美大酒店，1875年

伦敦加利克剧院，1888年

伦敦莱斯特广场10～15号欧洲大酒店和啤酒店，1899年

威廉·爱默生爵士（1843～1924年）

丝绸商人之子，出生于米德尔塞克斯郡维特斯通市，毕业于伦敦国王学院。师从威廉·吉尔比·哈勃森和艾尔弗雷德·罗伯特·皮特，后为威廉·伯吉斯工作。1886年获得利物浦大教堂设计竞赛第一名，1899～1902年担任英国皇家建筑协会主席，1902年授予爵士称号。

印度孟买市场，1865～1871年

布赖顿圣玛丽与圣詹姆斯教堂，1877～1879年

伦敦维多利亚堤汉密尔顿住宅，1898～1901年

印度加尔各答市维多利亚纪念馆，1904～1921年

约翰·T·埃米特（1828～1898年）

伦敦圣约翰伍德区公理教会学院，1849年

格拉斯哥市布里斯伍德区巴斯大街新独立教堂，1851年

F·伊斯皮纳瑟（1880～1925年）

法国新艺术派代表。

伦敦福尔汉姆路61号米歇林大楼，1910～1911年，下页图

詹姆斯·菲古森（1808～1886年）

建筑历史学家。曾作为商人周游印度，1859年出版《建筑插图手册》，1865年出版《建筑史》，1876年出版《印度及东方建筑》。1871年获得英国皇家建筑协会颁发的金质奖章。

萨里郡里士满市克佑区皇家植物园玛丽安北展览馆，1882年

本杰明·菲利（1810～1880年）

师从奥古斯塔斯·查尔斯·普金，与威廉·威尔金斯一起工作，1870年获得英国皇家建筑协会颁发的金质奖章。

多塞特郡多尔切斯特市万圣教堂，1843～1845年

伦敦罗切斯特街圣斯蒂芬教堂，1847～1850年

伦敦布里克斯顿区圣约翰教堂，1852～1853年

伦敦布克兰区圣玛丽教堂，1857～1858年

德文郡亨特斯汉姆礼堂，1869年

希尔·芬奇和E·L·帕莱利

伦敦圣伊莱斯露天圆形广场牛津剧院，1861年（已毁）

伦敦海霍尔伯恩区霍尔伯恩皇家剧院，1866年（已毁）

伦敦托顿汉姆区马蹄大酒店，1875年

巴尼斯特·弗莱特·弗莱彻爵士（1866～1953年）

巴尼斯特·弗莱彻（1833～1899年）的长子，毕业于伦敦国王学院，1884年进入父亲的事务所，1896年出版《关于学生、工匠和业余艺术家的比较法建筑史研究》。

伦敦哈利大街20号和46号，19世纪90年代

伦敦温伯尔大街30号，19世纪90年代

伦敦卡灵克洛斯路戈斯里特，1897年（已毁）

威廉 · 弗林特（1801 ~ 1862 年）
莱斯特市威灵顿大街新礼堂（现为市图书馆），1831 年

托马斯 · 詹姆斯 · 弗罗克顿（1825 ~ 1900 年）
威廉·弗罗克顿之子。最早与艾伯特合作，后与爱德华·米切尔·吉布斯（1847 ~ 1935 年）合作。
设菲尔德市教堂街威廉·迪肯银行，1866 年
设菲尔德市卡斯特勒斯礼堂，内部，1867 年
设菲尔德市马普林艺术馆，1866 ~ 1888 年
设菲尔德市兰莫公园路圣约翰教堂，1887 ~ 1889 年
与爱德华·罗伯特·罗布森合作：
设菲尔德市福斯学院（后为中央学校），1877 ~ 1879 年

威廉 · 弗罗克顿（1804 ~ 1864 年）
南约克郡设菲尔德市蒙特大楼，约 1835 年
设菲尔德市格罗索普路韦斯利语法学校（现为爱德华七世学校），1837 ~ 1840 年
设菲尔德市储蓄银行，1858 年

约翰 · 福布斯
格洛斯特郡切尔滕纳姆市皮特维尔抽水机厂，1825 ~ 1830 年
格洛斯特郡切尔滕纳姆市皮特维尔中心驱动厂瑟格雷夫广场（推测由其设计），约 1825 ~ 1830 年
格洛斯特郡切尔滕纳姆市圣保罗路圣保罗教堂，1827 ~ 1831 年

D·P· 福德汉姆 *见*约翰 · 道格拉斯

沃森 · 弗兹吉尔（1841 ~ 1928 年）
1862 年为阿瑟·威廉·布洛姆菲尔德爵士工作，1864 年为约翰·米德尔顿工作（在切尔滕纳姆市）。
诺丁汉郡棱顿路 5 ~ 7 号，1873 年
诺丁汉郡议会大街诺丁汉快运公司，1876 年
诺丁汉郡图兰大街诺丁汉与诺丁汉郡银行，1880 ~ 1882 年（后为国家西部银行）
埃塞克斯市昂加区巴的沃斯礼堂，1882 年
诺丁汉伍德巴拉路浸信会教堂，1884 年
诺丁汉市乔治大街 15 号，1895 年（自己的办公楼）
诺丁汉市国王大街与龙街交叉处的耶索普商店，1896 ~ 1897 年

弗朗西斯 · 福克上尉（1823 ~ 1865 年）
1842 年在皇家工程师协会工作，1853 年担任科学艺术部监理，1854 年担任巴黎展览会英国团秘书。
伦敦克伦威尔路维多利亚与艾伯特博物馆，1856 年以前
普利茅斯市德文港拉格伦军营，1859 ~ 1860 年（扩建）
爱丁堡市苏格兰科学艺术皇家博物馆，1860 ~ 1861 年（花园和温室已毁）
伦敦展览馆，1862 年（已毁）
伦敦艾伯特皇家礼堂，设计方案，1864 年（亨利·扬·达拉科特·斯科特施工），1867 ~ 1871 年

查尔斯 · 福勒（1791 ~ 1867 年）
他在埃克塞特市当学徒，1814 年搬到伦敦后为 D·拉映工作，1818 年建立自己的事务所。他是英国建筑师协会的创立者之一。见乔治·迪蒙。
伦敦布伦特福德区希恩别墅，1827 ~ 1830 年（温室）
伦敦考文特花园露天市场，1828 ~ 1830 年
伦敦亨格福德市场，1831 ~ 1833 年（已毁）

德文郡霍尼顿市圣保罗教堂，1837～1838年
德文郡埃克塞特市高级市场，1837～1838年
德文郡马里斯都市旅馆，1839年
德文郡伊科斯敏斯特市精神病院，1843～1846年

C·霍奇森·福勒（1840～1910年）
乔治·吉尔伯特·斯科特爵士弟子之一，主要从事建筑修复方面的工作。
达拉谟市都德霍区圣灵教堂，1866年
达拉谟市比尔帕克区圣埃德蒙教堂，1879年
达拉谟市西哈特尔普尔区格兰德路圣保罗教堂，1885年
约克郡米德尔斯布勒市圣巴纳巴斯教堂，1888年
约克郡诺顿市圣彼得教堂，1894年
诺森伯兰郡赫普尔市基督教堂，1897年
诺丁汉郡东里特福德市伦敦路圣奥尔本教堂，1901年
肯特郡罗切斯特大教堂，修复，1904～1908年

詹姆斯·福勒（1829～1892年）
林肯市首席建筑师。
林肯郡卢斯市圣迈克尔教堂，1863年
林肯郡鲁德福德马格纳市圣玛丽与圣彼得教堂，1864年
林肯郡斯尼特比市圣尼古拉斯教堂，1866年
林肯郡帕特尼市旁的兰顿市礼堂，1866年
林肯市圣斯威桑教堂，1869～1887年
林肯郡戈德尼山圣三一教堂，1875年

约翰·福勒爵士（1817～1898年）
伦敦和布赖顿铁路的城市工程师，后来担任斯托克顿市和哈特尔普尔市铁路线的工程师和总负责人。1849年是城市工程师协会理事会成员之一，1866～1867年担任主席。1875年与本杰明·贝克合作。
皮姆里科铁路大桥，1860年
曼彻斯特市中央车站，1876～1879年
福斯大桥，1882～1890年（与他人合作，包括本杰明·贝克）

弗雷德里克·约翰·弗朗西斯（1818～1896年）和**霍瑞斯·弗朗西斯**（1821～1894年）
汉普郡灵伍德市圣保罗教堂，1853～1855年
伦敦福尔汉姆区布卢姆豪斯街学校，1854～1855年
伦敦兰喀斯特门基督教堂，1854～1855年（仅有塔楼幸存）
伦敦孔希尔区国家贴现大楼，1857年
牛津市海大街威斯敏斯特银行（现为国家西部银行），1866年
伦敦市伦巴第大街39～40号市办公大楼，1868年
伦敦霍尔波恩饭店，1873年（已毁）
伦敦卡灵克洛斯路格兰德酒店（现为格兰德大楼），1878～1880年

帕特里克·艾伦·弗拉兹（1813～1890年）
业余建筑师。
安格斯郡阿布洛斯市医院，1843～1853年
珀斯市布莱克克拉格大楼和桥，1855～1870年
阿布洛斯市安灵礼拜堂，1873～1884年

R·尼尔·弗里曼（1838～1904年）
出生于波尔顿。
德比郡图书馆与博物馆，1878年

道格拉斯·斯特拉特·高尔顿（1822～1899年）
1855年担任皇家工程师协会会长。
伍尔维奇市赫伯特皇家军区医院，始建于1860年
萨里郡洛菲尔德希斯市圣迈克尔教堂，1867年
卡迪夫城堡，1868～1881年

约翰·彼得·甘迪（后改为**约翰·彼得·迪灵**）（1787～1850年）
伦敦埃伯里大街皮姆里科文学研究所，1830年

理查德·甘恩（1838～1877年）
威尔特郡布拉德福德埃文河上游阿比服装厂，1875年

查尔斯·加尼尔（1825～1898年）
法国巴黎歌剧院，1875年
法国巴黎玛丽戈尼戏院，1883年

托马斯·加纳（1839～1906年）
乔治·吉尔伯特·斯科特爵士弟子之一，1869～1897年间与乔治·弗雷德里克·伯德利合作，之后建立自己的事务所。
伦敦霍里沃克莫顿住宅，1896年
萨默塞特福斯市内的思特拉顿县下修道院，1901～1905年（教堂的圣坛）

安东尼奥·高迪（1852～1926年）
出生于塔拉戈纳附近的里伍斯，安东尼奥·高迪·科尼特1875～1877年在伊斯克拉省建筑学校学习建筑。后来在弗朗西斯科·德·保拉·德·维拉事务所工作，弗朗西斯科1883年获得巴塞罗那市萨格拉达家族大教堂的建造项目。高迪于1878年在巴塞罗那市建立自己的事务所。
巴塞罗那市街道照明，1879年
巴塞罗那市文森特住宅，1883～1885年
巴塞罗那市吉尔庄园，1885～1889年（为朋友兼赞助人——纺织品商人艾塞比·奎尔设计）
阿斯托加市主教府邸，1887～1893年
巴塞罗那市科里基欧特里斯阿诺，1888～1889年（完成）
利昂洛斯伯蒂尼斯大楼，1891～1892年
巴塞罗那市卡尔维特住宅，1898～1900年
巴塞罗那市殖民式奎尔教堂，1898年（开始）
巴塞罗那市帕克·奎尔，1900～1914年（两座住宅；入口区和阳台）
巴塞罗那市巴特洛住宅，1904～1906年
巴塞罗那市米拉住宅，1906～1910年
巴塞罗那市萨格拉达家庭学校建筑，1909年建成
巴塞罗那市萨格拉达家庭教堂，1914年（建造工作一直在进行）

斯蒂芬·戈尔里（1797～1854年）
伦敦海基特墓地，1839年以前

欧内斯特·乔治爵士（1839～1922年）
出生于伦敦萨瑟克，五金批发商约翰·乔治之子。1857年进入皇家学院学习，1859年获得金奖。拜师于塞缪尔·赫维特，1861～1875年与托马斯·沃恩合作，1876年与哈罗德·皮托和艾尔弗雷德·B·耶特斯合作。1908年被授予爵士称号，1908～1910年担任英国皇家建筑协会主席。
德文郡劳思顿市圣潘克拉斯教堂，1870年
德文郡劳思顿议院，1870年
伦敦南奥德丽大街17～21号托马斯·古德住宅，1875～1891年
伦敦斯特里汉姆大街比－海弗咖啡屋，1878～1879年（后为母牛橡皮工厂）
德文郡阿普里米市木料间，1879年
德文郡思都德雷法院，1881～1883年
伦敦哈灵顿花园20～26号和35～45号，1881～1896年
伦敦克灵汉姆花园1～18号，1881～1896年
伦敦蒙特大街，约1885～1890年（住宅）
伦敦盖德谢尔德路圣安德鲁教堂，1886～1887年
牛津郡西普雷克法院，1889～1890年
伦敦布卢克大街克拉里杰斯酒店，1894～1897年
伦敦胡普街勾德斯格林火葬场，1905年
伦敦皇家交易大楼，1907～1908年
伦敦玛丽波恩路皇家音乐学院，1910～1911年
伦敦萨瑟克大桥，1913～1921年

欧内斯特·吉布森（1864～1919年）

威廉·莫里斯的手工艺朋友，在莫里斯的建议下，他于 1886 ~ 1888 年间与约翰·丹多·塞丁合作。
莱斯特市诺斯大道白屋，1897 年
莱斯特郡卡恩伍德森林思都尼维尔别墅，1899 年
莱斯特郡卡恩伍德森林利别墅，1900 年
格洛斯特郡瑟普顿市里索斯，1901 年（别墅）

詹姆斯·格伦·斯弗赖特·吉布森(1861 ~ 1951)
托马斯·爱德华·卡尔卡特弟子之一，1899 ~ 1900 年间与塞缪尔·布里奇曼·拉塞尔（1864 ~ 1955 年）合作。
约克郡韦克菲尔德市西莱丁县政府大楼，1894 ~ 1898 年
伦敦斯多里门米德尔塞克斯市政厅，1912 ~ 1913 年

约翰·吉布森（1817 ~ 1892 年）
伯明翰市约瑟夫·阿洛伊修斯·汉瑟姆弟子之一，后来为查尔斯·巴里爵士工作，1844 年建立自己的事务所。1864 年担任国家省级银行建筑师，1890 年获得英国皇家建筑协会颁发的金质奖章。
伦敦布卢姆斯伯里大街中央浸信会礼拜堂，1845 ~ 1848 年
伦敦斯里德尼德大街帝国保险大楼，1846 年（已毁）
格拉斯哥市女王公园国家银行（现为朗塞德礼堂），1847 ~ 1849 年
斯塔福德郡申斯通市圣约翰浸信会教堂，1853 年
弗林特郡伯德尔威丹市圣玛格丽特教堂，1856 年
约克郡托德莫登市政厅，1860 ~ 1875 年
伦敦主教门 15 号国家省级银行，1863 ~ 1865 年（后为国家西部银行）
约克郡多德罗伊德城堡，1866 ~ 1869 年
约克郡托德莫登市联合教堂，1869 年
伦敦诺森伯兰大道英国基督教知识普及协会大楼，1876 ~ 1879 年
达拉谟郡思多克顿市国家省级银行，1877 年（后为国家西部银行）
伦敦福利特大街儿童银行，1879 年

约翰·贾尔斯
伦敦波特兰广场郎汉姆大饭店，1865 年

欧文·约翰·吉尔（1870 ~ 1936 年）
1890 年开始在芝加哥丹克玛·阿德勒和路易斯·沙利文的事务所工作。1896 年在美国加州圣地亚哥建立自己的事务所。
圣地亚哥市基督教科学派教堂，1904 年
圣地亚哥市克劳伯住宅，1907 ~ 1910 年
加利福尼亚州拉乔拉市威尔逊·阿克顿大饭店，1908 年
马德雷山脉刘易斯庭院住宅区，1910 年
托兰斯市太平洋电子铁路建筑，1912 年
洛杉矶多基别墅，1914 ~ 1916 年（已毁）
圣莫尼卡霍雷肖西法院，1919 ~ 1921 年

威廉·布鲁斯金吉尔（1818 ~ 1900 年）
T·R·莱塞特的合作伙伴。
利兹市商业街利兹与约克郡保险大楼（现为里克与韦斯伯尼交际大楼），1852 年
布里斯托尔港口几内亚大街总医院，1852 ~ 1857 年
布里斯托尔港口科恩大街西英格兰与南威尔士银行，1854 年（后改为劳埃德斯银行）
布里斯托尔港口坦普尔大街 12 号，1865 年（仓库）

约瑟夫·戈达德（1839 ~ 1900 年）
第一个合作者是佩基特，后来与卡特露合作。
莱斯特郡图朗顿市圣安德鲁教堂，1866 年
莱斯特市钟楼，1868 年
莱斯特市格兰比大街莱斯特银行，1870 年（后改为 HSBC 银行）
沃里克郡卡尔德科特礼堂，1879 年
诺丁汉郡拉德克利夫与特伦特交界处圣玛丽教堂，1879 年

爱德华·威廉·戈德温（1833～1886年）
出生于布里斯托尔，其父亲是一名油漆工。他与亨利·克里斯普是合作伙伴，与威廉·伯吉斯是好朋友。1865年来到伦敦。
北安普敦郡市政厅，1860～1864年
布里斯托尔市斯托克司·克罗夫特104号安德森的仓库，1862年
布里斯托尔市约翰·佩里汽车公司，1862年
柴郡孔里顿市政厅，1864～1867年
北安普敦郡建设路43～44号圣马丁别墅，1865年
里莫立克市德洛莫城堡，1866～1873年
北安普敦阿什比城堡门房，1867～1868年
克立郡格伦伯塔，1867～1870年（已毁）
普利茅斯市政厅，1870～1874年
诺丁汉郡鲍威尔住宅，1871～1874年
赫特福德郡哈盆登市法洛斯格林，1872年（已毁）
诺丁汉郡格里思里市牧师住宅，1873年
伦敦贝德福德公园大道1号和2号，1875～1877年
伦敦切尔西堤4、5和6号，1875～1877年
伦敦泰特大街35号白屋，1877～1879年（已毁）
伦敦泰特大街44和46号，1882～1884年（改建）

乔治·戈德温（1815～1888年）
1844～1883年担任《建设者》编辑。
伦敦波尔顿斯区圣玛丽教堂，1850年
伦敦克灵汉姆花园圣犹大教堂，1870年
伦敦勒德克里弗广场圣卢克教堂，1872年

乔治·高尔迪（1828～1887年）
马修·爱迪生·哈德菲尔德和约翰·格雷·维特曼的学生及合作者。后来与其儿子爱德华·高尔迪一起工作。
约克郡斯卡伯洛菲市圣彼得罗马天主教堂，1858年
伦弗鲁郡格林诺克圣玛丽罗马天主教堂，1861年
约克市圣维尔弗里德罗马天主教堂，1862～1864年
林肯郡斯坦福德市圣奥古斯丁罗马天主教堂，1864年
伦敦肯辛顿广场圣母升天教堂（天主教堂），1875年

亨利·埃德蒙·古德里吉（1800～1863年）
埃文河巴斯市普赖尔庄园，1829～1834年和1836年（外部楼梯，翼展和室内）
萨默塞特郡甫洛米市圣三一教堂，1837～1839年（查尔斯·弗朗西斯·汉瑟姆1847～1848年改造和完成）
威尔特郡德韦兹斯城堡，1842年
巴斯市兰斯唐尼公墓，1848年（入口）
巴斯市夏勒特大街珀西礼拜堂，1854年（与A·S·古德里吉合作）

弗朗西斯·古德温（1784～1835年），*见***理查德·雷恩**
西米德兰兹郡比尔斯顿市牛津街圣玛丽教堂，1829～1830年

亚历山大·迪克·高夫（1804～1871年）
本杰明·迪恩的学生，1836～1848年间与罗伯特·刘易斯·罗米欧合作，后来他的两个儿子查尔斯·罗米欧·高夫和休·罗米欧·高夫也加入他们的事务所。
伦敦埃塞克斯路圣马修教堂，1850年（已毁）
伦敦托灵顿公园圣马克教堂，1853～1854年
肯特郡查塔姆市圣保罗教堂，1853～1855年
与罗伯特·刘易斯·罗米欧合作：
伦敦米尔纳广场，1840年

休·罗米欧·高夫（1843～1904年）
伦敦菲比奇花园圣卡斯伯特教堂，1884～1888年
与约翰·伯勒德·斯登合作：
伦敦黑莫史密斯圣保罗教堂，1882～1887年

詹姆斯 · 高万斯爵士（1821 ~ 1890 年）
主要受聘于铁路和建筑商。
爱丁堡市纳皮尔路 3 号洛克维尔，1858 年（自宅）
爱丁堡市纳皮尔路 10 号拉默波恩住宅，1859 年
爱丁堡市城堡式联排公寓 25 ~ 36 号，1866 ~ 1870 年

詹姆斯 · 基里斯比 · 格雷厄姆（1777 ~ 1855 年）
爱丁堡市莫雷宫，1822 ~ 1830 年
泰赛德区蒙特洛斯教区教堂，1832 ~ 1834 年（塔和尖顶）
爱丁堡市圣玛格丽特女修道院礼拜堂，1835 年
与奥古斯塔斯 · 维尔比 · 诺斯莫 · 普金合作：
伦敦议会建筑群（未实施）
爱丁堡市圣约翰监狱，1844 年

阿瑟 · 格林（死于 1904 年）*见***阿彻和格林**

伦敦摄政公园坎布里吉门，1875 年
伦敦维多利亚河畔白宫，1884 ~ 1887 年
伦敦海德公园海德公园庭院，1890 年

本杰明 · 格林（大约 1811 ~ 1858 年）
纽卡斯尔泰恩河上游格雷大街皇家剧院，1836 ~ 1837 年；也*见*约翰 · 格林

戈弗雷 · T · 格林上校（1807 ~ 1886 年）
工程建筑学院主任。
肯特郡谢尔尼斯市冶炼厂，1856 年
肯特郡谢尔尼斯市皇家海军船配件铸造厂，1857 年

约翰 · 格林（1787 ~ 1852 年）和**本杰明 · 格林**
大约 1830 ~ 1844 年间两人在纽卡斯尔是合作伙伴。
克利夫兰市思多克顿与特斯交界处圣奥尔班教堂，1836 ~ 1837 年
泰恩茅斯市泰恩市长水手救济院，1837 年
纽卡斯尔泰恩河上游市政厅和谷物市场，1837 年（约翰 · 约翰斯顿 1858 ~ 1863 年完成）

约翰 · 埃德加 · 格雷根（1813 ~ 1855 年）
曼彻斯特市龙赛特圣约翰教堂，1845 ~ 1846 年
曼彻斯特市圣安广场海伍德银行，1848 ~ 1849 年（后改为威廉 · 迪肯银行）
曼彻斯特市波特兰大街和帕克大街交汇处大商店，1850 年（已毁）
曼彻斯特市机械研究所（现为商业学院），1854 年

威廉 · 格里列（1807 ~ 1852 年）
柴郡马克科里斯菲尔德市海大街圣乔治星期日学校，1835 年

赫伯特 · 奥古斯塔斯 · 凯特 · 格利伯（1847 ~ 1894 年）
1878 年以来圣菲利浦 · 奈里的伦敦圣堂以及布朗普顿、肯辛顿和伦敦的圣母无玷圣心教堂

格里姆托普勋爵（1816 ~ 1905 年）
一位建筑业余爱好者，埃德蒙 · 贝克特和埃德蒙 · 邓森的好友，1886 年获得格里姆托普男爵称号。
约克郡唐克斯特市圣詹姆斯教堂，1858 年
赫特福德郡圣奥尔班斯修道院，1880 ~ 1885 年（修复）
约克郡唐克斯特市圣玛丽教堂，1885 年

沃尔特 · 格罗皮乌斯（1883 ~ 1909 年）
1903 ~ 1907 年在柏林和慕尼黑技术学院学习，毕业后，在彼得 · 贝伦斯事务所工作。1910 年与阿道夫 · 梅耶建立事务所。
他被任命为魏玛大公应用艺术学校和艺术学院主任，1928 年辞职后搬到柏林，1929 ~ 1930 年间担任西门子施塔特房地产的总建

筑师。

1934 年他搬到英国，与麦克斯韦·弗莱一起工作直到 1937 年。他是哈佛大学建筑学教授，与马歇尔·布劳耶及后来的孔拉德·沃奇斯曼就大批量生产住宅举行了多次活动。1946 年建立建筑师合作联盟，这是一个由年轻艺术家组成的群体。1925 年出版《世界建筑》，1930 年出版《包豪斯建筑》。

德国莱讷河畔艾尔弗雷德汉诺威大街 58 号加古斯工厂，1910 ~ 1914 年

科隆德意志制造联盟展，1914 年（与阿道夫·梅耶合作）

赫克托 · 吉玛德（1867 ~ 1942 年）

1882 ~ 1885 年在包豪斯艺术学校学习，1895 年在参观比利时时遇到维克托·奥尔塔。他的余生是在纽约度过的。

巴黎奥泰尔码头咖啡馆，1886 年

巴黎贝朗热城堡，1894 ~ 1898 年

巴黎卡尼维特住宅

巴黎塞夫勒市亨列特城堡

里尔市梅森·科伊里奥特

巴黎地下铁车站

巴黎亨伯特·德·罗曼斯大楼，1902 年（已毁）

哈勃森

1849 ~ 1858 年间由家族成员组成，包括马修（后者）、威廉·吉尔比和爱德华（儿子）。还包括其他成员，如艾尔弗雷德·罗伯特·皮特、J·佛里特·法克内、W·约克和E·P·L·布洛克。

约克郡金伯沃斯市圣托马斯教堂，1842 年

耶路撒冷市圣詹姆斯英国国家大教堂和教会建筑，1842 ~ 1843 年

伦敦圣玛丽波恩语法学校斯坦诺普研究所，1856 ~ 1857 年

卡迪夫市汉纳大街公理教会礼拜堂，1867 年

卡迪夫市公园广场公园酒店，1885 年

马修 · 爱迪生 · 哈德菲尔德（1812 ~ 1885 年），*见***约翰 · 格雷 · 维特曼**

德比郡格罗索普市教堂街万圣罗马天主教堂，1834 ~ 1837 年

诺丁汉郡沃克休普市公园大街圣玛丽罗马天主教堂，1838 ~ 1839 年

哈格里 · 桑和哈格里 · 霍尔

柴郡科尔顿联盟济贫院，1856 年 **88**

爱德华 · 查尔斯 · 黑克维尔(1812 ~ 1872 年)

建筑师亨利·黑克维尔之子，约翰·亨利·黑克维尔（1811 ~ 1880 年）的弟弟；1831 ~ 1838 年间师从菲利普·哈德维克。

伦敦克拉普顿下区圣詹姆斯教堂，1840 ~ 1841 年

伦敦劳里斯顿路圣约翰耶路撒冷教堂，1845 ~ 1848 年

萨福克郡瑟斯顿市圣彼得教堂，1861 ~ 1862 年

F·J· 黑姆兹

莱斯特市政厅，1874 ~ 1876 年

戴维 · 汉密尔顿（1768 ~ 1843 年）

苏格兰中央区吉尔，1829 ~ 1834 年，扩建

斯特拉斯克莱德区邓洛普住宅，1831 ~ 1834 年

中央区伦诺克斯唐市伦诺克斯城堡，1837 ~ 1841 年

与詹姆斯·汉密尔顿合作：

格拉斯哥市皇家交易所，1829 ~ 1830 年（后为斯蒂灵图书馆）

格拉斯哥市女王大街与英格拉姆大街交界处英国利嫩银行，1840 年

格拉斯哥市布加南大街西部俱乐部，1841 年

詹姆斯 · 汉密尔顿（大约 1807 ~ 1862 年）

为亚历山大·杰克兰工作，后来他自己的儿子约翰也加入其中，与爱尔兰建筑师弗兰克·斯迪拉特保持合作友谊直到 1866 年；见戴维·汉密尔顿

格拉斯哥市布加南大街西部俱乐部，1841 年

贝尔法斯特市阿尔斯特银行，1858 ~ 1860 年

斯里戈阿尔斯特银行，1863 年
贝尔法斯特市威廉堡垒亨利·马迭官邸，1871 ~ 1873 年

托马斯 · 汉密尔顿（1784 ~ 1858 年）
斯特拉思克莱德区阿弗市政厅，1828 ~ 1830 年（华莱士塔 1831 ~ 1834 年增建）
爱丁堡市迪恩孤儿院，1833 年
爱丁堡市女王大街 9 号皇家内科医师学院，1845 年

查尔斯 · 弗朗西斯 · 汉瑟姆(1816 ~ 1888 年)
约瑟夫·阿洛伊修斯·汉瑟姆的弟弟。
布里斯托尔市克利夫顿学院，1860 ~ 1880 年

约瑟夫 · 阿洛伊修斯 · 汉瑟姆(1803 ~ 1882 年)
1842 年创建《建造者》杂志，安全计程车专利的发明者。曾与多个建筑师合作，爱德华·韦尔奇、爱德华·维尔比·普金，他的弟弟查尔斯·弗朗西斯·汉瑟姆和儿子亨利·约翰·汉瑟姆以及约瑟夫·斯坦尼斯拉斯·汉瑟姆。
伯明翰市政厅，1832 ~ 1860 年
莱斯特郡鲁特沃斯市政厅，1836 年
莱斯特市比尔沃伊大街特别浸信会礼拜堂（现在是成年人教育中心），1845 年
兰开夏郡普里斯顿市圣沃尔伯格罗马天主教堂，1850 年
普雷茅斯市圣玛丽和圣博尼费斯罗马天主大教堂，1858 年
德文郡阿波特斯格斯维尔市罗马天主小修道院和女修道院，1863 年，1871 年
曼彻斯特市圣名教堂（罗马天主教堂），1869 年
埃塞克斯郡阿朗德尔市圣菲利普尼利教堂（现为罗马天主大教堂），1870 ~ 1873 年
伦敦福尔汉姆路圣玛丽罗马天主小修道院，1876 年
达拉谟郡伍肖市圣卡斯伯特学院，1885 年（礼拜堂由爱德华·维尔比·普金 1842 年建成）
与爱德华·韦尔奇（1806 ~ 1888 年）合作：
圭内斯郡安吉里瑟市布玛丽斯区维多利亚联排公寓，1830 ~ 1835 年
克卢伊德郡伯迪尔韦丹礼堂，约 1830 ~ 1840 年
西米德兰兹郡伯明翰市政厅，1832 ~ 1834 年
圭内斯郡安吉里瑟市布玛丽斯区巴克里军队饭店，1835 年（1873 年扩建）

菲利普 · 哈德维克（1792 ~ 1870 年）
托马斯·哈德维克的儿子和学生，1854 年获得英国皇家建筑协会颁发的金质奖章。
剑桥郡巴布拉汉姆礼堂，1829 ~ 1832 年
伦敦福斯特大街戈尔德史密斯礼堂，1829 ~ 1835 年
伦敦老布罗德大街城市俱乐部，1832 ~ 1833 年
肯特郡多佛滑铁卢新月形广场，1834 ~ 1838 年
伦敦埃斯顿车站，1835 ~ 1839 年（已毁）
伯明翰市库宗大街车站，1838 年
伦敦贝尔格雷夫广场 37 号(现为思福德住宅)，1842 年
与菲利普·查尔斯·哈德维克合作：
伦敦尤斯顿车站大厅，1846 ~ 1848 年（已毁）
伦敦林肯客栈大厅和图书馆，1743 ~ 1745 年

菲利普 · 查尔斯 · 哈德维克(1820 ~ 1890 年)
菲利普·哈德维克之子（见上），爱德华·布洛尔的学生。1843 年加入其父的事务所，四年后继承父亲的事务所。
伯克郡奥尔德玛斯顿法院，1848 ~ 1851 年
伦敦布雷德大街西部皇家大酒店，1851 ~ 1853 年
里莫立克市圣约翰罗马天主大教堂，1856 ~ 1861 年
里莫立克市圣阿尔芬斯大教堂，1856 ~ 1862 年
伍斯特郡纽兰市圣伦纳德教堂，1862 ~ 1864 年
萨里郡卡尔特修道院学校，1865 ~ 1872 年
伦敦基特宫 2 号，1873 ~ 1876 年

亨利 · 托马斯 · 海尔（1861 ~ 1921 年）

出生于约克郡斯卡伯洛菲市，毕业于巴黎包豪斯艺术学校，师从C·A·伯里。1917～1919年担任英国皇家建筑协会主席。
斯塔福德郡政府，1893～1895年
牛津市政厅，1893～1897年
伦敦朔迪奇的帕斯默爱德华图书馆和澡堂，1897年
剑桥市威斯敏斯特学院，1899年
牛津郡亨里市政厅，1900年
约克郡哈罗门市政建筑，1902年
伦敦伊斯灵顿区公共图书馆，1905年
伦敦福尔汉姆公共图书馆，1908～1909年

约翰·哈珀（1809～1842年）
约克郡克利夫顿市圣彼得学校，1838年以前

托马斯·哈里斯（1830～1900年）
1860年出版《维多利亚建筑》。
约克郡宾利市米尔纳菲尔德，1873～1877年
什罗普郡贝德斯通法院，1884年
什罗普郡斯图克瑟法院，1889年

耶西·哈特利（1780～1860年）
石匠、桥梁设计师。波尔顿市和曼彻斯特市铁路和管道工程师。1824～1860年间担任利物浦码头和海港城墙测量员和工程师。
利物浦市布伦瑞克码头，1832年（塔除外）
利物浦市滑铁卢码头，1834年
利物浦市艾伯特码头，1841～1845年
赫尔市铁路码头和城堡街仓库，1846年（已毁）
利物浦市斯坦利码头附近维多利亚塔，1848年
利物浦市斯坦利码头，1850～1857年
利物浦市沃坪码头，1855年
利物浦市西加拿大码头，1858年

梅杰·罗得·霍金斯（1820～1884年）
爱德华·布洛尔的学生。教育委员会指定建筑师，1841年与查尔斯·菲罗斯（1799～1860年）一起到君士坦丁堡从事业务。
伦敦旺兹沃思市维多利亚皇家爱心学校，1857年
埃克塞特市圣迈克尔教堂，1867～1868年
萨里郡霍尔姆伍德市北霍尔姆伍德区圣约翰教堂，1875年

海
约翰·哈迪·海和威廉·哈迪·海兄弟(1813～1901年）和詹姆斯·默多克（1823～1915年)。
利物浦市布雷克路圣三一教堂，1847年
格林诺克学院，1855年（已毁）
安格斯郡布里勤东部自由教堂（现为浸信会教堂），1856年
斯特灵市艾伦桥切姆斯教堂，1856年
爱丁堡市东交叉街道布克里奇与格雷弗莱尔斯自由教堂，1857年
兰开夏郡圣海伦斯市横街圣三一教堂，1857年
爱丁堡市乔治四世大桥奥古斯丁－布里斯托公理会教堂，1859～1861年
利物浦大教堂，1866年（未实施）

威廉·海（1818～1880年）
约翰·海之子，师从约翰·亨德森，1847～1850年间为乔治·吉尔伯特·斯科特爵士工作，1853～1860年搬到加拿大，1868～1878年又搬到澳大利亚。1846～1905年一直与G·亨德森合作。
皮特希德市圣约翰长形教堂，1853年
爱丁堡市圣伊莱斯大教堂，1871～1884年（修复）
爱丁堡市老圣保罗英国国教教堂，1881～1906年
百慕大岛汉密尔顿区政府大楼，1885年
百慕大岛汉密尔顿区圣三一大教堂，1885～1905年
爱丁堡市克雷格洛克哈特教堂，1889～1901年（与G·亨德森合作）

爱德华·海科克（1790～1870年）
约翰·海勒姆·海科克、儿子老爱德华·海科

克和孙子小爱德华·海科克共同经营的家族事务所，位于什鲁斯伯里市。
芒茅斯郡芒茅斯市郡府大楼，1829～1830年
什罗普郡弗兰克维尔市德林克沃特大街圣乔治教堂，1829～1832年
圭内斯郡巴茅斯市圣大卫教堂，1830年
芒茅斯郡阿博格维尼市附近克里萨庄园，大约1830年
什罗普郡密里克普庄园，1835～1840年（1970年改造）
什罗普郡怀特邱齐市多丁顿区圣凯瑟琳教堂，1836～1837年
圭内斯郡兰罗格市格林里芬庄园，1836～1840年（猜测是其作品）
什罗普郡什鲁斯伯里市广场音乐厅，1839～1840年
什罗普郡克里瑟吉市基督教堂，1841年
什罗普郡多灵顿市圣爱德华教堂，1845年
什罗普郡龙诺市附近尼特里礼堂，1854～1858年

约翰·海沃德（1808～1891年）
与其儿子兼合作人皮尔逊·巴里·海沃德（1838～1888年）共同经营事务所。
德文郡伊尔弗拉科比市圣菲利普和圣詹姆斯教堂，1856年
埃克塞特市艾伯特纪念博物馆，1865～1866年

查尔斯·福斯特·海沃德（1830～1905年）
米德尔塞克斯郡格罗夫山皮特伯格路哈罗学校，1864～1874年（体育馆、实验室和寄宿处）
米德尔塞克斯郡哈罗山哈罗村公共礼堂，1864年

安德鲁·海顿（1823～1894年）
师从其父和戴维·布赖斯。
珀斯市圣玛丽修道院，1867年
邓迪市布拉蒂渡口卡索罗伊，1867年（已毁）
珀斯市泰大街36～44号维多利亚大楼，1872年
珀斯市皮特洛克里区阿托尔宫，1878年（水疗院）

约翰·亨德森（1804～1862年）
托马斯·汉密尔顿的学生。
爱丁堡市乔治四世大桥3号，1836年
蒙特洛斯市国家历史博物馆，1837年
邓弗里斯郡圣玛丽教堂，1838年
珀斯市格里纳尔蒙区圣三一学院，1843～1851年
阿波罗斯市圣玛丽英国国教教堂，1854年

弗朗索瓦·亨尼比克（1842～1921年）
出生于法国，土木工程师，在建筑工业中发明了混凝土，1892年申请混凝土流程专利。1894年在瑞士维艮市建造了第一座混凝土大桥，1895年在鲁贝市建造了第一个谷物升降机。
法国图尔昆市查尔斯六世纺纱厂，1895年
斯旺西市韦弗面粉厂，1897～1898年（与拿破仑·勒·布伦合作）

弗雷德里克·赫林
伦敦肯辛顿区绿色宫殿2，1860～1862年

威廉·海伍德
大伦敦总监。负责霍尔伯恩市高架桥设计，下图

此桥横跨福利特峡谷，连通霍尔伯恩市和新兴门，1869年由维多利亚女王亲自剪彩，

共花6年时间建成。

詹姆斯 · 希伯特（1833～1903年）
普里斯顿市菲休基特浸信会教堂，1857年
普里斯顿市哈里斯博物馆和图书馆，1882～1893年

威廉 · 希尔（1827～1889年）
设菲尔德市兰莫的卫理公会学院，1863～1864年
兰开夏郡波尔顿市政厅，1866～1873年
朴次茅斯市政厅，1886～1890年

托马斯 · 钱伯斯 · 海因（1813－1899年）
1867年其子乔治·托马斯·海因加入事务所。
诺丁汉郡曼斯菲尔德市本丁克纪念馆，1849年
诺丁汉郡图兰大街谷物交易所，1850年
诺丁汉郡公园住宅区，1850年
诺丁汉郡弗林特汉姆礼堂，1851～1854年
诺丁汉斯杜尼大街托马斯·亚当斯大商店
贝德福德郡克兰菲尔德法院，1862～1864年（已毁）
诺丁汉思嫩顿圣马提亚教堂，1867～1868年
诺丁汉城堡，1875～1878年（改造为博物馆）
诺丁汉车站，1898年

罗伯特 · 凡特 · 霍夫（1887～1979年）
1906～1911年在伯明翰市艺术学校学习，1911～1914年在伦敦建筑协会学校学习。在美国曾短暂逗留，这段期间为弗兰克·劳埃德·赖特工作。当回到荷兰时，加入到德斯太尔抽象画派运动之中，与彼得·J·C·克拉哈默合作，但不久之后，因与思尔·凡·都斯伯观念出现差异而离开这个团体。
乌得勒支附近胡伊斯特·海德的赫尼别墅，1915～1919年

约瑟夫 · 霍夫曼（1870～1856年）
毕业于波希米亚布尔诺市国立技术学校，为德国维尔茨堡的军事建筑管理局工作，1892年搬到维也纳。在维也纳艺术学院卡尔·万·哈森耶和奥托·科洛蒙·瓦格纳（1841～1918年）手下学习，赢得罗马奖。他在奥托·瓦格纳的事务所工作，1895年时与一群艺术家们成立第一个齐白俱乐部（7号俱乐部），1897年成立维也纳分离派联盟，1905年与克里姆特·格路普一起退出这一团体。
1899年后在维也纳工艺美术学校讲学，主要讲述室内设计，一直到1903年与科洛蒙·摩西成立维也纳大商店，1912年成立了奥地利制造联盟。
帕克斯多夫疗养院，1904～1906年
布鲁塞尔斯托克莱宫，1905～1911年（镶嵌图案由古斯塔夫斯·克里姆特完成）
维也纳普里马维斯住宅，1915年
维也纳制造联盟展览会，四座建筑，1932年

马修 · 亨利 · 赫尔丁（死于1910年）
北安普敦郡圣伊莱斯大街81～87号，19世纪80年代
北安普敦郡陶切斯特路圣玛丽教堂，1885年
北安普敦郡思米隆路圣保罗教堂，1890年
北安普敦郡凯特灵路圣马太教堂，1891～1894年
北安普敦郡巴莫拉尔路圣三一教堂，1909年（与E·德·W·赫尔玎合作）
北安普敦郡政府，1889～1892年（与A·W·杰瑞合作；扩建）

F · 霍姆和G · 霍姆
利物浦市法庭，1882年

霍尼曼和科比
约翰·霍尼曼（1831～1914年）和约翰·科比（1863～1945年）1885年建立合作关系，1889年制图员查尔斯·伦尼·麦金托什加入，后来也成为合作伙伴之一。
格拉斯哥市伍德赛德区大西路兰斯唐教堂，1862年
格拉斯哥市佩斯利博物馆，1866年
格拉斯哥市戈顿大街41～55号卡德欧罗大

商店，1872年（改造）

格拉斯哥市科尔文赛德韦斯伯尼教堂，1880年科比设计

格拉斯哥市格万法尔菲尔德办公大楼，1880年麦金托什设计

格拉斯哥市米切尔大街60～76号格拉斯哥使者馆，1893年

托马斯·霍普（1776～1856年）

圭内斯郡邦戈附近盆林城堡，1825～1844年

西格拉摩根郡马格姆修道院，1830～1835年（内部改造）

埃塞克斯郡丹伯里广场，1832年

威尔特郡阿米斯伯里市阿米斯伯里住宅，1834～1840年（韦布住宅大约1660年建成，沿原来的基址重建）

赫伯特·珀西·霍恩 *见*阿瑟·赫格特·麦克默多

杰拉尔德·卡尔科特·霍斯利（1862～1917年）

卡尔科特·霍斯利（1817～1903年）的第二个儿子，其父是由于1843年时设计第一张圣诞卡开始走上艺术家之路的。杰拉尔德1879年在理查德·诺曼·肖门下当学徒，与肖的学生一起创办了艺术家联盟，1881年进入皇家学院学习，是第一届欧文·琼斯奖得主，并获得旅游奖学金。

北威尔士科尔文海湾布洛尼南特别墅，1889年

斯塔福德郡隆斯顿市圣乍得教堂，1903～1904年

维克多·霍塔（1861～1974年）

毕业于根特市和布鲁塞尔的包豪斯艺术学校，1880年起在阿方斯·巴拉特事务所工作。他在私人建筑特索尔酒店的建造中首次运用了钢铁材料。1897年后一直在布鲁塞尔自由大学任教，1912年被聘为包豪斯艺术学校教授，1927年担任主任一职。

布鲁塞尔特塞尔酒店，1892～1893年 ***108***

布鲁塞尔奥特里可庄园，1893年

布鲁塞尔温辛基庄园，1895～1896年

布鲁塞尔伊特韦德酒店，1895～1897年

布鲁塞尔德普里兹酒店，1895～1897年

布鲁塞尔索尔韦酒店，1895～1900年

布鲁塞尔麦森·皮尤伯庄园（比利时社会党总部），1896～1899年（已毁）

布鲁塞尔霍塔酒店（现为霍塔博物馆），1898～1901年，下图

布鲁塞尔路纽弗区AI创新百货大楼，1901年（已毁）

G·O·霍斯金斯

米德尔斯伯勒市政厅，1883～1889年

埃比尼泽·霍华德爵士（1850～1928年）

出生于伦敦，1872年搬到内布拉斯加州，1877年又回到伦敦。1889年发表《明天：一条真正通向社会改革的和平之路》，在此书中，他设想的设施齐全的社区应包括乡村和城市优美的景观，还应有绿带。此理论的提出促进了花园城市协会的成立。1927年他被授予爵士称号。

艾伯特·詹金斯·亨伯特（1822～1877年）

怀特岛惠坪汉姆区圣米尔德里德教堂，1854～1862年

伯克郡温莎市弗罗莫艾伯特王子陵墓，1862 ~ 1868 年
诺福克市桑丁汉姆别墅，1870 年（为爱德华·威尔士王子设计）

查尔斯 · 哈钦斯（约 1781 ~ 1834 年）
康沃尔郡盆赞斯市圣玛丽教堂，1832 ~ 1836 年

亨利 · 哈钦森 *见*里克曼和哈钦森

爱德华 · 安森（1812 ~ 1888 年）
在商人泰勒斯的学校学习，是泰勒斯公司和伦敦圣巴塞洛缪医院的总监，1886 年担任英国皇家建筑协会的主席。
伦敦弗里曼广场皇家交易大楼，1842 ~ 1844 年（已毁）
伦敦维多利亚女王大街 146 号英国与海外圣经会，1866 ~ 1867 年
伦敦孔希尔 65 号，1871 年
伦敦吉尔特斯珀大街圣巴塞洛缪医院的医药学校，1878 ~ 1879 年
伦敦斯曾街谷物交易所，1881 年
伦敦沃尔沃斯路中央图书馆，1893 年

托马斯 · 格雷厄姆 · 杰克逊爵士（1835 ~ 1924 年）
毕业于牛津沃德汉姆学院，1858 年在乔治·吉尔伯特·斯科特爵士门下当学徒，1862 年建立自己的事务所，1910 年获得英国皇家建筑协会金质奖章，1913 年获得准男爵爵位。
兰开夏郡沃克登市埃里斯米尔纪念馆，1868 年
萨默塞特郡霍恩巴顿市圣彼得教堂，1872 ~ 1874 年
牛津学校研究大楼，1876 ~ 1882 年
萨默塞特郡托尼住宅，1877 ~ 1882 年
牛津班伯里路女子高中（现为大学的一部分），1879 年
牛津乔治大街男子高中，1880 ~ 1881 年
伦敦坦普尔区海尔法院 2 ~ 3 号，1897 年
约克郡吉格里思维克市学校礼拜堂，1897 年
牛津布拉丝努斯学院新建筑，1909 ~ 1911 年

约瑟夫 · 詹姆斯（1828 ~ 1875 年）
塞缪尔·维特菲尔德·道克斯的学生。
约克郡巴恩斯利公理会教堂，1854 ~ 1856 年
约克郡哈利法克斯市广场公理会教堂，1855 ~ 1857 年（部分被毁）
设非尔德市公墓路公理会礼拜堂，1859 年（已毁）
伦敦巴恩斯利区阿伦德广场公理会教堂，1862 年

詹姆斯 · 苏厄德和托马斯 *见*埃德温 · 苏厄德

珍妮特－格里思 *见*勒 · 柯布西耶

罗伯特 · 威廉 · 杰拉德（死于 1846 年）和 **C · 杰拉德**
格洛斯特郡切尔滕纳姆市女王饭店，1836 ~ 1839 年
格洛斯特郡切尔滕纳姆市马尔文路基督教堂，1838 ~ 1840 年（内部设计 1883 年）
格洛斯特郡切尔滕纳姆市兰斯唐广场，1838 ~ 1841 年

乔舒亚 · 杰布爵士（1793 ~ 1863 年）
监狱设计总监，1844 年后是军事监狱总监。
伦敦本顿维尔监狱，1840 ~ 1842 年

托马斯 · 杰克尔（1827 ~ 1881 年）
诺维丘市索普区圣安德鲁教堂，1866 年
赫特福德郡里利市圣彼得教堂，1870 ~ 1871 年
伦敦普林斯门 49 号，1876 年（“皮科克房间”，维斯特装饰，现在位于华盛顿特区自由解放者艺术馆）
诺维丘市菲尔德小教堂花园的“宝塔”，1880 年（铸铁建造的音乐厅；已毁）

威廉 · 勒 · 巴伦 · 詹妮（1832 ~ 1907 年）

美国市政工程师和建筑师，其在技术方面的革新对摩天大楼的发展起着至关重要的作用。1859～1861年间在巴黎学习，后效力于美国内战。1876～1880年间在安阿波密歇根大学讲授建筑学。

芝加哥雷兹大楼，1879年（已毁）

芝加哥住房保险大楼，1883～1885年（毁于1929年）

芝加哥曼哈顿大楼，1889～1890年

芝加哥第二雷兹大楼（后来的希尔斯、洛布克与利特商店），1889～1890年（与W·B·芒迪合作），下图

约翰·詹姆斯·乔阿斯（1868～1952年）

出生于苏格兰丁沃尔市，是家中的第二个儿子，父亲也是建筑师。他在爱丁堡市罗兰·安德森事务所学习，并在爱丁堡市艺术学院学习。1892年获得英国皇家建筑协会普金奖，并用旅游奖学金到处考察。1893年进入伦敦欧内斯特·乔治爵士的事务所工作。1895年获得英国皇家建筑协会欧文·琼斯奖，1896年加入约翰·贝尔彻事务所，1905年成为贝尔彻合作伙伴。*见*约翰·贝尔彻。

霍瑞斯·琼斯爵士（1819～1887年）

伦敦城市有限公司建筑师和主管，1882～1883年间担任英国皇家建筑协会主席，1886年授予爵士称号。

约克郡彻丽·伯顿区圣迈克尔教堂，1852～1853年

卡迪夫市老市政厅，1853年

伦敦索斯沃克萨里动物园，1856年

伦敦史密斯菲尔德市场，1866年

伦敦马歇尔与斯尼尔戈罗夫商店，1870年（已毁）

伦敦比灵兹基特市场，1875～1877年（已毁）

伦敦坦普尔巴纪念馆，1880年

伦敦肉类市场，1881年

伦敦塔桥，1886～1894年

欧文·琼斯（1806～1874年）

刘易斯·瓦里阿米的学生。1856年出版《装饰法则》。他是水晶宫室内装饰主要设计师之一，1857年获得英国皇家建筑协会颁发的金质奖章。

伦敦肯辛顿宫花园24号，约1845年

伦敦水晶宫，1851年（内部装饰）

水晶宫迁至希登汉姆市，1852～1854年（庭院；毁于大火）

伦敦皮卡迪利大街圣詹姆斯音乐厅，1856年（已毁）

伦敦牛津街奥斯勒展览馆，1856～1860年（已毁）

萨默塞特镇阿波特斯菲尔德住宅，1872年

艾伯特·康（1869～1942年）

1896年与乔治·W·尼特顿、亚历山大·特罗布里奇一起建立事务所，稍后是乔治·D·梅森的合作伙伴，不过最初在梅森事务所他只是一名雇员。他因在北美设计了大量的工厂建筑，尤其是汽车工厂建筑而声名远扬。其名声导致他仅在苏联就有500多个工厂项目，他不得不让他的弟弟莫里兹来帮忙。后来他主要研究第二次世界大战中航空器制造厂的建造。在其死后，他的弟弟路易斯接替他担任艾伯特·康联盟的董事。

底特律市儿童医院，1896年（与乔治·W·尼特顿、亚历山大·特罗布里奇合作）

底特律市棕榈公寓住宅，1901～1902年（与乔治·D·梅森合作）
底特律市密歇根大学，1903年（与路易斯·康合作）
密歇根州迪尔伯恩的福特汽车公司玻璃厂，1924年

约瑟夫·凯（1775～1847年）
伦敦格林维克区纳尔逊路和威廉国王步行街学院入口，大约1829～1830年

约翰·B·凯尼（逝于1859年）
蒂普勒里市尼纳区法院，1883年
戈尔维市女王学院（现为大学学院），1847～1849年
沃特福德市法院，1849年

伊诺克·巴塞特·凯灵（1837～1886年）
伦敦诺丁山圣马克教堂，1862～1863年
伦敦斯特兰音乐厅，1864年（已毁）
伦敦格伦加尔路圣安德鲁教堂，1864年

老亨利·爱德华·肯德尔（1776～1875年）
托马斯·里弗顿的学生，英国皇家建筑协会创办人之一。
伦敦贝尔格拉夫广场24号(现为唐谢尔住宅)，1830年
林肯郡斯里福德市市场广场法院，1830年
林肯郡斯里福德市东门卡尔医院，1830年和1841～1846年
赫特福德郡尼布沃斯住宅，1844年（重建）

小亨利·爱德华·肯德尔（1776～1875年）
老亨利·爱德华·肯德尔之子和学生。弗雷德里克·缪的合作伙伴。
伦敦肯索尔格雷区圣约翰教堂，1843～1844年
埃塞克斯郡布伦特伍德市精神病院，1853年
萨塞克斯郡霍弗市圣帕特里克教堂，1858年
萨塞克斯郡海沃兹希斯市圣弗朗西斯医院，1859年

亨利·肯尼迪（逝于1897年）
圭内斯郡菲斯蒂尼教堂，1844～1845年
圭内斯郡班戈市圣詹姆斯教堂，1864～1866年

约翰·科比 *见*霍尼曼和科比

罗伯特·克尔（1823～1904年）
建筑协会创办人之一，1847～1848年担任协会首任主席。他是伦敦国王学院建筑艺术学教授，1864年出版《绅士住宅》。
伯克郡比尔伍德，1865～1874年
萨里郡福德庄园，1869年
伯克郡阿斯哥特希斯住宅，1868年

查尔斯·乔治·胡德·基尼尔 *见*帕迪和基尼尔

亚历山大·杰克兰（1824～1892年）
格拉斯哥市圣文森特新月形广场55号，1850年
格拉斯哥市吊桥，1851年
格拉斯哥市米勒大街37～51号，1854年（已毁）

托马斯·爱德华·奈特利（1823～1905年）
伦敦霍尔波恩区伯克贝克银行，1895～1896年（后改为威斯敏斯特银行；已毁）
与查尔斯·约翰·菲普斯合作：
伦敦郎汉姆广场女王礼堂，1891年（已毁）

老詹姆斯·托马斯·努里斯（1806～1884年）
伦敦菲利特大街191～192号，1854～1855年
伦敦塞德街和索顿街，1860年
白金汉郡赫德瑟住宅，1865～1868年
与小詹姆斯·托马斯·努里斯合作：
伦敦维多利亚车站格罗夫纳酒店，1860～1862年

小詹姆斯·托马斯·努里斯（1831～1908年）
老詹姆斯·托马斯·努里斯(见上)之子和学生，

评论《十九世纪》的创办人和编辑，1869 年创办玄学派协会。1903 年授予爵士称号。
伦敦克拉彭区斯德司住宅区，1860 年
伦敦圣詹姆斯大街 76 号住宅俱乐部，1862 ~ 1864 年
伦敦贝特萨区公园住宅区，1863 ~ 1866 年
伦敦女王镇路圣菲利普教堂，1867 ~ 1868 年
萨塞克斯郡布莱克唐市埃尔德沃斯，1868 ~ 1869 年

维克多 · 拉罗克斯（1850 ~ 1937 年）
法国巴黎戈尔奥尔斯车站，1900 年
伦敦霍尔波恩区伯克贝克银行，1895 ~ 1896 年（后改为威斯敏斯特银行；已毁）

爱德华 · 布克顿 · 拉姆（1806 ~ 1869 年）
刘易斯·诺克斯·克丁汉姆（1787 ~ 1847 年）的学生，《建造者》插图投稿人，1830 年出版《哥特式装饰法则》，1846 年出版《远古时期本土建筑研究》。
林肯郡埃尔金顿礼堂，1841 年
约克郡瑟克里比市万圣教堂，1845 ~ 1850 年
达拉谟郡西哈特尔普尔基督教堂，1854 年
邓弗里斯市道格拉斯城堡英国国教教堂，1856 年
萨里郡因格里菲尔德格林市圣西蒙 & 圣犹大教堂，1856 ~ 1859 年
萨福克郡布雷斯沃斯市圣玛丽教堂，1857 ~ 1858 年
赫特福德郡伯克汉普斯特德市政厅，1863 ~ 1866 年（改造）
伦敦教区路圣马丁教堂，1865 ~ 1866 年
萨里郡阿迪斯科比市坎宁路圣玛丽教堂，1868 年

亨利 · 沃恩 · 兰切斯特（1863 ~ 1953 年）
伦敦 H·J· 兰切斯特（1834 ~ 1914 年）之子和学生，1886 年进入皇家学院学习，1894 年与詹姆斯·斯图尔特和爱德华·艾尔弗雷德·里查兹（1872 ~ 1920 年）共同建立事务所。1934 年获得英国皇家建筑协会金奖。
卡迪夫市中心，1897 年（设计方案）
伦敦迪普福德市政厅，1900 ~ 1903 年
卡迪夫市政厅和法院，1906 年

理查德 · 雷恩
大曼彻斯特区欧尔德汉姆市教堂街圣玛丽教堂，1827 ~ 1830 年
大曼彻斯特区欧尔德汉姆市霍斯吉大街蓝衣学校，1829 ~ 1834 年
曼彻斯特市科尔顿与米德洛克交界格罗夫纳广场区艺术学院，1830 年
大曼彻斯特区斯托克波特市威灵顿南路医院，1832 ~ 1833 年
西约克郡维克菲尔德市北门语法学校，1833 ~ 1834 年
与弗朗西斯·古德温合作：
盆德里顿市布罗德大街圣托马斯教堂，1829 ~ 1831 年

查尔斯 · 兰永爵士（1813 ~ 1889 年）
市政工程师。1836 ~ 1860 年在爱尔兰科安特里姆郡担任工程监理。1872 年之前一直与威廉·亨利·林恩合作，之后与自己的儿子约翰·兰永合作。1862 ~ 1868 年间担任爱尔兰皇家建筑研究院院长，1866 年担任贝尔法斯特市下院议员，1868 年授予爵士称号，1876 年担任科安特里姆郡名誉部长。
贝尔法斯特市植物园棕榈屋，1839 年
贝尔法斯特市女王学院（大学），1849 年
堂恩市凯里利城堡，1849 ~ 1851 年
贝尔法斯特市辛克莱·西门教堂，1857 年
贝尔法斯特市理查森桑斯与奥登大商店，1872 ~ 1875 年

爱德华 · 拉皮吉（1779 ~ 1860 年）
泰晤士河畔里士满汉普顿维克市圣约翰路圣约翰福音教堂，1829 ~ 1831 年

约翰 · 拉特汉（大约出生于 1805 年）
兰开夏郡普里斯顿市弓街基督教堂，1836 年
兰开夏郡普里斯顿市圣玛丽大街圣玛丽教堂，

1836 ~ 1838 年
兰开夏郡普里斯顿市兰喀斯特路圣托马斯教堂，1837 年

朱尔 · 埃米 · 拉维罗特（1864 ~ 1928 年）
法国巴黎拉普大道 29 号，1901 年
法国巴黎瑟拉米克酒店，1904 年

拿破仑 · 勒 · 布伦（1821 ~ 1901 年）
*见***弗朗西斯 · 亨尼比克**

勒 · 柯布西耶（1887 ~ 1965 年）
查尔斯－爱德华·詹尼里特－格里恩毕业于瑞士拉考克斯－德－风斯应用艺术学校，1910 ~ 1911 年在彼得·贝伦斯事务所工作。1917 年搬到巴黎后改名为勒·柯布西耶，1918 年与埃米迪·欧曾凡特合著《后立体派》，1920 年担任杂志《新精神》主编，1922 年与其表兄皮埃尔·詹尼里特合作。1923 年出版《建筑史记》，此书是其在《新精神》杂志中的文章选集。
1928 年建立国际现代建筑协会（CIAM），他是创办成员之一。1944 年出版《雅典城》。此书是 1933 年应国际现代建筑协会的需要编纂而成，1941 年勒柯布西耶在原书基础上改编，推动了当时功能性城市的发展。
瑞士拉考克斯－德－风斯市沃里特别墅，1905 年（他的第一个家）
瑞士拉考克斯－德－风斯市司克沃布别墅，1916 年

里明和里明
约翰和约瑟夫兄弟二人 1872 年在哈利法克斯市建立事务所。
伦敦白宫区海军部，1894 ~ 1895 年
约克郡哈利法克斯市市场，1895 年
约克郡利兹市市场，1903 年（前面街区）

理查德 · 约翰 · 利森 *见***奥利弗与利森**

威廉 · 雷波（1839 ~ 1916 年）
詹姆斯·保奇和詹姆斯·卡斯兰的学生。后被卡斯兰聘用，在伦敦工作。
格拉斯哥市堂希尔教堂，1865 年
格拉斯哥市坎普希尔教堂，1878 年
格拉斯哥市格拉斯哥格林区特姆普顿工厂，1889 年
格拉斯哥市乔治西街 147 ~ 151 号，1892 年

詹姆斯 · 莱斯利（1801 ~ 1889 年） *见***约翰 · 泰勒**（约死于 1841 年）
泰赛德区邓迪市海关，1839 ~ 1840 年

威廉 · 理查德 · 勒萨比（1857 ~ 1931 年）
出生于德文郡巴恩斯特伯市，雕刻匠和镀金工人之子。1879 年获得索恩大奖和旅游奖学金。从法国旅游归来后在理查德·诺曼·肖手下学习，1880 年进入皇家学院。在 1891 年建立自己的事务所之前一直是肖的主要助手。他是伦敦工艺美术中心学校首任校长，此学校创办于 1894 年。1892 年出版《建筑、玄学和神话》。
汉普郡埃文泰里尔，1891 年
奥克尼郡霍伊岛梅尔塞特住宅，1898 年
汉普郡林德赫斯特市高科克斯里兹，1898 年
伯明翰市科尔默街伊戈尔保险公司，1900 年
赫里福郡布洛克汉普顿市万圣教堂，1901 ~ 1902 年

T · 海特 · 刘易斯
伦敦莱斯特广场阿尔罕布拉宫，1854 年

奥古斯塔斯 · 弗雷德里克 · 利威瑟（1807 ~ 1879 年）
威尔特郡特罗布里奇市圣三一教堂，1838 年
汉普郡安多夫市圣玛丽教堂（悉尼·斯默克完成），1840 ~ 1846 年

约瑟夫 · 洛克（1805 ~ 1860 年）
城市工程师，在建造曼彻斯特市－利物浦市铁路时协助乔治·斯蒂芬森，之后他独自在欧洲铺设了多条铁路线。1850 和 1859 年担任城市工程研究所所长。他还设计了克鲁机车引擎。

利物浦莱姆街火车站，1849 ~ 1850 年（与理查德·特纳合作）

亨利 · 弗朗西斯 · 洛克伍德（1811 ~ 1878 年）

1849 ~ 1874 年间在约克郡布拉德福市与理查德（1834 ~ 1904 年）和威廉·莫森合作，后搬到伦敦。

布拉德福德市德雷克大街商店，1850 年

布拉德福德市圣乔治礼堂，1851 ~ 1852 年

约克郡索尔泰尔市工厂和示范城镇，1851 ~ 1876 年

布拉德福德市毛料交易大楼，1864 ~ 1867 年

布拉德福德市克里克基特市场，1869 ~ 1872 年（已毁）

布拉德福德市政厅，1869 ~ 1873 年

布拉德福德市威克街 62 号和 65 号，1871 年，1873 年（商店）

与托马斯·阿洛姆合作：

赫尔市圣桑顿礼拜堂，1843 年

托马斯 · 米金 · 洛克伍德（1830 ~ 1900 年）

威尔士纽珀特市政厅，1885 年

切斯特市格罗夫纳博物馆和学校，1885 ~ 1886 年

切斯特市布里吉大街伊斯特基特大街交界处角落，1888 年

阿道夫 · 卢斯（1870 ~ 1933 年）

毕业于德累斯顿市科技学院，1896 年定居维也纳。他主要是一名作家，出版了大量的著作。最早出版的是《新自由周刊》，1921 年出版《旷野对话》，1931 年出版《虽然》。1903 年编辑小书《奥地利西方艺术另论》，1908 年出版其最多的著作《装饰与罪恶》。1912 年在一所免费学校教建筑，1920 年成为维也纳联盟的主要建筑师，1922 年去了巴黎，主要在索邦神学院（巴黎大学的前身）讲学。

维也纳咖啡博物馆，1907 年（重建）

维也纳卡恩特纳吧（卡林斯亚吧），1907 年

维也纳迈克勒普拉兹，1909 ~ 1911 年（住宅）

维也纳高尔德曼与萨拉特司克大楼，1909 ~ 1911 年

维也纳斯坦纳住宅，1910 年

罗伯特 · 斯托达德 · 罗里默爵士（1864 ~ 1929 年）

出生于爱丁堡市，毕业于爱丁堡学院和爱丁堡大学。在罗伯特·罗恩·安德森爵士和詹姆斯·梅特兰·沃罗普门下当学徒，后与乔治·弗雷德里克·伯德利一起工作。1893 年在爱丁堡市建立自己的事务所。

爱丁堡市克林顿区古斯里·赖特女士住宅，1893 年

金洛斯市布里格兰斯住宅，1898 年

埃尔市罗沃兰住宅，1903 ~ 1906 年

阿盖尔郡阿德金拉斯市住宅，1906 年

爱丁堡市默宁塞德区圣彼得罗马天主教堂，1906 年

法夫市圣安德鲁斯区大学图书馆，1907 年

爱丁堡市圣伊莱斯大教堂思斯尔礼拜堂修道会，1909 ~ 1911 年

约翰 · 克劳迪亚斯 · 劳登（1783 ~ 1843 年）

园林设计师，园艺方面的作家。1823 年编纂《小别墅百科全书》和《农庄和别墅建筑》，1834 年创办《建筑杂志》，1836 年出版《市郊园艺家和他的别墅》。他主要负责为伦敦的街道和公园负责引入大量的悬铃木，发明了玻璃加工系统，这一系统在约瑟夫·帕克斯顿爵士的水晶宫中用到了。

伦敦波切斯特街 3 号，1823 年（自宅）

埃德温 · 兰西尔 · 勒琴斯爵士（1869 ~ 1944 年）

1885 年进入南肯辛顿学校学习建筑，但在完成学业之前就退学了，进入欧内斯特·乔治爵士和哈罗德·皮托的事务所工作。1888 年建立自己的事务所。1908 ~ 1909 年担任汉普斯黛郊区花园的咨询建筑师；1913 ~ 1930 年与赫伯特·贝克(1862 ~ 1946

年）一起作为新德里联合建筑师；1917年受聘于格拉夫战争委员会；1918年被授予爵士称号；1921年获得英国皇家建筑协会颁发的金质奖章，1938年担任皇家学院的校长。

萨里郡法恩汉姆市克卢克斯伯里别墅，1890年

萨里郡钦特赫斯特希尔，1894年

萨里郡芒斯特德·伍德，1896年

法国瓦伦基维尔市勒·伯伊斯·茅迭斯，1897～1898年

萨里郡阿宾基市格达德斯，1898～1899年

伯克郡桑宁市教区花园，1899年

萨里郡维特里附近堤格伯恩别墅，1899年

巴黎展览馆英国宫，1900年

罗马国际展览馆英国宫，1909～1911年

伦敦汉普斯黛郊区花园圣犹大教堂，1909～1913年

伦敦白宫纪念碑，1919年，下页图

威廉 · 亨利 · 林恩（1829～1915年）

直到1872年一直与查尔斯·兰永爵士合作。

切斯特市政厅，1864年

安特里姆郡乔丹斯堂市圣帕特里克教堂，1866年

兰开夏郡巴洛-弗尼斯市政厅，1878～1887年

贝尔法斯特市圣安妮大教堂，1899年（施工；托马斯·德鲁爵士设计）

梅尔温 · 埃德蒙 · 马卡特尼（1853～1932年）

1873～1877年在牛津林肯学院学习，后进入理查德·诺曼·肖事务所，1882年建立自己的事务所。他是艺术家协会的创始人之一，1930年被授予爵士称号。

伦敦女王门167号，1889年

萨里郡布里清利市散德希尔兹，1893年

伦敦敦朗伯斯区沃克斯霍尔街吉尼斯信用大楼，1893年

米德尔塞克斯郡诺斯伍德市弗里斯伍德别墅，1900年

亚历山大 · 马歇尔 · 马奇尼兹（1848～1933年）

毕业于埃尔金学院，与詹姆斯·马修斯以及戴维·布赖斯一起工作，1877年在阿伯丁市又一次与布赖斯合作。

阿伯丁市联合大街146号北部保险大楼，1885年

阿伯丁市战争纪念兼艺术学校的艺术展览馆和博物馆，1885年

阿伯丁市洛斯芒特高架桥苏格兰自由教堂，1892年

阿伯丁市玛丽斯科尔学院（布罗德街正面），1896～1906年

伦敦埃尔德维奇区沃尔多夫酒店，1907～1908年

托马斯 · 马奇尼兹（1814～1854年）

亚历山大·马歇尔·马奇尼兹的父亲、威廉·M·马奇尼兹的学生，在莫雷郡埃尔金市为阿奇波尔德·辛普森和威廉·罗伯逊工作。

莫雷郡埃尔金市博物馆，1842年

因维尼斯市海大街9～11号苏格兰银行，1847年

斯特灵巴林达洛奇，重建，1847年

阿伯丁市弗拉塞博格市政厅，1853年

查尔斯 · 伦尼 · 麦金托什（1868～1928年）

格拉斯哥市警察局局长的11个孩子中的第二个儿子，他师从约翰·哈钦森，并在格拉斯哥艺术学校参加成人大学。1899年作为约翰·霍尼曼和约翰·科比的助手，同年获得亚历山大·格里克·汤姆森旅行奖学金，从而获得到法国、比利时和意大利旅游的机会。

1897年在格拉斯哥艺术学校新建筑竞赛中获得第一个大奖，这座建筑分两个时间段完成：1897～1899年和1907～1909年。到1904年霍尼曼退休时，麦金托什成为全能合伙人，但其擅长的是家具设计和室内设

计。他于1913年辞职，来到伦敦之后只设计家具和纺织品，直到1923年退休后才来到法国文德里斯。

格拉斯哥市巴勒尼大街11号殉教者学校，1895年

格拉斯哥市布加南大街茶室，1896年

格拉斯哥市艺术学校，1896～1909年

格拉斯哥市伍德赛德圣卡斯伯特和女王的十字教堂，1897年

斯特拉斯克莱德区吉尔马克姆市文迪希尔住宅，1901年

格拉斯哥市英格兰姆大街茶室，1901～1902年

阿盖尔郡和比特郡海伦斯堡希尔别墅，1902年

格拉斯哥市索切哈尔大街维鲁茶室，1903年

威廉·马克森（1833～1906年）

斯特灵市弗朗西斯·马金森的学生和合作者，1868年搬到敦提市。

斯特灵市克拉伦登广场5～17号，1863年（大别墅）

邓迪市白宫街和新月形广场，1885～1899年

邓迪市商业街73～97号和68～110号（与J·勒塞斯合作）

阿瑟·赫格特·麦克默多（1851～1942年）

詹姆斯·布鲁克斯的学生，1874年与约翰·拉斯金一起到意大利旅行，1875年建立自己的事务所，1882年成立世纪协会。1883年完成《雷恩的城市教堂建筑》，他还是《木马》的主编。

米德尔塞克斯郡埃菲尔德市普莱维特路6号，1883年

伦敦凯铎冈花园25号，1893～1894年

伦敦汉斯路12号，1894年

米德尔塞克斯郡埃菲尔德市普莱维特路8号布鲁克林[与赫伯特·珀西·豪恩（1864～1916年）合作]

詹姆斯·麦克拉伦（1829～1893年）

戴维·布赖斯的学生，G·S·艾特肯（1836～1921年）的合作伙伴。

邓迪市洛奇区克莱门特庄园，1854年

邓迪市洛奇区舵手的书库，1865年

珀斯市金诺尔巴尔塔约克住宅，1870年

安格斯郡莫尼菲斯市阿斯鲁迪住宅，1870年

邓迪市商业街加尔各答大楼，1877年

邓迪市麦都广场布洛斯舵手，1886年（后来是赛德罗企业大楼）

詹姆斯·马约里班克斯·麦克拉伦（1843～1890年）

格拉斯哥市詹姆斯·塞蒙、坎贝尔·道格拉斯和约翰·詹姆斯·史蒂文森的学生。

邓迪市洛奇坎普宕亚麻工厂，1865～1866年

斯特灵市高中，1887～1888年（新增翼展）

伦敦肯辛顿埃文莫路22号，1888～1889年

珀斯市佛丁加尔区格伦里恩住宅，1889年（农场建筑和村舍）

伦敦贝斯沃特区法院广场10～12号，1889～1890年

亨利 · 沃恩 · 兰切斯特（1802 ~ 1864 年）

芒茅斯郡芒茅斯市卫理公会教堂和共济会大厅，1837 年

芒茅斯郡芒茅斯市修道院大街，1837 ~ 1839 年

芒茅斯郡芒茅斯市修道院大街市场大楼（现为邮局和博物馆），1839 年

乔治 · 詹姆斯 · 约翰 · 迈尔（约 1809 ~ 1869 年）

怀特岛考斯西部诺斯伍德住宅，1838 年以前

弗雷德里克 · 玛勒伯（1818 ~ 1872 年）

1856 ~ 1862 年担任大都市公司管理委员会首席建筑师。

伦敦特拉法加广场斯普灵花园老市政厅，1860 年（已毁）

伦敦加利克大街加利克俱乐部，1864 年，下页图

迪普福德市维克汉姆路圣彼得教堂，1866 ~ 1870 年（尖塔由阿瑟 · 威廉 · 布洛姆菲尔德爵士完成）

威廉 · 马丁（逝于 1899 年）

1864 ~ 1883 年间与约翰 · 亨利 · 张伯伦合作，张伯伦死后，将事务所改为马丁与张伯伦事务所。

伯明翰市思巴克希尔区圣约翰福音教堂，1888 年

伯明翰市小希斯区格林大街图书馆河澡堂，1893 年

伯明翰市纽霍尔大街 19 号，1896 年

弗兰克 · 麦卡姆（1854 ~ 1920 年）

T · 鲁宾逊的侄子，出生于南德文郡牛顿修道院。张伯伦大公的专职建筑师和总监。

1880 ~ 1912 年间麦卡姆设计和改造了 100 多处娱乐场所，成为剧院和音乐厅建筑方面的专家和领军人物。

纽卡斯尔泰恩河上游新兴门大街帝国广场，1879 年

黑泽大剧院，1894 年

贝尔法斯特歌剧院，1895 年

利兹市帝国剧院，1898 年

利兹市县交叉地带的带拱廊街道，1898 ~ 1900 年

伦敦跑马场，1899 ~ 1900 年

朴次茅斯皇家剧院，1900 年

德比郡布顿歌剧院，1903 年

哈罗门游乐场，1903 年

伦敦大剧场，1904 年

罗伯特 · 马西森（1808 ~ 1877 年）

W · 尼克松的学生，尼克松后来是一名政府建筑师。

爱丁堡市植物园棕榈屋，1855 年

爱丁堡市新书记官住宅，1856 ~ 1862 年

爱丁堡市邮局，1861 ~ 1865 年

詹姆斯 · 马修斯（1820 ~ 1898 年）

阿奇博尔德 · 辛普森的学生，先曾为乔治 · 吉尔伯特 · 斯科特爵士工作，后来与托马斯 · 迈克肯兹及其儿子亚历山大 · 马歇尔 · 迈克肯兹合作。

阿伯丁市语法学校，1861 年

阿伯丁市联合大街县镇银行，1862 年（后改为克莱德戴尔银行）

阿伯丁市迪赛德区阿多，1877 年

法夫市基克卡尔迪区圣布里斯戴尔教堂，1878 年

因维尼斯市政厅，1878 ~ 1882 年（与劳里合作）

R · 莫森 *见***亨利 · 弗朗西斯 · 洛克伍德**

E · J · 梅

詹姆斯 · J · 麦卡锡（1817 ~ 1882 年）

吉尔德尔市美诺斯学院罗马天主礼拜堂，1852 ~ 1882 年

阿玛大教堂，1853 ~ 1882 年（完成）

都柏林圣耶稣基督罗马天主教堂，1858 年

莫纳汉姆市圣马卡三大教堂，1861 ~ 1882 年

泰普勒里郡图里斯教堂，1862 ~ 1872 年

里莫力克市卡赫莫里住宅，1871 年
蒂龙郡邓甘农市圣帕特里克罗马天主教堂，1876 年
爱尔兰科里莫力克市基尔莫洛克圣彼得和圣保罗罗马天主教堂，1879 年

威廉 · F · 麦克吉本（1857 ~ 1923 年）
格拉斯哥市特拉德斯顿大街颜料工厂，1900 年

迈金、米德和怀特
这是一个美国事务所，由查尔斯 · 弗伦 · 迈克基姆（1847 ~ 1909 年）、威廉 · 卢瑟福和斯坦福 · 怀特（1853 ~ 1906 年）建立。
罗得岛州布里斯托尔港口低住宅，1887 年（毁于 1962 年）
马萨诸塞州波士顿公共图书馆，1887 ~ 1895 年
罗得岛州州际国会大厦，1891 ~ 1893 年
纽约城哥伦比亚大学，1894 ~ 1898 年
纽约城宾夕法尼亚车站，1902 ~ 1911 年（毁于 1963 年）

詹姆斯 · 米德兰（1808 ~ 1894 年）和**约翰 · 米德兰**（1840 ~ 1913 年）
詹姆斯 · 米德兰最早是塞缪尔 · 怀特菲尔德 · 道克斯的助手之一，后与詹姆斯 · 汉密尔顿合作，最后与 A · W · 马伯里合作。
格洛斯特市东门市场，入口，1856 年
格洛斯特市公墓路公墓礼拜堂，1857 年
格洛斯特郡克伦切斯特市谷物大楼，入口，1862 年

基塞比 · 蒙戈尼
米兰维托利奥 · 伊曼纽里二世商场，1877 年

米维斯和戴维斯
伦敦里兹大饭店，1903 ~ 1906 年

约翰 · 托马斯 · 米克里思维特(1843 ~ 1906 年)
乔治 · 吉尔伯特 · 斯科特爵士的学生，首个合作伙伴是小乔治 · 索默斯 · 克拉克，接着 1893 ~ 1894 年与查尔斯 · 尼科尔森爵士（1867 ~ 1949 年）合作，1896 年建立自己的事务所，1900 年设计温莎市圣乔治教堂，1898 年任威斯敏斯特修道院基督教会总监理。1897 年出版《教会建筑装饰》。
伦敦帕特尼区奥古斯塔斯路圣保罗教堂，1886 ~ 1896 年
埃塞克斯郡伯更圣彼得教堂，1896 年

约翰 · 米德尔顿（死于 1885 年）
H · A · 普洛特洛的合作伙伴。
达林顿郡尼斯汉市圣约翰教堂，1847 ~ 1848 年
切尔滕纳姆市兰斯唐区圣马克教堂，1862 ~ 1867 年
切尔滕纳姆市阿比 · 福尔摩斯，1865 年（自宅；已毁，其顶棚藏于宝思博物馆，巴纳德城堡）
格洛斯特郡克里尔维尔市圣彼得教堂，1866 年
切尔滕纳姆市皮特外尔区万圣教堂，1868 年
切尔滕纳姆市迪佛里区圣斯蒂芬教堂，1873 年
切尔滕纳姆市基督教堂，1883 年（内部设计，和其他人一起完成）

米尔斯和穆加特洛伊
亚历山大 · 威廉 · 米尔斯（死于 1905 年）与詹姆斯 · 穆加特洛伊（死于 1887 年）为合作伙伴。

曼彻斯特市皇家交易所，1869 ~ 1874 年（现在其内部改造成了剧院）

曼彻斯特市思准基维斯区装配所，1857 ~ 1859 年（与 J · G · 格里思合作）

阿瑟 · 乔治 · 悉尼 · 米切尔(1856 ~ 1930 年)

罗伯特 · 罗恩 · 安德森爵士的学生。

爱丁堡市罗斯瑟广场 3 号，1883 年

爱丁堡市维尔法院，1884 年

爱丁堡市克雷格住宅，1889 年（救济院）

爱丁堡市拉姆齐花园，1893 年（最大部分）

W · B · 莫法特 *见*乔治 · 吉尔伯特 · 斯科特爵士

坦普尔 · 拉什顿 · 摩尔（1856 ~ 1920 年）

G · F · 摩尔大将之子，1877 年进入皇家学院学习，小乔治 · 吉尔伯特 · 斯科特的学生，而后成为其助手。后来与其儿子理查德 · 摩尔、侄女婿莱斯利 · 摩尔共同建立事务所，1885 ~ 1917 年间负责 17 座新教堂的设计。

彼得伯菲市万圣教堂，1886 ~ 1894 年

怀特岛湖滨好牧人教堂，1892 年

约克郡米德尔斯布勒圣卡斯伯特教堂，1900 年

约克郡比尔布洛菲市市长住宅，1901 年

赫克斯汉姆修道院，1902 ~ 1908 年（中央广场）

约克郡哈罗门圣维尔弗里德教堂，1904 ~ 1914 年

肯尼亚奈洛比英国国教教堂，1914 年

查尔斯 · 莫灵（死于 1825 年）

肯特郡格林赫特市因格里思修道院，大约建于 1832 ~ 1834 年

威廉 · 莫里斯（1834 ~ 1896 年）

艺术家、诗人和政治活动家。出生于伦敦沃尔塔姆斯陶，现在牛津学习圣职，后毕业于马尔伯勒学院。后来放弃宗教学习建筑，1890 年在黑姆斯密斯建立克尔姆斯哥特出版社，出版自己的著作以及翻印经典著作。

威廉 · 维图维斯 · 莫里森(1794 ~ 1838 年)

爱尔兰科卡尔露法院，1830 年

威廉 · 默斯里（1799 ~ 1880 年）和**安德鲁 · 默斯里**

伦敦斯里德尼德大街城市银行，1856 年

小查尔斯 · 芒汀（1773 ~ 1839 年）

亨伯塞德郡赫尔河畔金斯敦怀特弗莱尔斯门，1892 ~ 1830 年（南侧柱廊）

亨伯塞德郡贝弗利 Registor 广场的市政厅，1832 年（门廊）

与理查德 · 海 · 夏普合作：

亨伯塞德郡赫尔河畔金斯敦的金斯敦广场的会议厅（现为剧院），1830 年

爱德华 · 威廉 · 芒特福（1855 ~ 1908）

出生于华威郡 Shipston-on-stow，就读于萨默塞特的学校，1871 年受雇于威廉 · 吉尔比 · 哈勃森与艾尔弗雷德 · 罗伯特 · 皮特；1881 年建立起自己的事务所。

伦敦拉万德希尔的巴特希公共图书馆，1888 ~ 1889 年

伦敦加拉特大街圣安德鲁教堂，1888 ~ 1891 年

伦敦贝特萨工艺学校，1890 ~ 1894 年

设非尔德市政厅，1890 ~ 1897 年（在公开竞赛中获奖）

伦敦巴特希市政厅，1892 年

伦敦芬斯伯里区北安普敦研究所，1893 ~ 1896 年

利物浦市科技学院，1896 ~ 1902 年

伦敦老贝里区中央审判法院，1900 ~ 1907 年，下页图

W·B·芒迪（1863～1939年）*见*威廉·勒·詹妮男爵

詹姆斯·默多克 *见*海

詹姆斯·穆加特洛伊 *见*米尔斯和穆加特洛伊

詹姆斯·默里 *见*爱德华·维尔比·普金

约翰·纳什（1752～1835年）
伦敦圣詹姆斯公园白金汉宫，1825～1830年（早期建筑进行改建；入口立面于1913年完成）
萨里郡里士满市克佑区皇家植物园埃罗伊德建筑1号，大约1825～1830年
伦敦休迪奇区哈格斯顿圣母大教堂，1826～1827年（已毁）
伦敦卡尔顿剧院，1827～1833年
伦敦特拉法加广场圣马丁宫圣马丁学校，大约1830年

威廉·伊顿·奈斯菲尔德（1834～1888年）
园林设计家威廉·安德鲁·奈斯菲尔德（1835～1888年）之子。1851～1853年师从威廉·波恩，1853～1856年跟随其叔叔安东尼·萨尔文，1858年建立自己的事务所，与理查德·诺曼·肖共用办公楼，1866年二人成为合作伙伴。
德比郡西普里礼堂，1860～1861年（农场）
沃里克郡科比修道院，1863～1865年（已毁）
伦敦摄政公园旅馆，1864年（已毁）
柴郡克鲁堡房地产，东侧小别墅，1865年
什罗普郡克罗弗里礼堂，1866～1868年（部分被毁）
萨里郡里士满市克佑区皇家植物园高级小别墅，1866年
康维，阿尔贝格利市附近金麦尔庄园，1868年
汉普郡布罗德兰斯市南安普敦别墅，1870年
什罗普郡卡尔弗霍尔市圣三一教堂，1872～1878年
蒙哥马利市普拉丝·迪南住宅，1873～1874年
埃塞克斯郡拉夫顿礼堂，1878年
埃塞克斯郡纽珀特市语法学校，1878年

欧内斯特·牛顿（1856～1922年）
出生于伦敦。1873年在理查德·诺曼·肖门下作学徒，1879年建立自己的事务所之前一直作为肖的助手在其事务所工作。1914～1917年间担任英国皇家建筑协会主席，1918年获得英国皇家建筑协会颁发的金质奖章。
伦敦克勒肯维尔区劳埃德广场休养所，1880年
德文郡弗里姆灵顿住宅，1881年
肯特郡贝克汉姆市圣巴纳巴斯教堂牧师住宅，1888年
奇斯里赫斯特市布勒斯伍德，1889年
萨里郡哈斯里米尔市红色庭院，1894年（住宅）
伯克郡沃肯汉姆市格里比兰，1897年（住宅）

塞缪尔·J·尼科尔（1826～1895年）
约瑟夫·约翰·思格里斯的学生。

伦敦欧格大街圣查尔斯罗马天主教堂，1862年
兰开夏郡普里斯顿圣维尔弗里德教堂，1879年（与伊格内修斯·思格里斯合作）

威廉·亚当斯·尼科尔森（1803～1853年）
诺丁汉郡曼斯菲尔德市市场广场的市政厅，1836年

约翰·诺顿（1823～1904年）
本杰明·菲利的学生。
约克郡米德尔斯布勒马顿路圣约翰福音教堂，1864～1866年
萨福克市埃尔维登礼堂，1870～1871年
南安普敦市西南大饭店，1872年

约瑟夫·玛丽亚·奥尔布里邱（1867～1908年）
1886年毕业于维也纳思达特斯基维比斯舒勒学校，之后在澳大利亚特洛番的奥格斯特巴特尔建设公司工作。1890年去维也纳艺术学院学习建筑，1893年再次获得罗马奖。1897年在奥托·科洛曼·瓦格纳的事务所工作，并协助建立维也纳分离画派。当1899年恩斯特·路德维格大公邀请他加入艺术家联盟时，他搬到达姆施塔特市，在那儿呆了八年，主要负责马思尔登霍西建设项目。
维也纳分离派联盟展览厅，1897～1898年
维也纳世界展览会维也纳展厅室内，1900年
达姆施塔特市恩斯特·路德维格住宅，1901年
达姆施塔特市结婚礼堂和展览厅，1908年完成
杜塞尔多夫市迪特兹百货公司，1908年开始动工

奥利弗和利森
托马斯·奥利弗与理查德·约翰·利森为合作伙伴。
纽卡斯尔泰恩河上游圣卢克斯教堂，1891年
纽卡斯尔泰恩河上游布兰福德西街批发调控会，1899年
纽卡斯尔泰恩河上游迪恩大街大教堂，1900年

雅格布斯·约翰尼斯·彼得·乌得（1890～1963年）
毕业于阿姆斯特丹市奎尼努斯应用艺术学校，在他完成阿姆斯特丹市国家设计学校和代夫特科技大学的学业之前，曾在阿姆斯特丹市皮特卢斯·J·H·库普斯事务所工作。在普米伦和雷登以一名自由建筑师的身份工作，1916年与思尔·凡·都斯伯共同建立斯芬克斯协会，1917年与皮耶特·蒙德里安、维尔莫斯·哈兹尔和安东尼·可可一起建立德·斯迪吉尔艺术家联盟。1918年担任鹿特丹市城市规划师，1954年获得代夫特科技大学的名誉博士。
斯基维宁根市尤尼咖啡馆，1917年
斯基维宁根市联排公寓，1917年（作为德·斯迪吉尔艺术家联盟基地）

雅各布·欧文（1778～1870年）
1832～1856年担任爱尔兰公司管理委员会建筑师和工程师。
都柏林市蒙特乔伊监狱，1850年

托马斯·埃利斯·欧文（1804～1862年）
绍斯西市波特兰联排别墅，1845～1846年
绍斯西市韦尔；住宅群，1850年
与他的父亲雅各布·欧文合作
朴次茅斯市法尔汉姆圣三一教堂，1835～1837年

爱德华·格雷厄姆·佩利（1823～1895年）
最早与埃德蒙·夏普合作，1868年休伯特·詹姆斯·奥斯汀加入，后来其儿子亨利·奥斯汀也加入其中，公司名字为奥斯汀与佩利事务所。
兰开斯特罗马天主大教堂，1857～1859年
兰开夏郡克科比市圣乍得教堂，1870年
利物浦市默斯里山圣马太和圣詹姆斯教堂，

1870 ~ 1875 年
兰开夏郡霍尔克礼堂，1871 年
兰开夏郡波尔顿市哈里维尔区圣托马斯教堂，1875 年
兰开夏郡戴西山圣詹姆斯教堂，1879 ~ 1881 年
兰开夏郡波尔顿市阿斯特里大桥万圣教堂，1880 ~ 1881 年
兰开夏郡雷市圣彼得教堂，1880 ~ 1881 年
兰开夏郡福尼斯市辖范围的道尔顿镇圣玛丽教堂，1882 ~ 1885 年
兰开夏郡皮灵市圣约翰教堂，1883 ~ 1887 年
兰开夏郡滑铁卢市基督教堂，1891 ~ 1894 年
兰开夏郡东布劳顿市圣彼得教堂，1892 ~ 1894 年
柴郡思多克泊特市巴克斯顿路圣乔治教堂，1893 ~ 1897 年
兰开夏郡威根市海菲尔德区圣马太教堂，1894 年
约克郡瑟德伯学校礼拜堂，1897 年

约翰 · 帕普沃思 · 伯纳罗蒂（1775 ~ 1847 年）
格洛斯特郡切尔滕纳姆萨克福广场圣詹姆斯教堂，1826 ~ 1832 年（完成）
伦敦斯特里塞姆大街斯特里塞姆联盟北侧帕克希尔（现为圣迈克尔女修道院），约 1830 年之前建成
格洛斯特郡切尔滕纳姆兰斯唐联排别墅，约 1830 年（猜测是其设计）
汉普郡伊斯特雷附近克兰伯里公园，19 世纪 30 年代（扩建）

查尔斯 · 帕克（1799 ~ 1881 年）
杰弗里 · 怀亚特维尔爵士的学生。1830 年建立自己的事务所，1832 年出版《乡村别墅》，这是一本关于住宅设计的重要著作，主要以罗马和弗罗伦萨的住宅为例。
伦敦福利特大街霍里银行，1830 ~ 1832 年
萨里郡金斯敦市圣拉斐尔罗马天主教堂，1846 ~ 1847 年
赫特福德郡圣奥尔班斯市基督教堂，1850 ~ 1851 年

理查德 · 巴里 · 帕克（1867 ~ 1947 年）
室内设计师威廉 · 莫里斯的弟子，也曾是乔治 · 福尔克纳 · 阿米忒基的学徒。1894 年在布顿建立自己的事务所，后来雷蒙德 · 昂温加入其中，二人于 1901 年共同合著《家的建造艺术》；*见*雷蒙德 · 昂温。

查尔斯 · 奥克塔维厄斯 · 帕内尔（死于 1865 年）
伦敦伦巴第大街威斯敏斯特银行，1861 年
伦敦议会大街 47 号白厅俱乐部，1864 ~ 1866 年
伦敦帕尔商业街陆海军俱乐部，1848 ~ 1851 年（与 A· 史密斯合作；已毁）

亨利 · 约翰 · 保罗（死于 1888 年）
曾经多次与埃克里弗、比克迪克、伯尼拉和鲁宾逊合作。
哈利法克斯市西山公园住宅区，1862 ~ 1868 年和曼彻斯特市比瑟克区菲利普斯公园墓地，1866 年（都是与埃克里弗合作）
伦敦威斯敏斯特大桥路耶稣基督公理教教堂，1873 ~ 1875 年（与比克迪克合作）
伦敦上街伊斯灵顿礼拜堂，1888 年（与伯尼拉合作）
兰开夏郡阿什顿莱恩河下游亨利广场公共澡塘，1870 年（已毁）和
兰开夏郡绍斯波特疗养院，1882 ~ 1883 年（与鲁宾逊合作）

约瑟夫 · 帕克斯顿爵士（1801 ~ 1865 年）
园艺家和建筑师。1826 年后一直担任查茨沃思市花园的监理。因 1850 年工业展览会设计而获得爵士称号，其著名的建筑就是众所周知的水晶宫。
德比郡查茨沃思市大斯托夫，1836 ~ 1840 年（温室；已毁）
德比郡伊登索尔模范村，1838 年

利物浦普林斯公园，1842～1844年
柴郡伯肯赫德市伯肯赫德公园，1843年
德比郡查茨沃思市维多利亚女王的百合屋，1849～1850年
伦敦水晶宫，1850～1851年（1853～1854年在希登汉姆市重新建造；已毁）
法国巴黎附近的菲列里斯，1853～1859年（罗斯恰尔住宅）
白金汉郡蒙特默塔，1851～1854年（与G·H·斯托克司合作）

威廉·皮奇 *见*托马斯·普洛塞

约瑟夫·皮科克（1821～1893年）
伦敦米尔纳大街圣西蒙兹罗体斯教堂，1858～1859年
伦敦格洛斯特路圣斯蒂芬教堂，1864年
珀斯市圣安德鲁教堂，1869年
伦敦克罗默大街圣克洛斯教堂，1887～1888年

J·B·皮尔斯（1843～1903年）
大雅茅斯市政厅，1882年

约翰·劳伯拉夫·皮尔逊（1817～1897年）
在伦敦安东尼·萨尔文和菲利普·哈德维克门下当学徒，1843年建立自己的事务所。1870年主要负责林肯大教堂的修复工作，约1885年负责威斯敏斯特礼堂和威斯敏斯特修道院十字形北翼的修复，1880年获得英国皇家建筑协会颁发的金质奖章。
约克郡埃勒顿市圣玛丽教堂，1846～1848年
布雷克诺克市特里伯菲德住宅和教堂，1848～1850年
德文郡兰斯克弗市圣马太教堂，1849～1850年
格洛斯特郡斯杜与乌尔德交界附近廓伍德住宅，1857年（大面积改造）
约克郡道尔顿福尔摩斯圣玛丽教堂，1858～1861年
格洛斯特郡得里斯福德市圣彼得教堂，1860年
伦敦肯宁顿街圣彼得教堂，1863～1865年（设计于1860年）
约克郡阿普尔顿－莫尔斯区基督教堂，1863～1865年
威尔特郡萨顿维尼区圣约翰福音教堂，1866～1868年
萨塞克斯郡劳恩德维克住宅，1868年
牛津郡弗里兰市圣玛丽教堂，包括牧师住宅和学校，1868～1873年
伦敦吉尔波恩公园路圣奥古斯丁与圣约翰教堂，1871～1898年
伦敦希尔文山圣约翰教堂，1875～1887年
伯明翰市博得斯里区圣奥尔本教堂，1879～1881年
萨里郡克罗伊登市圣迈克尔教堂，1880～1885年
康沃尔郡特鲁洛大教堂，1880～1910年
诺森伯兰郡卡勒科茨市圣乔治教堂，1882～1884年
利物浦市塞夫顿公园圣艾格尼丝教堂，1883～1885年
柴郡瑟斯塔斯顿市圣巴塞洛缪教堂，1884～1885年
格拉摩根郡塔尔博特港圣西奥多教堂，1895～1897年
澳大利亚布里斯班市大教堂，1901年
伦敦麦达大道天主教徒教堂，1891～1893年
伦敦维多利亚堤阿斯托地产办公楼，1892～1895年

F·培克 *见*亨利·爱德华·科伊

帕迪和基尼尔
约翰·迪克·帕迪（1824～1891年）与查尔斯·乔治·基尼尔是合作伙伴。
爱丁堡市科克波恩大街，1860年
阿伯丁市政厅，1861～1866年
苏格兰边区皮布尔斯市格伦梅尼，1869年
珀斯市邓布雷恩水疗院酒店，1877年
格拉斯哥市厚普大街91～115号酒店兼商铺综合大楼，1877年
爱丁堡市克雷格洛克哈特水疗院酒店（现为

罗马天主教徒学院)，1878 ~ 1880 年

约翰 · 莫尔 · 迪克 · 帕迪(1853 ~ 1921 年)

约翰·迪克·帕迪之子，他在爱丁堡学院学习德语，后在伦敦成为乔治·吉尔伯特·斯科特爵士事务所的一名助手。1879 年加入其父亲的事务所，成为合作伙伴之一。

爱丁堡市乔治大街 101 ~ 103 号苏格兰银行，1884 年

爱丁堡市乔治大街 3 号生活保险大楼，1898 ~ 1900 年

格拉斯哥市圣文森特广场 17 ~ 29 号苏格兰预备大楼，1905 ~ 1906 年

与乔治·华盛顿·布朗合作：

格拉斯哥市布加南大街 / 圣文森特大街国家银行，1899 年（后改为皇家银行）

詹姆斯 · 彭尼索恩爵士（1801 ~ 1871 年）

约翰·纳什和奥古斯塔斯·查尔斯·普金的学生。1865 年获得英国皇家建筑协会颁发的金质奖章，1870 年被授予爵士称号。

莱斯特郡思维斯兰礼堂，1834 年

伦敦彰思礼大街公共档案馆，1850 ~ 1851 年

伦敦兰开斯特广场萨默塞特住宅，1852 ~ 1856 年（西立面）

伦敦白金汉宫，1853 ~ 1855 年（舞厅翼展）

伦敦白金汉门 10 号康沃尔公爵大楼，1854 年

伦敦商业街马尔伯勒住宅,1861 ~ 1863 年(马厩，侧房和阁楼)

伦敦伯灵顿花园伦敦大学建筑，1866 ~ 1869 年

弗兰西斯 · 克兰默 · 彭罗斯（1817 ~ 1903 年）

毕业于剑桥温彻斯特女子学院，他同时是一位考古学家和天文学家，但 1842 ~ 1845 年间在欧洲学习建筑学，对希腊古典建筑进行了仔细的测量，这些资料整理成书，于 1851 年发表，名为《雅典建筑原理》，1852 年后担任圣保罗大教堂的建筑总监，1894 ~ 1896 年间担任英国皇家建筑协会主席。

萨默塞特镇卡索尔卡里市场，1855 年

伦敦圣保罗大教堂，1860 年（讲道坛）

萨默塞特镇霍恩布洛顿教区长住宅（现为庄园住宅）

理查德 · 科尔克 · 盆森（1816 ~ 1886 年）

A· 里奇的合作伙伴（切斯特市和斯旺西市）。

登比市路丁学院，1855 ~ 1856 年

里茨萨姆市厚普路圣马克教堂，1856 ~ 1858 年（已毁）

小托马斯 · 盆森（1791 ~ 1859 年）

什罗普郡拉尼米尼克市圣阿加莎教堂，1842 年

里茨萨姆市场，1848 年

什鲁斯伯里车站，1848 年（改造）

托马斯 · 梅恩沃灵 · 盆森(1818 ~ 1864 年)

小托马斯·盆森之子。

切斯特市伊斯特基特 34 和 36 号，1856 年

切斯特市伊斯特基特大街布朗斯地下建筑，1858 年

奥古斯特 · 皮里特（1874 ~ 1954 年）

毕业于法国巴黎国家美术学院，1905 年与其兄弟古斯塔夫和克劳德共同成立一家建设公司。第二次世界大战后，即 1945 ~ 1954 年间主要从事勒阿弗尔的重建工作。

巴黎路富兰克林住宅，1903 年

巴黎路朋思尤修车场，1905 年

巴黎卡姆普斯－伊里塞思剧院，1911 ~ 1913 年（设计理念源于亨利·克莱门·凡·德·费尔德）

埃斯德思制衣厂，1919 年

约翰 · 路易斯 · 帕蒂特（1801 ~ 1868 年）

建筑方面的著名作家，毕业于剑桥圣三一学院。1846 年出版《建筑特性表现》，1854 年出版《法国建筑研究》。

威尔士纽珀特附近卡登教堂，1862 ~ 1863 年

哈罗德 · 埃恩思沃斯 · 皮托（1854 ~ 1933 年）

1871 年在洛斯托夫特市一位建筑师 J· 克莱门茨门下当学徒，1876 年加入哈罗德 · 皮托事务所，成为合作伙伴之一。1895 年生病后退休，到意大利学习园林。回到英国后继续从事花园设计和室内设计。见欧内斯特 · 乔治。

查尔斯 · 约翰 · 菲普斯（1835 ~ 1897 年）

在巴斯市当学徒，1858 年在此开始职业生涯，1863 ~ 1863 年重建巴斯剧院。之后搬到伦敦，成为剧院建造方面的专家，除了在其他省的城市之外，仅在伦敦就一共建造、改建了 20 多座剧院建筑。

诺丁汉市上议院大街皇家剧院，1865 年
埃克塞特皇家剧院，1868 年（已毁）
萨里郡里士满明星勋章酒店，1874 年（已毁）
伦敦黑马克特剧院，1879 年
伦敦塞沃伊剧院，1881 年
伦敦夏福特斯伯利大道利立克剧院，1888 年
伦敦迪沃利音乐厅，1888 ~ 1890 年
伦敦克兰伯恩大街戴利剧院，1891 ~ 1893 年
伦敦黑马克特女王剧院，1891 ~ 1897 年
伦敦卡尔顿酒店，1897 ~ 1899 年（1891 年设计；已毁）
与托马斯 · 爱德华 · 奈斯特里合作：
伦敦郎汉姆广场女王礼堂，1891 年（已毁）

詹姆斯 · 阿兰森 · 皮克顿（1805 ~ 1889 年）

著名的历史学家。与其儿子威廉 · 亨利 · 皮克顿（1836 ~ 1900 年）一起建立事务所，设计了利物浦公共图书馆和博物馆，1873 年出版《利物浦纪念性建筑》，1881 年被授予爵士称号。

柴郡霍里雷克圣三一教堂，1834 年
利物浦市教堂街 26 号里土满大楼，1857 年（已毁）
利物浦市教堂街 5 号哈格里夫斯大楼，1861 年
利物浦市戴尔大街教堂，1864 ~ 1865 年
利物浦市克洛斯霍尔大街维多利亚卫斯理公会教堂（现为青少年宫），1878 ~ 1880 年

弗雷德里克 · 托马斯 · 皮尔金顿（1832 ~ 1898 年）

在其父亲托马斯 · 皮尔金顿的指导下成长。

艾尔郡伊里弗市圣三一教堂，1861 ~ 1863 年
斯特灵市拉伯特儿童收容所，1861 ~ 1870 年
爱丁堡市巴克利教堂，1862 ~ 1863 年
克尔森市埃登赛德圣约翰教堂，1867 年
邓弗里斯郡莫法特市水疗院，1875 ~ 1877 年（已毁）
伦敦维多利亚大街温莎酒店，1881 ~ 1883 年（已毁）

约翰 · 布里吉福德 · 皮里（1851 ~ 1892 年）

A · 埃利斯的学生，后为戴维 · 布赖斯和詹姆斯 · 马修斯工作。

阿伯丁市女王十字教堂，1880 年
班夫郡马克达夫市政厅，1884 年
阿伯丁市汉密尔顿广场，1884 年（已毁）
金卡丁郡德卢姆托奇迪市圣帕拉第瓦教堂，1885 年
阿伯丁市女王路 50 号，1886 年

艾尔弗雷德 · 罗伯特 · 皮特（1832 ~ 1911 年）

最早在马修 · 哈勃森门下当学徒，1851 年在老约翰 · 贝尔彻事务所工作，1860 ~ 1878 年与威廉 · 吉尔比 · 哈勃森合作。

阿瑟 · 贝雷斯福德 · 皮特（1861 ~ 1934 年）

艾尔弗雷德 · 罗伯特 · 皮特的幼子，因其建筑图而声名远扬。他在国王学院和伦敦大学学习，1876 年进入南肯辛顿设计学校学习。同年在哈勃森和 J· 佛勒 · 福克内的手下学习，1881 年又回到父亲的事务所。1879 年获得多纳尔德森奖，1880 年获得格里塞尔奖，1882 年获得索恩奖，同年进入小约翰 · 贝尔彻的事务所工作。1900 ~ 1923 年间担任

皇家艺术学院的建筑学教授。
伦敦玛丽波恩莫蒂默大街 82 号，1896 年
伦敦北布里克斯顿区耶稣基督教堂，1898 ~ 1903 年
伦敦哈利大街 37 号，1899 年

威廉 · 亨利 · 普莱费尔（1789 ~ 1857 年）
约翰·普莱费尔的侄子，在W·斯塔克和罗伯特·斯默克爵士门下当学徒，后来在爱丁堡从事实践活动，1815 ~ 1820 年间完成了部分新城的规划。
洛锡安区普里斯顿番斯市普里斯顿农庄，1830 年（重建）
爱丁堡市卡尔顿山达加尔德·斯图尔特纪念碑，大约 1830 年
爱丁堡市尼科尔森大街外科医生诊所，1832 年
爱丁堡市蒙特区苏格兰皇家研究所，1832 ~ 1835 年（扩建）
爱丁堡市克拉蒙德区克莱格克鲁克城堡，1835 年
爱丁堡市伯纳里塔，1836 ~ 1838 年（19 世纪 70 年代新增翼展）
克尔森市弗罗斯城堡，1838 年
爱丁堡市多纳尔德森医院，1842 ~ 1845 年
爱丁堡市自由教堂学院，1846 ~ 1850 年
爱丁堡市苏格兰国家艺术馆，1850 ~ 1854 年

罗兰 · 普拉姆比爵士（1838 ~ 1919 年）
伦敦白杨区弓街布赖恩特和梅税收发票处，1872 年
伦敦伍德格林区诺埃尔公园住宅区，1881 年
萨塞克斯郡洛克斯伍德市圣约翰教堂，1896 年
伦敦朔迪奇尼罗大街，1896 年（委员会公寓）
伦敦大拉塞尔街基督教青年会，1911 年（已毁）

汉斯 · 波耶兹格（1868 ~ 1936 年）
1899 年毕业于柏林－夏洛滕技术学院，1900 年被任命为布赖斯劳艺术职业学校教授，并于 1903 ~ 1916 年间任校长。在这之后他成为德累斯顿的教授和市政建筑师，从 1920 年开始在普鲁士专科艺术学院任教，1924 年起又回到柏林 - 夏洛滕技术学院。
波兰卢班化工厂，1911 年
德国布雷斯劳世纪展览会展览馆，1913 年

阿奇博尔德 · 庞顿（死于 1880 年）
先与约翰·福斯特合作，后来与W·V·高夫（1842 ~ 1918 年）合作。
布里斯托尔市博物馆和图书馆（现为大学），1866 ~ 1871 年
布里斯托尔市海大街药店，1869 年（已毁）
布里斯托尔市威尔士后区谷仓仓库，1871 年
布里斯托尔市诺里圣基督诞生教堂，1871 ~ 1873 年

理查德 · 沙克尔顿 · 波普（1791 ~ 1854 年）
布里斯托尔市克利夫顿薇薇安联排公寓，1835 年
布里斯托尔码头圣玛丽罗马天主教堂，1839 年
布里斯托尔市布罗德街市政厅，1843 年
与伊萨姆巴德·金德姆·布鲁内尔合作：
布里斯托尔市布罗德大街市政厅，1837 年

T·S· 波普
布里斯托尔市斯摩尔街立法院，1867 年（与 J·白顿合作）

约瑟夫 · 珀特（大约 1756 ~ 1842 年）
西米德兰兹伯明翰市佩里区新奥斯哥特圣玛丽罗马天主学院，1835 ~ 1838 年

罗伯特 · 珀特（大约 1795 ~ 1854 年）
南约克郡设非尔德市萨里大街储蓄银行，1831 年（1860 年扩建）

波尔顿和伍德曼
W·F·波尔顿与W·H·伍德曼(1822 ~ 1879 年）是合作伙伴。

群岛海峡圣赫列霍尔基特广场法国公理教会教堂，1854 年
多塞特郡多尔切斯特市南街公理教会教堂，1856 ~ 1857 年
萨里郡沃肯汉姆市政厅，1860 年
格洛斯特郡巴特斯福德市圣玛丽教堂，1861 ~ 1862 年

弗雷德里克 · 海德 · 波纳尔（生于 1825 年）
伦敦布鲁克大街 2 ~ 4 号，1860 年
伦敦沃坪大街伦敦码头圣彼得教堂，1865 ~ 1866 年
伦敦梅登大街圣体节罗马天主教堂，1873 ~ 1874 年
伦敦阿奇维鲁路海基特警察院，1897 年

约翰 · 普理查德（1817 ~ 1886 年）
1846 ~ 1886 年担任兰达夫主教教区建筑师，1853 ~ 1856 年与约翰·伯勒德·塞登合作。
兰达夫教堂，扩建，1843 ~ 1882 年
格拉摩根郡塔尔博特机场附近的阿伯丁市圣玛丽教堂，1857 ~ 1858 年
沃里克郡艾丁顿庄园，1858 ~ 1863 年
西班牙赫雷斯市弗朗特拉别墅，1864 年

爱德华 · 施罗德 · 普赖尔（1852 ~ 1932 年）
出生于伦敦格林威治，高级律师约翰·维恩·皮尔之子；受教育于剑桥哈罗与卡伍斯学院，后来成为那儿的研究员。1874 年师从于理查德·诺曼·肖，成为肖众多弟子之一，并成为肖所成立的圣乔治艺术协会的助手之一，是艺术家协会的先驱者，1906 年担任会长。1902 ~ 1917 年间还是工艺美术展览协会秘书。
米德尔塞克斯郡哈罗市拜伦山红屋，1883 年
剑桥市亨利·马丁纪念堂，1884 ~ 1886 年
德文郡埃克斯茅斯市巴恩住宅，1897 年
萨福克郡布兰特汉姆市伊奇基特别墅，1897 年
剑桥动物实验室，1901 ~ 1904 年
泰恩河和维尔的罗克圣安德鲁教堂，1906 ~ 1907 年

老詹姆斯 · 皮果特 · 普里奇特（1789 ~ 1868 年）
最早在约克与沃森合作，后来和其儿子小詹姆斯·皮果特·普里奇特（1830 ~ 1891 年）合作。
约克郡梅尔特汉姆米尔兹圣詹姆斯教堂，1845 年
哈德斯菲尔德车站，1845 ~ 1850 年
达拉谟圣尼古拉斯教堂，1857 ~ 1858 年

托马斯 · 普洛塞和威廉 · 皮奇
约克郡中央车站，1871 ~ 1877 年

乔治 · 哈尔福德 · 菲罗斯 · 普林（1853 ~ 1927 年）
毕业于萨默塞特查德学院和黑里伯里查德学院；1871 年来到加拿大，成为多伦多R·C·温蒂耶的学生。后来回到伦敦后受聘于乔治·埃德蒙·斯特里特事务所，在斯特兰皇家法院所在地的事务所工作。1876 年到皇家学院讲学。
德文郡巴德雷·索尔特顿圣彼得教堂，1893 年
德文郡霍勒布里吉市圣约翰浸信会教堂，1893 年
肯特郡哈德罗农庄，1895 年
伦敦洛伊汉普顿圣三一教堂，1895 年

奥古斯塔斯 · 维尔比 · 诺斯莫 · 普金（1812 ~ 1852 年）
奥古斯塔斯·查尔斯·普金之子，毕业于伦敦基督医院，在其父亲的指导下进行锻炼。他继承了其父亲绘画的天赋，并获得了正规训练，部分通过什鲁斯伯里伯爵的赞助。1835 年出版了《哥特式家具》，1836 年出版了《对比手法》，后来还发表文章评击建筑中的“异教徒”手法。这些言论收集于《尖顶建筑或基督建筑设计原理》，该书于 1841

年出版。从此之后，其在教堂建筑方面的实践特别广泛。
伯明翰国王爱德华八世学校，查尔斯·巴里爵士细节装饰，1833 ~ 1837 年（已毁）
诺福克郡奥克斯博夫天主教堂，1835 年（猜测是其作品，也可能是约翰·切瑟尔·巴克勒）
威尔特郡奥尔德伯里市圣玛丽农庄，1835 ~ 1836 年
伦敦威斯敏斯特新宫（议会大夏），1835 ~ 1860 年（查尔斯·巴里爵士细节装饰）
德比郡圣玛丽罗马天主教堂，1837 ~ 1839 年
伯克郡雷丁市弗伯里路圣詹姆斯罗马天主教堂，1837 ~ 1840 年
兰开夏郡斯卡里斯布里克大楼，1837 ~ 1845 年
柴郡麦克尔斯菲尔德市切斯特路圣奥尔本罗马天主教堂，1838 ~ 1841 年
维克斯福德郡格雷市圣迈克罗马天主教堂，1839 年
伯明翰市圣乍得大教堂，1839 ~ 1841 年
曼彻斯特市赫尔米圣维尔弗里德教堂，1839 ~ 1842 年
莱斯特郡圣伯纳德·阿比山，1839 ~ 1844 年
斯塔福德郡奥尔顿市圣约翰医院，1840 年
利物浦市老斯万区圣奥斯瓦德罗马天主教堂，1840 ~ 1842 年
伦敦萨瑟克区圣乔治教堂，1841 年（大部分已被毁）
伍斯特郡斯皮切利学校，1841 年
诺丁汉圣巴纳巴斯教堂，1841 ~ 1844 年
斯塔福德郡奇德利市圣伊莱斯罗马天主教堂，1841 ~ 1846 年
基拉尼圣玛丽教堂，1842 年
伦敦伍尔维奇新路圣彼得罗马天主教堂，1842 ~ 1850 年（未完成）
莱斯特郡拉德克利夫学院，1843 年
牛津市女子学院，1843 ~ 1844 年（大门；已毁）
肯特郡雷姆斯基特农庄，1843 ~ 1844 年
泰恩河上游纽卡斯尔圣母罗马天主教堂，1844 年
维克斯福德郡巴恩唐市圣阿尔芬斯罗马天主教堂，1844 年
多塞特郡雷姆皮思汉姆市格里比农场，1845 ~ 1846 年
白金汉郡马洛市圣彼得罗马天主教堂，1845 ~ 1848 年
肯特郡雷姆斯基特圣奥古斯丁罗马天主教堂，1845 ~ 1851 年
赫特福德郡老霍尔格林市圣埃德蒙学院罗马天主教堂，1845 ~ 1853 年
萨里斯伯里市圣奥斯蒙德罗马天主教堂，1847 ~ 1849 年
伦敦里尔斯顿路坎特伯雷圣托马斯罗马天主教堂，1847 ~ 1849 年
德文郡比克顿市罗里太平间教堂，1850 年
与詹姆斯·基里斯比·格雷厄姆合作
伦敦议会大楼，1836 年（方案未实施）

爱德华·维尔比·普金（1834 ~ 1875 年）
奥古斯塔斯·维尔比·诺斯莫·普金之子，1852 年他继承父亲的大公司，经营了 14 年。
与詹姆斯·默里合作：
什鲁斯伯里市圣母慈悲教堂，1853 年
利物浦市奇德沃尔伊顿修道院，1858 年
利物浦市沃克斯霍尔路和谐罗马天主教徒圣母教堂，1859 年
曼彻斯特市戈尔顿圣弗朗西斯罗马天主教徒教堂，1864 年
约克郡巴尔尼内的戈尔顿市戈尔顿塔楼，1874 年
与乔治·科宾基·阿什林（其姐夫）合作：
都柏林圣托马斯大街圣奥古斯丁和圣约翰罗马天主教堂，1862 年
都柏林多尼布卢克圣心罗马天主教堂，1866 年
女王镇教堂（现为科布教堂），1868 ~ 1919 年

威廉·雷德福和弗兰西斯·雷德福
伦敦荷兰公园住宅区，1860 ~ 1879 年

威廉·雷尔顿（1801～1877年）
威廉·因伍德（1771～1843年）的学生，1838～1840年担任教会委员会建筑师一职。
莱斯特郡格雷斯－德约住宅和罗马天主教徒礼拜堂，1833～1834年
伦敦特拉法加广场纳尔逊柱廊，1848年
伦敦霍克斯顿圣三一教堂，1848年

克拉克·兰普灵（死于1875年）
利物浦厚普大街医药研究所，1836～1837年

乔治·唐思托尔·里德梅尼（1840～1912年）
曼彻斯特市艾伯特广场苏格兰寡妇基金会大楼，1874年
曼彻斯特市梅德洛克的科尔顿艺术学院，1880～1881年

约翰·伦尼爵士（1794～1874年）
德文郡普利茅斯市威廉皇家粮食供应站，1826～1832年

乔治·斯坦利·里普顿（1786～1858年）
德文郡霍尼顿附近韦德沃斯法院，1830年
格洛斯特郡伊维斯汉姆附近达姆布里顿礼堂，大约1830年
萨默塞特郡卡美特法院，1838～1840年
温彻斯特市温彻斯特学院校长住宅，1839～1841年

约翰·艾得·里普顿（1775～1860年）
哈姆夫里·里普顿（1775～1860年）之子。
东萨塞克斯郡维斯汉姆的布克赫斯特庄园，约1830～1835年

戴维·莱茵德（1808～1883年）
爱丁堡市乔治大街苏格兰商业银行，1844～1846年
爱丁堡市丹尼尔·斯蒂沃兹学院，1849～1853年
格拉斯哥戈顿大街商业银行，1854年
爱丁堡王子大街苏格兰人寿保险公司，1855～1859年（已毁）

哈尔瑟·拉尔夫·里卡多(1854～1928年)
出生于巴斯市，从师于切尔滕纳姆市建筑师约翰·米德尔顿；后来与巴兹尔·卡姆普尼兹合作，1888年后与威廉·德·摩根以及他的工艺展览协会成员一起工作。
伦敦大乔治大街办公楼，1887年（已毁）
牛津市政厅，1892年（设计竞赛；未实施）
伦敦肯辛顿梅尔伯里路15～17号，1893～1894年
加尔各答市豪拉车站，1898年
伦敦阿狄森路8号，1898年

查尔斯·詹姆斯·理查森(1806～1871年)
约翰·索恩爵士（1753～1837年）的学生，他出版了几本关于别墅建筑的书。
伦敦肯辛顿宫花园13号

托马斯·里克曼（1776～1841年）
坎布里亚郡卡莱尔英国大街银行，1830年
肯特郡哈德里斯下区圣玛丽教堂，1831～1832年
诺森伯兰郡玛特芬大楼，1832～1835年
沃里克郡邓斯莫市的斯特里顿区万圣大教堂，1835～1837年
伍斯特郡哈特里伯里圣詹姆斯教堂，1836～1837年
北约克郡塞特市圣耶稣升天教堂，1836～1838年
克里威顿埃文河教堂山耶稣基督教堂，1838～1839年
与亨利·哈钦森合作：
剑桥郡剑桥圣约翰学院新法院大楼，1825～1832年
坎布里亚郡卡莱尔威格顿路圣三一教堂，1828～1830年
米德兰西部伯明翰滑铁卢大街米德兰银行，1830年

兰开夏郡海埃圣大卫教堂，1830 年
与于塞合作：
肯特郡古德尼斯通圣克洛斯教堂，1838 ~ 1841 年（新增了中央广场和高坛）

A·里奇 *见*理查德·科尔克·盆森

亨利·罗伯茨（1803 ~ 1876 年）
查尔斯·福勒的学生，在悉尼·斯默克爵士的事务所工作，是劳动阶级状况改善协会的建筑师。
伦敦威廉大街鱼贩店，1831 ~ 1834 年
德文郡奥特里圣玛丽伊思哥特别墅，1837 年
德文郡伊思哥特教堂，1839 ~ 1840 年
伦敦大桥车站，1844 ~ 1846 年（已毁）
伦敦布卢姆斯伯里区斯特里塞姆大街“示范住宅楼”，1849 ~ 1850 年
伦敦世界博览会别墅模型，1851 年（现位于肯宁顿公园内）

德比郡的约翰·罗伯森
德比郡伊登索尔市模范村，1838 年

约翰·默里·罗伯森（1844 ~ 1901 年）
安德鲁·海顿的学生。
邓迪市印度大楼，1874 年
邓迪市布拉蒂渡口海滨了望搭，1874 年
邓迪市艾伯特广场苏格兰保险公司，1879 ~ 1880 年
邓迪市洛奇别墅，1880 年（后来变名为兰唐尼别墅；已毁）
邓迪市布拉蒂渡口布迪斯，1882 年
邓迪市技术研究所，1886 年（以前的）
邓迪市洛奇自由图书馆和澡堂，1895 年
邓迪市尼兹基特大街 89 号菲菲大楼，1895 年
邓迪市维多利亚皇家医院，1899 年

威廉·罗伯森（约 1786 ~ 1841 年）
格兰扁区埃尔金法院大楼和公共办公大楼，1837 年（大约于 1930 年重建）

乔治·托马斯·罗宾逊（1828 ~ 1897 年）
斯塔福德郡特伦特市的斯杜克县贝思里姆老政府大楼，1852 ~ 1857 年
沃里克郡伊尔斯伍德市圣帕特里克教堂塔楼，1860 年

爱德华·罗伯特·罗布森（1835 ~ 1917 年）
约翰·德布森和乔治·吉尔伯特·斯科特爵士的助手。1870 ~ 1875 年是约翰·詹姆斯·斯蒂文森的合作伙伴，1872 ~ 1884 年担任伦敦寄宿学校的建筑师，见托马斯·詹姆斯·弗罗克顿。
达拉谟北路圣卡斯伯特教堂，1858 年
达拉谟西雷恩顿圣玛丽教堂，1864 年
伦敦市伦敦郊区西街学校，约 1870 年
伦敦百老汇安妮女王官邸，1876 ~ 1888 年（已毁）
约克郡洛夫图斯市政厅，1878 年
伦敦麦尔恩德路人民宫（现为伦敦大学玛丽女王学院），1885 ~ 1890 年
贝德福德郡邓斯忒波市语法学校，1887 ~ 1894 年
伦敦皮卡迪利大街 193 号水彩画研究所，1881 年
切尔滕纳姆市切尔滕纳姆女子学院普林斯礼堂，1896 ~ 1898 年
利物浦市市政办公大楼，1864 ~ 1868 年（与约翰·维特曼合作）
与约翰·詹姆斯·斯蒂文森合作：
伦敦海科尼区邦纳大街小学，1875 年

约翰·托马斯·罗奇德（1814 ~ 1878 年）
戴维·布赖斯的学生，后为戴维·汉密尔顿工作，1841 ~ 1870 年间在格拉斯哥从事建筑活动。
格拉斯哥市格罗夫纳联排公寓，1855 年
格拉斯哥市科奇兰约翰街教堂，1859 年
斯特灵市克雷格修道院华莱士纪念碑，1859 ~ 1869 年
爱丁堡市奥尔巴尼大街圣玛丽自由教堂，1860 ~ 1861 年
格拉斯哥市圣文森特广场 2 号苏格兰银行，

1869年

约翰·奥古斯塔斯·洛伊比灵(1806～1869年)
出生于德国，城市工程师。1831年来到美国，设计了第一座制造金属丝的机器。
纽约布鲁克林吊桥，1883年竣工

克拉普顿·克拉布·罗尔夫(1845～1907年)
威廉·威尔金森的侄子。
牛津郡海利教堂，1866～1869年
牛津金斯敦路工匠住宅，1870年
牛津圣托马斯教堂牧师住宅，1893年

亚历山大·洛斯(1834～1925年)
因维尼斯市圣安德鲁教堂，1866～1868年
因维尼斯市女王门，1870，1889，1898年（市场、拱顶商铺和办公大楼）
因维尼斯市阿多思街和联排公寓，1873～1888年
班夫郡阿波罗圣玛格丽特英国国教教堂，1875～1879年

罗伯特·刘易斯·罗缪(1814～1877年)
本杰明·迪恩·怀亚特的学生，1836～1848年与亚历山大·迪克·高夫合作伙伴。
伦敦阿尔梅达大街文学研究院，1841年
伦敦霍恩瑟托灵顿房地产，1860～1870年
伦敦维多利亚公园路法国医院，1865年
米德尔塞克斯郡洛伊汉普顿修道院，1866年
伦敦伊斯特奇普33～35号，1868年

塞缪尔·罗兰（大约死于1845年）
利物浦珀西大街圣布莱德教堂，1830～1831年
利物浦戴尔大街皇家银行，1837～1838年

托马斯·亨利·拉什福斯
詹姆斯码头圣奥宾教堂，1815～1895年
康沃尔郡圣艾格尼丝市圣艾格尼丝教堂，1848年
康沃尔郡圣迈克蒙特，1850～1878年（扩建）
赫里福德市威尔士比克诺圣玛格丽特教堂，1859年
约克郡格里特兰市圣托马斯教堂，1859年
伯克郡雷丁市万圣人教堂，1865年
伦敦坦普尔中心花园庭院建筑，1884～1885年

约翰·拉斯金（1819～1900年）
出生于伦敦，求学于牛津，作家、艺术评论家。1870年成为牛津美术学院教授。1848年出版《建筑七灯》，1851～1853年出版《威尼斯的石头建筑》。

詹姆斯·塞蒙（1805～1888年）
格拉斯哥市巴斯大街圣马修教堂，1849年（已毁）

詹姆斯·塞蒙（1873～1924年）
格拉斯哥市圣文森特大街142～144号衣帽架店，1899～1902年
格拉斯哥市阿盖尔大街安德斯顿储蓄银行，1899年

爱德华·萨洛蒙斯（1827～1906年）
约翰·埃德加·格雷根的学生。
曼彻斯特市特拉福德公园水晶宫，1856～1857年（艺术珠宝展览馆，已毁）
曼彻斯特市奇特汉姆山路犹太教会堂，1858年
曼彻斯特市王子剧院，大约1864年
利物浦威尔士亲王剧院，1866年
伦敦老邦德大街43号阿格纽住宅，1877年
曼彻斯特市国王大道改革俱乐部，1870～1871年（与琼斯合作）

安东尼·萨尔文（1799～1881年）
1828年在伦敦建立自己的事务所之前，他在约翰·纳什的手下工作。他主要从事修复工作，包括伦敦塔、温莎城堡和其他城堡以

及乡间宅第。1839 年担任英国皇家建筑协会副主席，1863 年获得英国皇家建筑协会颁发的金质奖章。
德文郡托普斯汉姆附近的孔盖库房，1828 ~ 1830 年
北约克郡约克附近的莫里比礼堂，1828 ~ 1833 年
克利夫兰拉格比市利文葛洛夫（后来的思古特斯吉尔菲住宅），1831 年
林肯郡哈拉克斯顿庄园，1838 ~ 1855 年
肯特郡兰伯赫斯特市思哥特尼城堡，1837 ~ 1844 年
肯特郡基尔恩唐市圣耶稣基督教堂，1840 年（改造）
柴郡培克佛顿庄园，1844 ~ 1850 年
布雷克诺克市皮诺伊里，1846 ~ 1848 年
伦敦黑姆斯密斯圣斯蒂芬教堂，1849 ~ 1850 年
诺福克郡大雅茅斯市的加尼银行，1854 年（后为巴克莱银行）
斯塔福德郡基勒礼堂，1854 ~ 1865 年
德文郡托基圣马克教堂，1856 ~ 1857 年
诺丁汉郡托里斯比礼堂，1864 ~ 1875 年
萨塞克斯州帕多克赫斯特（现为沃斯修道院），1869 ~ 1872 年

菲利普 · 塞姆贝尔（1798 ~ 1874 年）
康沃尔郡特鲁洛市柠檬大街多立克柱廊，1835 年
康沃尔郡盆赞斯市克拉伦斯大街浸信会教堂，1835 ~ 1836 年

詹姆斯 · 桑德森（约 1791 ~ 1835 年）
维特岛里德林德大街市政厅，1830 年

朱尔斯 · 索尔涅（1817 ~ 1881 年）
法国诺伊塞尔 - 苏尔 - 玛尼奇沃克雷特米涅工厂，1871 ~ 1872 年

詹姆斯 · 萨维奇（1779 ~ 1852 年）
伦敦托顿汉姆区托顿汉姆格林圣三一教堂，1828 ~ 1830 年
伦敦伊尔福德市高街圣玛丽教堂，1829 ~ 1831 年

弗拉基米尔 · 格里戈利威奇 · 思戈科夫（1853 ~ 1939 年）
1871 ~ 1876 年在莫斯科工艺学校学习工程，后来在圣彼得堡工作，设计机车库。1878 ~ 1880 年间受聘于亚历山大 · V · 波威，在巴库进行管线设计。当返回莫斯科时，他已成为波威手下一名主要的工程师，1866 年为莫斯科设计了一套新的供水系统。他还潜心研究铁路建设和大屋顶建造方面的问题，1897 年还出版了《屋顶胶粘剂》。
莫斯科皮特洛维斯基连拱廊，1893 年
乌克兰奇森附近的阿德左洛吉尔灯塔，1911 年（已毁）
莫斯科中央邮局，1912 年（玻璃屋顶）
莫斯科基辅火车站，1912 ~ 1917 年
莫斯科共产国际广播站夏伯洛维卡发送塔，1919 ~ 1922 年

约翰 · 威廉 · 施韦德勒
柏林皇家大陆燃气集团熔炉构筑物，1863 年

约瑟夫 · 约翰 · 思格里斯（1798 ~ 1863 年）
1812 年师从约瑟夫 · 爱尔兰。1826 年在伦敦建立事务所。
克卢伊德郡霍里威尔天主教堂，1833 年（1895 年扩建）
兰开夏郡普雷斯顿市麦都大街圣伊格内修斯罗马天主教堂，1833 ~ 1836 年
兰开夏郡斯通赫斯特圣彼得罗马天主教堂，1834 ~ 1835 年
伦敦利森格罗夫圣母罗马天主教堂，1835 年
威尔士纽珀特圣玛丽罗马天主教堂，1839 ~ 1840 年
伦敦邓肯街圣约翰福音罗马天主教堂，1843 年
埃文河巴斯普赖尔公园教堂，1844 年
伦敦法姆大街圣洁教堂（罗马天主教堂），

1844 ~ 1850 年

巴斯普赖尔公园圣保罗罗马天主教堂，1844 ~ 1863 年

诺福克郡大雅茅斯摄政路圣玛丽罗马天主教堂，1848 ~ 1850 年

伦敦布朗普顿礼拜堂奥拉托利会礼堂，1853 年

亚伯拉罕 · 亨托恩 · 斯科特

兰开夏郡雷迪什区霍兹沃思工厂，1865 年

丹尼尔 · 斯科特

达拉谟西哈特尔浦罗宾逊大百货商店，1896 年

乔治 · 吉尔伯特 · 斯科特爵士(1811 ~ 1878 年)

1832 ~ 1834 年拜师于罗伯特 · 斯默克爵士，最先独自开创自己的事务所，1835 ~ 1846 年与W · B · 莫法特(1812 ~ 1887 年)合作。1847 年担任修复伊利大教堂的工作，后来修复赫里福、里奇菲尔德、索尔兹伯里和里本等地的教堂。1861 年成为印度办事处的建筑师，1868 年任皇家学院建筑学教授，1872 年被授予爵士称号，1873 ~ 1876 年担任英国皇家建筑协会主席。

伯克郡老温莎市救济院（现为医院），1835 年

埃塞克斯郡大邓莫救济院，1840 年

牛津烈士纪念堂，1841 ~ 1844 年

伯克郡雷丁市监狱，1842 ~ 1844 年

考文垂市附近的维斯特伍德希斯圣约翰浸信会教堂，1842 ~ 1845 年

汉普郡西米翁圣约翰福音教堂，1843 ~ 1845 年

纽芬兰圣约翰斯教堂，1846 年

伯克郡布拉德福圣安德鲁教堂，1847 ~ 1848 年

海峡群岛奥尔德尼圣安妮教堂，1847 ~ 1850 年

斯塔福德郡拉姆村舍，1854 年

东喀斯特圣乔治教堂，1854 年

伦敦威斯敏斯特区迪恩的庭院建筑，1854 年

米德尔塞克斯郡哈罗山哈罗学校教堂和沃恩图书馆，1854 ~ 1857 年

哈利法克斯市哈利山万圣大教堂，1855 ~ 1859 年

伦敦政府办公大楼，1856 ~ 1857 年（停留在方案阶段，未实施）

萨里郡里士满市圣马提亚教堂，1856 ~ 1858 年

牛津埃克塞特学院教堂，1856 ~ 1860 年

柴郡散德贝克市文学研究院，1857 年

斯塔福德郡里奇菲尔德大教堂，1857 年

柴郡克利维格林圣迈克尔教堂，1857 ~ 1858 年

伦敦科恩希尔圣迈克尔教堂，1857 ~ 1860 年（门廊）

牛津郡利菲尔德市圣迈克尔教堂，1858 ~ 1860 年

诺丁汉郡科尔汉姆府邸，1858 ~ 1861 年

沃里克郡沃尔顿府邸，1858 ~ 1862 年

萨里郡兰莫公地圣巴塞洛缪教堂，1859 年

登比郡哈佛杜诺斯住宅，1861 ~ 1866 年

兰开夏郡普雷斯顿市政厅，1862 年（已毁）

伦敦政府办公大楼、议会大街、唐宁街、圣詹姆斯公园和查尔斯国王大街，1863 ~ 1869 年

剑桥圣约翰学院教堂，1863 ~ 1869 年

伦敦肯辛顿三角区艾伯特纪念馆，1864 ~ 1875 年

利兹市医院，1864 ~ 1868 年

格洛斯特郡温奇科比市萨迪里济贫院，1865 年

格拉斯哥大学，1865 年和 1868 ~ 1871 年

伦敦埃斯顿路圣潘克拉斯车站米德兰大酒店，1865 ~ 1877 年

布赖顿布里尔澡堂，1866 年（已毁）

伦敦肯辛顿大街圣玛丽修道院教堂，1869 ~ 1879 年

伦敦林肯客栈，1871 ~ 1873 年（图书馆的附属建筑）

爱丁堡英国国教教堂，1874 ~ 1879 年

与W·B·莫法特合作：
伦敦坎伯威尔教堂街圣伊莱斯教堂，1842～1844年
伦敦霍里布什山孤儿院（现为皇家旺斯泰德学校），1843～1845年

小乔治·吉尔伯特·斯科特爵士（1839～1897年）
乔治·吉尔伯特·斯科特爵士的大儿子和学生，是伊莱斯·吉尔伯特·斯科特爵士（1880～1960年）的父亲。
剑桥彼得礼堂，1870年（改造和重新装修）
沃里克郡里明顿市圣马克教堂牧师住宅，1875年
汉普郡伍尔顿山档案馆，1875～1877年
沃里克郡里明顿市圣马克教堂，1876年
赫尔市索尔兹伯里大街3号和5号，1877～1879年
汉普郡阿什市圣三一和圣安德鲁教堂，1877～1879年
剑桥彭布罗克学院新大楼，1879年
诺维丘市圣约翰浸信会罗马天主教堂，1891～1910年（由其弟弟约翰·欧尔德里德·斯科特完成）

陆军中校亨利·扬·达拉科特·斯科特（1822～1883年）
毕业于伍尔维奇市军事学院，1851年进入皇家工程师协会，并被任命为伍尔维奇市军事学院野外工作的副讲师，1855年担任查塔姆布朗普顿调查工作的第一上尉和讲师。1865年在弗朗西斯·福克上尉之后成为科学与艺术学院的建筑师，1871年退休。
伦敦肯辛顿三角区皇家艾伯特礼堂，1867～1871年
与詹姆斯·威廉·威尔德合作：
伦敦展览路科学学校赫胥黎大楼（现是维多利亚与艾伯特博物馆的一部分），1867～1871年

约翰·欧尔德里德·斯科特（1841～1913年）
乔治·吉尔伯特·斯科特爵士的第二个儿子。1860年加入并继承了其父亲的事务所。
伦敦莫斯科路希腊东正教阿格海·索菲娅教堂，1874～1882年
萨塞克斯郡奇里市圣玛丽教堂，1876年
曼彻斯特市欧尔德曼路新交叉口圣保罗教堂，1876年
伯克郡布拉德菲尔德学院教堂，1890～1901年

玛凯·休·贝莉·斯科特(1865～1945年)
出生于肯特郡雷姆斯基特，是14个孩子中最大的一个。毕业于思伦切斯特皇家农业大学，1886～1889年拜师于巴斯城建筑师查尔斯·E·戴维斯。
曼岛道格拉斯欧克雷，1892～1893年
柴郡纳斯福德市贝克斯顿克罗夫特，1896年
坎布里亚郡温德米尔湖保尼斯段布莱克维尔别墅，1898～1899年
阿盖尔郡和比特郡海伦斯伯夫白屋，1899～1900年

约翰·丹多·塞丁（1838～1891年）
1858～1865年拜师于乔治·埃德蒙·斯特里特。1875年去伦敦之前在康沃尔与其哥哥埃德蒙·塞丁（1836～1868年）合作。亨利·威尔逊是其助手。
多塞特郡伯里茅斯市波斯科比圣克莱门特教堂，1871～1873年（由威尔逊完成）
德文郡福利特旅馆，1887年
普利茅斯市万圣大教堂牧师住处，1887年
伦敦埃克斯茅斯市场救世主教堂，1887～1898年（其塔由亨利·威尔逊完成）
康沃尔市法尔茅斯万圣大教堂，1887～1890年
伦敦斯罗尼大街圣三一教堂，1888年以后
布里斯托尔诺里工业学校，1890年

约翰·伯勒德·斯登（1827～1906年）
托马斯·里弗顿·多纳尔德森的学生，1853～

1863年与约翰·普理查德合作。
格拉摩根郡萨兹恩唐酒店，1852～1862年
阿波斯维斯酒店（现为大学），1864～1890年
伦敦福尔曼鲍威尔救济院，1869年
肯特郡伯青顿海斯宾塞路，1869年（平房包括为但丁·加百利·罗塞蒂建造的维斯特克里夫平房）
赫特福德郡霍维兹市圣凯瑟琳教堂，1880～1885年（改建）
与休·罗米欧·高夫合作：
伦敦黑姆斯密斯圣保罗教堂，1880～1888年

詹姆斯·塞拉斯（1843～1888年）
休·巴克利的学生，1872～1888年与坎贝尔·道格拉斯合作。
格拉斯哥市圣安德鲁礼堂，1873年
格拉斯哥市贝尔蒙与希尔西德教区教堂，1875年
格拉斯哥市比尔黑文教堂（现为圣卢克的希腊式东正教教堂），1877年
格拉斯哥市科尔文赛德学院，1877年
格拉斯哥市分尼斯顿教堂（现为科尔文格罗夫教堂），1878年
格拉斯哥市西乔治大街144～146号，1879年
格拉斯哥市布加南大街维利与罗奇德百货公司，1884年

埃德温·苏厄德（1853～1924年）
卡迪夫中心店铺商场（现为摩根店铺商场），1896年
*见*詹姆斯·苏厄德和詹姆斯·托马斯
卡迪夫中央图书馆，1882年
卡迪夫芒特斯图亚特广场谷物交易所，1883～1886年

理查德·黑·夏普（约1793～1853年）
亨伯赛德郡赫尔市金斯顿广场会议室（现为新剧院），1830～1834年
与塞缪尔·夏普合作：
约克郡斯卡伯洛菲市新月形广场，约1835年

塞缪尔·夏普（1808～1874年）
约克郡韦克菲尔德托尼斯圣詹姆斯教堂，1829～1831年

埃德蒙·夏普（1809～1877年）
毕业于剑桥圣约翰学院，在法国和德国学习建筑。拜师于托马斯·里奇曼，1836～1851年在兰开斯特与爱德华·格雷厄姆·佩利一起开办自己的事务所。1851年起，他放弃建筑，改攻工程，负责铁路建设事务。
兰开夏郡布莱克伯恩邦思大街圣马克教堂，1836～1838年
兰开夏郡波尔顿里弗大桥圣斯蒂芬教堂，1842～1845年
兰开夏郡努斯里市圣玛丽教堂，1843～1844年（佩利1860年扩建）
兰开夏郡卡盆威礼堂，1844年
曼彻斯特市弗娄菲尔德圣三一教堂，1845～1846年

老约翰·肖（1776～1832年）
伦敦福利特大街圣邓斯坦西教堂，1829～1833年

小约翰·肖（1803～1870年）
老约翰·肖之子和学生，他是伦敦基督医院和伊顿学院建筑总监。
伦敦思迪铺尼区沃特尼大街基督教堂，1841年（已毁）
伦敦德普特福德区戈德史密斯学院，1843～1844年
白金汉郡伊顿学院新建筑，1844～1846年
伯克郡威灵顿学院，1856～1859年

理查德·诺曼·肖（1831～1912年）
出生于爱丁堡，父亲在其两岁时就去世了，使整个家庭陷入经济困难之中。1846年全家搬到伦敦，肖成为威廉·伯纳的学徒。1854～1855年他获得旅游奖学金，游历了

法国、比利时、意大利和德国。1858年出版《欧洲大陆建筑速写》，1859年成为乔治·埃德蒙·斯特里特的得力助手，1862年与威廉·伊登·奈斯菲尔德一起开办事务所。在18世纪70年代末成为英国最著名的本土建筑师。

约克郡宾利市圣三一教堂,1866～1868年(已毁)

萨塞克斯郡格卢姆布里吉的格伦·安德里住宅，1866～1868年

法国里昂市英国教堂,1867～1869年（已毁）

萨塞克斯郡格卢姆布里吉的雷斯伍德住宅，1868～1869年（部分被毁）

什罗普郡普林教会学校，1870年

米德尔塞克斯郡斯丹莫市哈罗森林格里姆斯渠，1870～1872年

诺森伯兰郡洛斯伯利克拉格赛德别墅，1870～1885年（大约）

伦敦里登霍尔大街新西兰会所，1871～1873年（已毁）

伦敦肯辛顿戈尔区劳瑟小屋，1873～1875年

伦敦女王门196号，1874～1876年

伦敦梅尔伯里路8号和11号，1875～1876年

伦敦埃勒戴尔路6号，1875～1876年

伦敦切尔西堤17号的老天鹅屋，1875～1877年

萨里郡弗伦斯汉市皮埃尔伯恩特，1876～1878年

什罗普郡亚德科特，1876～1881年

伦敦切尔西堤15号法恩里别墅，1877～1879年

伦敦图恩汉格林区贝德福德地产（包括圣迈克尔和万灵教堂、特伯德公共建筑，以及伍德斯多克路24～34号），1875～1881年

约克郡伊尔克雷圣玛格丽特教堂，1878～1879年

伦敦切尔西堤8号钟屋，1878～1880年

米德尔塞克斯郡贝德福德公园圣迈克尔和万灵教堂，1879～1882年

伦敦肯辛顿戈尔的阿尔伯特大厦，1879～1886年

伦敦圣詹姆斯大街1～2号联合保险大楼，1882～1883年

伦敦弗罗格内尔39号，1884～1885年

诺森伯兰郡罗斯贝里克拉基赛德别墅，1885年

伦敦拉迪莫路圣三一教堂,1887～1889年(改造)

伦敦维多利亚迪新苏格兰庭院都市警察局中心大楼，1887～1891年和1898～1907年

伦敦女王门170号，1888～1890年

多塞特布兰斯顿，1889～1894年

赫里福郡理查兹城堡万圣大教堂，1890～1893年

肯特郡斯万思科比市格里山万圣大教堂，1894～1895年

伦敦皮卡迪利大街皮卡迪利酒店，1905年

与欧内斯特·牛顿合作：

伦敦圣詹姆斯大街88号联合保险大楼，1901～1895年

科尼利厄斯 · 夏洛克

利物浦皮克顿公共阅览室，1874年

利物浦沃克艺术馆，1875年

G·H· 西蒙兹

伦敦白教堂路皇家宫殿剧院，1858年

阿奇博尔德 · 辛普森（1790～1847年）

伦敦戴维·拉映（1774～1856年）和罗伯特·路佳（约1773～1855年）的学生。

格兰扁区埃尔金安德森研究所，1830～1833年

阿伯丁市乌尔曼希尔老医院，1833～1840年

阿伯丁市圣尼古拉斯东教堂，1835～1837年

阿伯丁市新市场，1840～1842年（已毁）

阿伯丁市玛丽斯基尔学院，1842年

阿伯丁市三联教会，1843年

詹姆斯 · 辛普森（死于1864年）

约克郡圣瑟维基特市卫理公会派教世纪教堂，1839～1840年

乔治·约翰·斯戈普（1854～1948年）

萨默塞特镇大街鞋匠希尔住宅，1894～1895年（还包括其他构筑物）

诺福克郡克罗默市巴黎酒店，1894～1896年

诺维丘市伦敦大街7号，1896年（自己的办公室）

诺维丘市皇家游乐中心，1898年

剑桥市圣安德鲁大街30号诺维丘联盟分部办事处，1904年（已毁）

诺维丘市圣伊莱斯大街诺维丘与伦敦事故保险大楼，1904年（后来为电话大楼）

诺福克郡加斯特圣诺威公园，1904～1911年

威廉·斯莱特（1819～1872年）

理查德·克伦威尔·卡彭特的学生，卡彭特在商业方面很成功，1863～1872年与儿子理查德·赫伯特·卡彭特成为合作伙伴。

莱斯特郡洛伯罗夫市政厅，1854～1855年

莱斯特郡什里顿伯爵市圣西蒙和圣犹大教堂，1856年

都柏林附近布雷市圣耶稣基督教堂，1859年

西印度群岛巴斯特尔圣基特教堂，1860年

与理查德·赫伯特·卡彭特合作：

萨塞克斯郡阿丁利学院，1864年

约翰·斯莫尔曼（约1783～1852年）

什罗普郡夸特福德城堡，1829～1830年

罗伯特·斯默克爵士（1781－1876年）

艺术家罗伯特·斯默克的第二个儿子。他曾在约翰·索恩爵士的事务所工作。1832年被授予爵士称号，1853年获得英国皇家建筑协会颁发的金质奖章。

斯塔福德郡德雷顿庄园，1820～1835年

伦敦布卢姆斯伯里大拉塞尔街大英博物馆，1823～1846年（包括门廊，直到1842年才开始动工）

林肯郡林肯卡索尔法院，1823～1830年

亨伯赛德郡斯康托普附近诺曼比庄园，1825～1830年（1906年扩建和改建）

伦敦斯特兰国王学院（萨默塞特住宅的东侧翼展），1829～1835年

诺丁汉郡马克罕克林顿教堂和陵墓1831～1832年

伦敦贝尔格雷夫广场12号，大约1833年

与悉尼·斯默克合作：

伦敦帕尔商业街牛津与剑桥大学俱乐部，1835～1838年

悉尼·斯默克（1798～1877年）

罗伯特·斯默克的第五个儿子，罗伯特·斯默克爵士的弟弟，后来成为其学生。1860年获得英国皇家建筑协会颁发的金质奖章，1861～1865年担任皇家学院建筑学教授，1852年成立建筑师慈善团体。

伦敦牛津大街集市，1834年（已毁）

伦敦朗伯斯路皇家贝思里姆医院，1838～1846年（增建门廊和拱顶；后来成为帝国战争博物馆）

伦敦国王台式步道佩帕大楼，1838～1848年

伦敦帕尔商业街卡尔顿俱乐部，1845～1856年（已毁）

埃塞克斯州拉夫顿市圣约翰浸信会教堂，1846年

兰开夏郡贝里雅典娜神庙，1846～1847年

伦敦大拉塞尔街大英博物馆阅览室，1854～1857年

伦敦皮卡迪利大街伯灵顿别墅，1867～1874年（扩建）

伦敦坦普尔内部（礼堂和图书馆），1868～1870年

与罗伯特·斯默克爵士合作：

伦敦帕尔商业街牛津与剑桥大学俱乐部，1835～1838年

与乔治·巴斯威合作：

伦敦圣詹姆斯大街保守党俱乐部，1843～1845年

与威廉·泰特爵士合作：

萨里郡沃更附近布卢克伍德公墓，1854～

1856年

查尔斯·史密斯（大约生于1790年）
沃里克郡汉普顿山戈罗夫庄园，1833～1838年

乔治·史密斯（1793～1877年）
泰赛德区邓迪市卡索尔大街与交易大街交叉处的交易咖啡馆，1828～1830年

约翰·史密斯（1781～1852年）
阿伯丁市人，在伦敦学习。
阿伯丁市国王大街北教堂，1830年
阿伯丁市国王大街南教堂，1830～1831年
阿伯丁市克拉尼城堡，1836年
班夫郡佛格伦住宅，1839年

塞缪尔·邦特尼·史密斯（1812～1883年）
什罗普郡里顿圣三一教堂，1859～1872年

威廉·史密斯（1817～1891年）
与托马斯·里弗顿·多纳尔德森一起在其父亲约翰·史密斯手下学习，是阿伯丁市建筑师。
阿伯丁市巴尔雷特附近贝尔莫勒城堡，1853～1855年
阿伯丁市国王大道352号男女混合医院，1869～1871年（后为航空技术学院）

亨利·撒克逊·斯内尔（1830～1904年）
杰姆斯·彭尼索恩爵士的学生。后来为约瑟夫·帕克斯顿和威廉·泰特爵士的助手。
伦敦阿奇维医院，1869～1879年
伦敦北肯辛顿圣查尔斯医院，1879年
伦敦切尔西维多利亚儿童医院，1885年

T·R·斯宾塞
纽卡斯尔泰恩郡奥斯博尼路圣乔治教堂，1888～1898年

W·G·R·斯布拉格（1865～1933年）
剧院设计专家，在其职业生涯中共负责30多个剧院项目。他推崇文艺复兴时期的丰富和精致，这在他那个时代来说是理想的、完美的。工匠、雕刻匠、石膏模注型师和家具设计者对其风格备加推崇使其设计能极快地得以变成现实。
伦敦巴特西拉文德山莎士比亚剧院，1896年
伦敦新克洛斯百老汇，1897年
伦敦福尔汉姆格兰德，1897年
伦敦诺丁·希尔·盖特的克罗尼特剧院，1898年；改造成一家电影院
伦敦肯宁顿剧院，1898年
伦敦巴尔汉竞技场，1899年
伦敦罗兹赫特竞技场，1899年
伦敦卡灵克洛斯路温德汉姆剧院，1899年
伦敦卡姆登镇卡姆登剧院，1901年
伦敦黑姆斯密斯国王剧院，1902年
伦敦圣马丁大街新剧院（现为艾尔贝里剧院），1903年
伦敦埃尔德维奇沃尔多夫剧院（后来为斯特兰德剧院），1905年
伦敦埃尔德维奇剧院，1905年；与斯特兰德剧院的建立立面完全相同
伦敦夏福特斯伯利大道格娄布剧院；与女王剧院相呼应
伦敦夏福斯伯利大道女王剧院，1907年；其建筑立面在第二次世界大战中被毁，1958年改造
伦敦西街阿穆巴萨多斯剧院，1913年
伦敦西街圣马丁剧院，1916年
与贝迪·克鲁维合作：
伦敦坎伯维尔帝国剧院，1894年

约翰·思达弗斯（1823～1898年）
威廉·伯恩和戴维·布赖斯的学生。
邓弗里斯郡格雷弗莱尔思教堂，1867年
邓弗里斯郡皇家医院，1869年
皮布尔斯水疗院酒店，1878年（已毁）
邓弗里斯郡莫法特教区教堂，1882年

罗伯特·斯蒂芬森（1803～1859年）
乔治·斯蒂芬森之子，毕业于爱丁堡大学，

1823年开始在纽卡斯尔机车工厂工作。1835～1839年作为土木工程师，负责伦敦至伯明翰铁路线的建设。见约翰·德布森。

伦敦尤斯顿车站列车棚，1835～1839年

德比郡德比三联车站，1839～1841年（与弗朗西斯·汤普森）

梅奈海峡大不列颠大桥，1845～1850年；此桥共由1000人完成，耗掉200万个铆钉。此桥横跨梅奈海峡，然后向上拱起。建成之日，为检测此桥的安全性，三辆机车拖拉着运煤货车在大桥上从一侧到回行之前共耗整整三个小时，总重达300吨。1970年5月23日发生大火，造成了不可弥补的损坏。在重新修复过程中采用了钢拱双层结构，上层是公路；下层是铁路

诺森伯兰郡贝里克特威德河皇家博得大桥，1850年投入使用

加拿大蒙特利尔市维多利亚大桥，1854～1859年

伦敦绰克农田路圆屋机车库和界标，1847年（与R·B·多科雷和诺曼底共同完成，1967年改造成一家可容纳600人的剧院）

史蒂文斯 *见*亨利·爱德华·科伊

史蒂文斯和亨特

伦敦骑士桥哈罗德兹百货公司，1897～1905年

约翰·詹姆斯·史蒂文森（1831～1908年）

毕业于格拉斯哥大学，1856年在戴维·布赖斯事务所工作，1858～1860年在乔治·吉尔伯特·斯科特爵士事务所工作。1870～1875年与坎贝尔·道格拉斯和爱德华·罗伯特·罗布森合作，1880年用两种语言出版了《住宅建筑》一书。

格拉斯哥市科尔文赛德教区教堂，1862年

伦敦贝斯沃特路140号红屋，1871年（已毁）

伦敦基特宫8号，1873～1875年

伦敦邦特街42～48号，1876～1878年

伦敦劳瑟花园1～2号，1877～1878年

诺福克郡斯尼迪斯汉姆肯山80号，1879～1880年

伦敦凯铎冈广场63～73号，1881～1886年

伦敦菲茨章大道1号，1883年

伦敦肯辛顿庭院，1883～1890年（住宅），

与爱德华·罗伯特·罗布森合作：

伦敦海克尼邦纳街小学，1872～1875年

威廉·斯特灵（1772～1838年）

苏格兰中心区花园住宅，1830年

伦纳德·阿洛伊修斯·斯科特·斯托克司（1858～1925年）

出生于兰开夏郡绍斯波特，后来举家搬到伦敦，1871～1874年拜师于肯特郡的塞缪尔·J·尼科尔，学习教堂建筑。后来为詹姆斯·甘迪工作，在都柏林基督教堂修复时期他还曾是乔治·埃德蒙·斯特里特的秘书。他曾为托马斯·爱德华·卡尔卡特和乔治·弗雷德里克·伯德利工作过一段时间，1910～1912年担任英国皇家建筑协会主席，1919年获得英国皇家建筑协会颁发的金质奖章。

埃克塞特市神圣中心罗马天主教堂，1883～1884年

利物浦市塞弗顿公园圣查尔斯罗马天主教堂，1888年

汉普郡沃特鲁维尔神圣中心教堂和圣迈克尔女修道院和学校，1885～1895年

肯特郡福克斯通市基督教徒的圣母罗马天主教堂，1889年

彼得伯菲万灵罗马天主教堂，1896年

伯克郡庞伯尼市舒特斯希尔住宅，1898年

赫特福德郡伦敦科尔尼万圣罗马天主教徒女修道院，1899～1903年

多塞特敏特尼住宅，1903～1905年

乔治·埃德蒙·斯特里特（1824～1881年）

1841～1844年在温彻斯特市学习，欧文·布朗·卡特的学生。1844～1849年为乔治·吉尔伯特·斯科特爵士工作，1849年建立自己的事务所。他搬到旺蒂奇市后又搬到牛

津，1856年回到伦敦。1874年他获得英国皇家建筑协会颁发的金质奖章，1881年担任英国皇家建筑协会主席，同时还是皇家学院建筑专业的教授。其多项修复项目得以实施的有约克大教堂、赛斯伯里大教堂和卡莱尔大教堂。他死后，他的儿子阿瑟·埃德蒙·斯特里特（1855～1938年）继续经营其事务所。

康沃尔郡帕尔市圣玛丽教堂，1847年

伯克郡旺蒂奇市牧师住宅，1849～1850年

伯克郡尹克盆学校，1850年

白金汉郡科尔恩布卢克牧师住宅，1853年

伯克郡博伊尼山万圣教堂牧师住宅、学校和村舍，1854～1855年

法国里尔大教堂，1855年（未实施）

伯克郡东汉尼圣詹姆斯小教堂，1856年

伯克郡沃奇菲尔德圣托马斯教堂，1857～1858年

白金汉郡沃尔夫顿市新布拉德维尔圣詹姆斯教堂、牧师住宅和学校，1857～1860年

伦敦赫尼山圣保罗教堂，1858年

约克郡豪斯汉姆圣约翰教堂，1859年

伦敦沃克斯霍尔大桥路李灵顿欢迎圣詹姆斯小教堂，1859～1861年

牛津圣菲利普和圣詹姆斯教堂，1859～1865年

斯塔福德郡登斯通市万圣大教堂牧师住宅和学校，1860～1862年

德文郡托奎市圣约翰教堂，1861年

君士坦丁堡克里米亚战争纪念教堂，1863～1868年

伯克郡佛里市圣玛丽教堂，1864～1866年

萨塞克斯郡伊斯特本市圣耶稣基督教堂，1865～1872年

萨塞克斯郡东格林斯特德女修道院，1865～1890年

萨福克郡西普莫都先前救济院教堂，1866年

白金汉郡韦斯科特市圣玛丽教堂和学校，1866～1870年

伦敦伍德切斯特广场圣玛丽修女教堂，1867～1878年 **50**

伦敦沃索尔路圣约翰教堂，1871～1874年和1887～1888年

罗马美国圣公会教堂，1872～1876年

伦敦下克蒙区万圣大教堂，1873～1874年

萨里郡赫尔姆伯里圣玛丽霍尔米戴尔，1873～1876年

多塞特金斯敦圣詹姆斯教堂，1873～1880年

伦敦斯特兰德皇家法院，1874～1882年

萨里郡赫尔姆伯里圣玛丽区圣玛丽教堂，1877～1879年

瑞士穆伦英国教堂，1878年

伦敦凯铎冈广场4号，1879年

罗马万圣英国教堂，1880～1887年

巴黎美国教堂，1880～1906年

伦敦萨塞克斯花园圣詹姆斯教堂，1881～1882年（塔楼和入口除外）

托马斯 · 爱德华 · 斯特里特

萨塞克斯郡伊斯特伯尼的卡文迪什酒店，大约1866年，下图

威廉 · 萨金（1820～1892年）

1881年其儿子W·拉那·萨金（死于1901年）加入其在斯塔福德郡里克市的事务所。

斯塔福德郡里克市德比大街区域银行，1882年

斯塔福德郡里克市斯多克维尔大街尼科尔森研究所，1882～1884年

利物浦附近恩特里模范住宅，1888年

路易斯 · 亨利 · 沙利文（1856 ~ 1924年）
曾在剑桥马萨诸塞工艺学院及巴黎包豪斯艺术学院学习。最早在工程师丹克马·阿德勒的事务所工作，1879年成为此事务所主要负责人；1881年事务所更名为艾伦与沙利文。1896年出版《高层办公建筑艺术探究》。
芝加哥大礼堂，1886 ~ 1893年
芝加哥沃克大商店，1888 ~ 1889年
圣路易斯温赖特大楼，1890 ~ 1891年
布法罗市保险大楼，1894 ~ 1896年
纽约贝阿德大楼，1897 ~ 1898年
芝加哥盖奇大楼，1898 ~ 1899年
芝加哥斯格里辛格·迈耶商店（现为卡森·皮里·斯科特公司），1899 ~ 1904年
明尼苏达州欧瓦托那市农业国家银行，1907 ~ 1908年
艾奥瓦州克里顿市凡·艾伦商店，1913 ~ 1915年

亨利 · 特纳爵士（1848 ~ 1935年）
伯明翰邮局，1891年

爱德华 · 约翰 · 塔弗（1842 ~ 1891年）
本杰明·菲利的学生。
肯特郡布罗德斯戴尔兹圣三一教区长住宅，1870年
白金汉郡泰灵汉姆市圣彼得教堂，1871年
大伦敦哈里斯登海大街万圣大教堂，1875 ~ 1879年和1890年
柴郡胡顿市圣玛丽罗马天主教堂，1879年

理查德 · 塔特萨尔（大约1803 ~ 1844年）
卡莱尔市牛顿路科布兰医院，1830 ~ 1832年（19世纪70年代重建）
卡莱尔市交叉大街狄克逊工厂，1836年
兰开夏郡戈尔伯尼棉花厂，1839年

布鲁诺 · 托特（1880 ~ 1938年）
毕业于科尼戈斯博格的包基威克斯丘尔学校（主要培养建筑工程主管），在1909年与弗朗茨·霍夫曼建立自己的事务所之前曾在德国多家建筑事务所工作。他被任命为德国花园城市促进协会的顾问。第一次世界大战过后，他于1918年出版了《阿尔卑斯山区建筑》，1919年出版了《斯达德特克拉尼的消失》，并在杂志《福鲁立特》上发表文章，后来还成为此杂志的副主编。1918年建立艺术理事会，是其主要创办人之一，并担任会长；1919年成为艺术家和建筑师所熟知的团体——玻璃链的创建人之一；1921年被聘为马格德堡城市建筑师，1923年离开马格德堡后，主要负责大型住宅区规划。1926年加入建筑师铃声联盟，1927年参加斯杜塔加特举行的德意志制造联盟展；1930 ~ 1932年间在柏林－夏洛特堡大学任教，1933年搬到莫斯科，后又去了日本。1936年担任伊斯坦布尔艺术学院教授。
巴德哈兹堡康复中心，1909年（为西门子公司设计）
莱比锡市交易展览会大楼德意志钢铁制造联盟展示厅，1913年
莱比锡市交易展览会大楼德意志钢铁制造联盟展示厅钢铁纪念碑，1913年
柏林－格鲁瑙法尔肯堡，1913 ~ 1914年（花园郊区）
马格德堡革新区，1913 ~ 1921年（花园郊区）
科隆德意志制造联盟展玻璃工业展示厅，1914年

约翰 · 米德兰 · 泰勒（1833 ~ 1909年）
亨利·泰勒的合作伙伴。
兰开夏郡圣海伦区帕尔市圣彼得教堂，1864 ~ 1865年
黑泽基督教堂，1865 ~ 1866年
柴郡海德市圣托马斯教堂，1867 ~ 1868年
兰开夏郡豪顿格林圣玛丽教堂，1874 ~ 1876年
兰开夏郡波尔顿市达布希尔圣乔治教堂，1880年
曼彻斯特市勒文思赫尔米圣艾格尼丝教堂，1884 ~ 1885年

约翰·泰勒 *见*詹姆斯·莱斯利

托马斯·特尔福德（1757～1834年）
梅奈大桥，1826年
诺森伯兰郡莫皮斯大桥，1831年
里克塞姆丘克大桥，1831年

塞缪尔·桑德斯·特尤伦（1812～1873年）
W·特尤伦（1823～1900年）的一个哥哥、乔治·勒格的学生，1840年建立自己的事务所。
格洛斯特郡托特沃斯法院，1849～1852年
萨塞克斯郡安格米灵市圣玛格丽特教堂，1852～1853年
伦敦朗伯斯区圣安德鲁教堂，1854年（已毁）
伯克郡温莎市雷顿路的村舍，1854年（克劳恩劳工的住处）
伯克郡卡里古礼拜堂学校，1854年
林肯郡伯明翰圣约翰浸信会教堂，1856年
诺福克郡谢德维尔庄园，1856～1860年（扩建）
伦敦温布尔登区基督教堂，1857～1860年
伯克郡勒克汉姆普斯特德市圣詹姆斯教堂，1858～1860年
伦敦斯尔弗镇圣马克教堂，1859年
汉普郡埃尔维特汉姆礼堂，1859～1862年
格洛斯特郡亨特利市圣约翰浸信会教堂，1861～1863年
诺丁汉郡贝斯特伍德旅馆，1862～1864年
伦敦圣玛丽路伊令教区学校，1866～1873年（重建）
伦敦洛斯林山圣斯蒂芬教堂，1869～1876年

布伦韦尔·托马斯爵士（1868～1928年）
师从W·塞克汉姆，后在建筑联合学校法柔的门下学习。1894年开始工作，1906年被授予爵士称号。
爱尔兰贝尔法斯特市政厅，1898～1906年
柴郡斯托克伯特市政厅，1903～1908年
伦敦布拉姆斯特德市（现为伍尔维奇市）市政厅，1905年

约翰·托马斯（1813～1862年）
雕塑家和建筑制图师，其议会大楼的装饰设计由查尔斯·巴里爵士负责。
萨福克萨默里顿模范村（包括学校、圣玛丽教堂和礼堂），1844年
洛斯托夫特玛林广场皇家酒店和住宅，1847年
肯特郡埃里斯福德市普雷斯顿礼堂，1850年（后为一家胸腔医院）

詹姆斯·苏厄德·托马斯 *见*埃德温·苏厄德

沃尔特·奥布里·托马斯
利物浦码头顶皇家里弗大楼，1908～1911年

耶欧维勒·托马森（1826～1901年）
伯明翰纽厄尔大街联合俱乐部，1869年
伯明翰张伯伦广场法院，1874年
伯明翰康格里夫大街市博物馆和艺术馆，19世纪80年代

弗朗西斯·汤普森
1835年被任命为北米德兰铁路建筑师。
德比郡至利兹铁路线的26座车站，1840年（有些已毁）
德比郡三叉口车站和北米德兰酒店，1840年
切斯特总站，1847～1848年
剑桥车站，1852年
与罗伯特·斯蒂芬森合作：
切斯特至霍里希德铁路线和车站，1850年
梅奈海峡大不列颠大桥，1845～1850年（与罗伯特·斯蒂芬森及W·菲尔巴恩合作）

亚历山大·"格里克"·汤姆森（1817～1875年）
1836～1849年间与约翰·贝德（见上页最上端）一起工作，1849～1857年成为另一个约翰·贝德的合作伙伴（格拉斯哥人，二人毫无关系）。他后来的合作者是其弟弟G·汤姆森和R·图恩巴尔。
格拉斯哥邓洛普大街3～11号，1849年（救

济院；已毁）

格拉斯哥市哈特奇森唐路与卡列多尼亚路交叉口自由教堂，1856 年（已毁）

格拉斯哥市卡斯卡特尼兹里路霍姆伍德住宅，1856 年

格拉斯哥市西伊布洛克斯佩斯利路沃尔莫新月形广场，1857 年

格拉斯哥市圣文森特大街联合公共教堂，1858 年

格拉斯哥市斯特拉斯邦戈莫雷广场 1 ~ 10 号，1859 年

格拉斯哥市戈登大街 68 ~ 80 号格罗夫纳大楼，1859 ~ 1864 年

格拉斯哥市巴兹大街凯尔尼济贫院，1860 年（已毁）

格拉斯哥市阿盖尔大街 63 号巴克的希德济贫院，1863 年

格拉斯哥市女王公园联合公共教堂，1867 年（已毁）

格拉斯哥市科尔文赛德大西部联排公寓，1867 年

格拉斯哥市联合大街 84 ~ 100 号埃及礼堂，1871 年

珀洛克谢尔兹的尼兹戴尔路 200 号和 202 号，1871 年

詹姆斯 · 汤姆森（1835 ~ 1906 年）

詹姆斯·布朗的学生，在超过约翰·贝德之前是其助手。

格拉斯哥市杜万希尔克劳恩广场，1858 ~ 1875 年

格拉斯哥市阿盖尔大街 217 ~ 221 号，1863 年

格拉斯哥市比尔黑文联排公寓，1866 年

格拉斯哥市索切霍尔大街 202 ~ 212 号，1895 年

伦敦厚普大街与西乔治大街交叉口利物浦格娄布大楼，1898 年

威廉 · 泰特爵士（1798 ~ 1873 年）

1855 ~ 1873 年为巴斯下院议员，1856 年获得英国皇家建筑协会颁发的金质奖章，1869 年授予爵士称号，1861 ~ 1863 年担任英国皇家建筑协会主席。

伦敦西诺伍德南市立公墓教堂，1837 年

伦敦九棵榆树车站，1838 年（已毁）

伦敦市皇家交易所，1841 ~ 1844 年

珀斯车站，1848 年

伯克郡温莎市温莎车站，1851 年

白金汉郡格拉德兹克洛斯的圣詹姆斯教堂，1859 年

与悉尼·斯默克合作：

萨里郡沃更附近布卢克伍德公墓，1854 ~ 1856 年

查尔斯 · 哈里森 · 汤森德（1851 ~ 1928 年）

出生于伯肯黑德，师从于利物浦的沃尔特·斯科特。大约于 1880 年举家迁至伦敦，他在刘易斯·班克斯事务所工作，1884 年成为该事务所合作伙伴之一，大约 1888 年成立自己的事务所。他是艺术家协会会长。

伦敦恩尼斯莫花园万圣大教堂，1892 年（仅建筑西立面）

伦敦比硕普斯基特 230 号比硕普斯基特学院，1892 ~ 1894 年

伦敦布莱克希斯布莱奇菲尔德，1894 年

伦敦布莱克希斯圣马丁教堂，1895 年

伦敦白教堂大街 80 ~ 82 号白教堂艺术展览馆，1897 ~ 1899 年

伦敦福斯特山伦敦路霍尼曼博物馆，1898 ~ 1901 年

埃塞克斯郡大沃利圣玛丽教堂，1902 ~ 1904 年

C · 图鲁伯（死于 1917 年）

曼彻斯特米德兰酒店，1898 年

托马斯 · 图鲁伯肖（1802 ~ 1842 年）

斯塔福德玛斯顿路菲恩雷济贫院，1837 ~ 1838 年（后为医院）

乔治 · 特鲁菲特（1824 ~ 1902 年）

曾为桑克顿·伍德工作，后被任命为伦敦图夫

尼尔公园的监理，1850 年出版了《乡村教堂设计》。
伦敦米德尔顿·葛洛夫 1 号，1859 年（自宅）
伦敦图夫尼尔公园路圣乔治教堂（现为圣乔治剧院），1866 ~ 1868 年
曼彻斯特法院路 / 布朗大街皇家交易保险大楼，1868 年
萨塞克斯郡沃幸圣乔治教堂，1868 年
柴郡奥特林卡姆劳埃德兹银行，1870 年
肯特郡布洛姆里圣约翰教堂，1880 年
兰开夏郡戴维赫尔米圣玛丽教堂，1889 ~ 1890 年

理查德 · 特纳
爱尔兰都柏林附近格拉斯尼温棕榈屋，1843 ~ 1848 年
伦敦摄政公园冬园，1845 ~ 1846 年（已毁）
与狄西摩斯·伯顿合作：
萨里里士满克佑区皇家植物园的棕榈屋，1844 ~ 1848 年
与约瑟夫·洛克合作：
利物浦莱姆大街火车站，1849 ~ 1850 年

亨利 · 琼斯 · 安德伍德（1804 ~ 1852 年）
罗伯特·斯默克爵士的学生。
牛津郡利特莫圣玛丽与圣尼古拉斯教堂，1835 年
牛津植物园图书馆和演讲厅（现为马歌德林学院库房），1835 年
牛津郡牛津沃尔顿大街圣保罗教堂，1836 年（后来是一处艺术中心）

威廉 · 弗雷德里克 · 恩斯沃斯（1850 ~ 1912 年）
乔治·埃德蒙·斯特里特和威廉·伯吉斯的助手，后来成为伊尼格和道奇森的合作伙伴。
斯特拉特福德埃文河上游，莎士比亚剧院，1876 ~ 1879 年（已毁坏）
斯特拉特福德埃文河上游，艺术展览馆和图书馆，1881 年
萨里郡沃更基督教堂，1887 ~ 1889 年
萨里郡伍德汉姆万圣大教堂，1893 年

雷蒙德 · 昂温（1863 ~ 1940 年）
出生于罗兹汉姆市附近，毕业于牛津马歌德林学院，最初是一名工程师。后与其表弟巴里·帕克合作，并与帕克的妹妹结婚。1914 年被任命为当地政府主要规划顾问，1931 ~ 1933 年担任英国皇家建筑协会主席，1932 年授予爵士称号，1937 年担任美国哥伦比亚大学城镇规划教授，并获得英国皇家建筑协会颁发的金奖。
纽约新的伊尔斯维克花园社区，1903 年
赫特福德郡莱奇沃思花园城（规划方案），1904 年
伦敦汉普斯黛花园社区，1907 ~ 1914 年

亨利－克莱门特 · 凡 · 德 · 威尔德（1863 ~ 1957 年）
分别于 1880 ~ 1883 年在安特卫普艺术学院，以及 1884 ~ 1885 年在巴黎艺术学院学习油画。1887 年成立艺术独立派，1889 年加入布鲁塞尔先锋派联盟。其家具设计对新艺术发展贡献颇大；1898 年创建了自己的家具制造公司，1904 年被任命为威廉·恩斯特大公府邸的艺术顾问。1904 ~ 1914 年任工艺美术学校主任，并担任布鲁塞尔艺术装饰建筑研究院主任直到 1935 年。1925 ~ 1936 年在根特大学任教。
布鲁塞尔附近的阿克布洛门维夫，1895 年（自宅）
柏林阿巴娜公司烟草店，1899 年
哈根弗尔克旺博物馆，1900 ~ 1902 年（内部装饰）
柏林哈比美容院，1901 年
魏玛工艺美术学校，1904 年
魏玛撒克逊工艺美术学校，1906 年
科隆维克邦德展览剧院，1914 年

弗朗西斯 ·（弗兰克）托马斯 · 维里蒂（1867 ~ 1937 年）
托马斯·维里蒂之子，求学于伦敦大学和建筑

协会，1887 年进入皇家学院学习，1889 年赢得泰特奖章。

伦敦皮卡迪利 96 ~ 97 号，1891 年

伦敦威斯敏斯特区托斯尔大街帝国戏院，1901 年（莉莉·朗特里担任经理期间曾对其内部进行重修，1907 年搬到康宁镇，变成了一家电影院，1931 年报废）

伦敦克利夫兰街道公寓社区，1905 年

伦敦伯克利广场 25 ~ 26 号，1906 年

伦敦夏洛特大街斯卡拉剧院与餐馆，1908 年（毁于 1970 年）

伦敦波特兰广场 11a 和 11b 号，1908 年

伦敦海德公园 12 号，1908 年

伦敦摄政大街圣乔治住宅（建筑立面），1911 年

托马斯 · 维里蒂（1837 ~ 1891 年）

G · H · 亨特同事，1899 年后与其儿子弗朗西斯 ·（弗兰克）托马斯 · 维里蒂一起工作。他从 1878 年起一直担任张伯伦勋爵的剧院负责人，直到去世。

伦敦皮卡迪利广场克莱特伦剧院和餐馆，1870 ~ 1874 年（后来其内部进行重修，不过由其他建筑师完成）

约克郡斯卡伯洛菲市巴斯，1877 ~ 1880 年

伦敦盘汀大街喜剧院，1881 年

伦敦莱斯特广场帝国戏院，1882 年

诺丁汉市政厅，1884 ~ 1888 年（G · H · 亨特）

查尔斯 · 弗朗西斯 · 安尼斯利 · 沃伊齐（1857 ~ 1941 年）

出生于赫尔附近，牧师之子，1874 年拜师于约翰 · 伯勒德 · 斯登，1880 年为亨利 · 撒克逊 · 斯内尔和乔治 · 德维工作。1882 年在伦敦建立自己的事务所，1940 年获得英国皇家建筑协会颁发的金质奖章。

沃里克郡伊特柯灵顿主教府邸，1888 年

伍斯特郡卡索尔莫顿班纳特农庄，1890 年

米德尔塞克斯郡贝德福德公园福斯特别墅，1890 年

莱斯特郡埃尔米斯托普市温沃斯工厂和沃特里农舍，1890 年

兰开夏郡卡特米尔高原温德米尔湖布罗德里斯和摩尔峭壁，1898 ~ 1900 年

德文郡赫尔维尔市温斯福德家庭医院，1900 年

萨塞克斯郡博格诺塔屋，1900 年

赫特福德郡乔利伍德市奥查德别墅，1900 ~ 1901 年

拉特兰郡北拉分汉姆牧场，1901 年

乔治 · 约翰 · 瓦里阿米（1817 ~ 1886 年）

钟表制造者本杰明 · 刘易斯 · 瓦里阿米（1780 ~ 1854 年）的二儿子，1836 ~ 1841 年师从查尔斯 · 巴里爵士，1843 年定居伦敦，和其叔叔刘易斯 · 瓦里阿米一起工作，1861 ~ 1886 年担任大城市工厂建造的指定建筑师。

刘易斯 · 瓦里阿米（1791 ~ 1871 年）

罗伯特 · 斯默克爵士的学生，1822 年定居伦敦，和其侄子乔治 · 约翰 · 瓦里阿米（1817 ~ 1886 年）一起一直工作到 1861 年。

伦敦希登汉姆区维斯特伍德山圣巴塞洛缪教堂，1827 ~ 1832 年

伦敦法院路 113 号法律协会，1831 年；此建筑位于法院路南端的西侧，是律师的自由组织，也叫做法律学会；其可追溯至 1825 年，下页上图

萨里郡里士满黑克救济院，1834 年

伦敦阿尔比玛丽大街皇家学会，1838 年（立面）

伦敦恩尼斯莫花园万圣大教堂，1846 ~ 1849 年

伦敦公园路多尔切斯特住宅，1848 ~ 1863 年（已毁坏）

奥托 · 科洛曼 · 瓦格纳（1841 ~ 1918 年）

曾求学于维也纳工艺学校、柏林皇家建筑学院和维也纳艺术学院，后在路德维格 · 凡 · 福斯特事务所工作。1890 年负责重建维也纳，1894 年起成为维也纳城市规划师，同年担任维也纳艺术学院建筑专业主任。1895 年出版，1899 年加入维也纳艺术家分离派联盟。

维也纳斯戈藤灵，1877 年（住宅）

维也纳玛耶里卡住宅，1898 ~ 1899 年；此极具分离画派艺术家风格的建筑整个立面都贴以陶器板，并由此闻名，此建筑也被戏称为纹身建筑，下图

维也纳林克·温兹里，1899 年（公寓）

维也纳斯达特班，1901 年竣工（市政铁路系统，包括 34 个车站，还包括桥梁和高架桥）

维也纳斯登霍夫，1902 ~ 1907 年（教堂）

维也纳皇家邮局储蓄银行，1904 ~ 1912 年

维也纳纽斯迪弗特格斯，1910 年（公寓）

维也纳鲁珀斯疗养院，1910 ~ 1913 年

维也纳多布勒格斯，1912 年（公寓）

维也纳瓦格纳别墅，1920 年（1912 ~ 1913 年设计）

乔治 · 沃克

和约翰·沃德里一起为理查德·格兰杰工作。

纽卡斯尔泰恩河上游克莱顿大街、格兰杰大街和格雷大街西侧的中央交易所，1834～1840年

詹姆斯·坎贝尔·沃克（1822～1888年）

威廉·伯纳和戴维·布赖斯的学生。

珀斯市金卡丁布莱尔·德鲁蒙德大楼，1868年

登弗姆林市政大楼，1875年

爱德华·沃尔特斯（1808～1872年）

1823～1837年在君士坦丁堡工作，1839～1865年在曼彻斯特工作。

曼彻斯特市莫斯利大街15号科布登商店，1839年

曼彻斯特市赛拉斯·施瓦布商店，1845年（已毁坏）

曼彻斯特市卡文迪什大街独立教堂，1847～1848年

曼彻斯特市波特兰大街9号布朗桑商店，1851～1852年（已毁坏）

曼彻斯特市自由贸易大厅，1853年

曼彻斯特市夏洛特大街34、10和12号，1855年、1857年和1860年（商店）

曼彻斯特市莫斯利大街曼彻斯特与索尔福德银行，1860年（后为威廉·迪肯银行）

德比郡米勒山谷和马特洛克之间在贝克维尔的车站，1860年

F·J·沃德

伦敦维多利亚女王街39～49号艾伯特大楼，1871年

威廉·威尔金森·沃德尔（1823～1899年）

奥古斯塔斯·维尔比·诺斯莫·普金的好友，1857年搬到澳大利亚，1869～1878年担任维多利亚州公共事务与建筑总监理。

牛津郡多尔切斯特市圣比里努斯罗马天主教堂，1849年

伦敦克拉彭地区胜利女神罗马天主教堂，1851年

澳大利亚墨尔本圣帕特里克罗马天主大教堂，1858～1897年

悉尼大学圣约翰学院，1859年

悉尼圣玛丽罗马天主大教堂，1865年

詹姆斯·梅特兰·沃罗普（1824～1882年）

最早为戴维·布赖斯工作，后成为托马斯·布朗合作伙伴。

邓弗里斯和加洛韦地区威格敦县政府，1862年

威格敦县肯尼迪城堡附近罗肯奇别墅，1864年

福尔克里克市卡兰德庄园，1869～1877年（重修）

因维尼斯市比尤里的波弗特城堡，1880年

韦林和尼科尔森

伦敦朗伯斯区道尔顿陶器厂，1876～1877年（与R·斯塔克·维尔金森合作）

艾尔弗雷德·沃特豪斯（1830～1905年）

出生于利物浦，一位著名教友派信徒八个孩子中最大的一个，1848～1853年师从于理查德·雷恩。1854年在曼彻斯特建立自己的事务所之前周游列国：英国、法国、意大利、瑞士和土耳其。后来儿子保罗·沃特豪斯（1861～1924年）成为其合作者。1878年获得英国皇家建筑协会金质奖章，1888～1891年退休后担任英国皇家建筑协会主席。

曼彻斯特市弗莱尔与宾恩斯商店，1856年（已毁坏）

柴郡尼斯顿市亨德顿别墅，1856年

曼彻斯特市福鲁菲尔德巴科比大学，1858年（已毁坏）

曼彻斯特市法院，1859年（已毁坏）

曼彻斯特市国王大道皇家保险大楼，1861年（已毁坏）

达灵顿市场、公共大楼和巴克莱银行，1864年

伯克郡雷丁市怀特耐斯公园福克斯希尔，

1866 年
曼彻斯特市斯屯基维斯拘留所，1866 ~ 1868 年
利物浦阿勒顿路阿勒顿修道院，1867 ~ 1870 年（住宅）
牛津贝列尔学院，1867 ~ 1877 年（南立面）
剑桥贡维尔与卡伊伍思学院，1868 年
利物浦莱姆大街车站酒店，1868 ~ 1871 年
曼彻斯特市政厅，1868 ~ 1877 年
曼彻斯特市欧文学院（现为大学），1869 年
汉普郡布莱克摩尔别墅，1870 ~ 1873 年
柴郡伊顿府邸，1870 ~ 1883 年（部分被毁）
柴郡纳斯福德市场大楼和市政厅，1871 年
伦敦林肯客栈牧场 17 ~ 18 号，1871 ~ 1872 年
剑桥彭布罗克学院大楼，1871 ~ 1874 年（扩建）
剑桥吉顿学院，1872 年
伯克郡雷丁市政厅，1872 ~ 1875 年
伦敦克伦威尔路自然历史博物馆，1873 ~ 1880 年
约克郡利兹市科学学院（现为大学），1877 ~ 1908 年
多塞特伊维尼住宅（现为科雷莫学校），1878 年
贝德福德市法院，1878 年
伯克郡亚藤顿庭院，1878 年（自宅；已毁坏）
伦敦海霍尔伯恩保险大楼，1878 ~ 1906 年，下图

伦敦老邦德大街 1 号，1880 年
利物浦托克斯迪斯特纳纪念堂，1881 ~ 1883 年
伦敦黑姆斯密斯区圣保罗学校，1881 ~ 1884 年（部分被毁；校长住宅保存下来）
兰开夏郡勒迪什区圣伊丽莎白教堂，1882 ~ 1883 年
伦敦拉德赫斯特路公理教会教堂，1883 年
诺丁汉女王大道保险大楼，1885 年
伦敦维多利亚堤国家自由俱乐部，1885 ~ 1887 年
利物浦戴尔大街保险大楼，1886 年
利物浦皇家医院，1886 年
布赖顿都市酒店，1888 年
利物浦学院（现为利物浦大学维多利亚大楼），始建于 1889 年
伦敦公爵路国王的卫家庭教堂，1889 ~ 1891 年
剑桥劳埃德兹银行，1891 年
爱丁堡保险大楼，1895 年
伦敦高尔街大学医院，1897 ~ 1906 年
曼彻斯特市牛津街曼彻斯特避难保险大楼，1893 ~ 1913 年（与保罗·沃特豪斯合作）

托马斯 · 伦诺克斯 · 沃森（1850 ~ 1920 年）
艾尔弗雷德·沃特豪斯的学生。
格拉斯哥市学府大道惠灵顿教堂，1883 年
亨特·奎伊的克莱德游艇俱乐部，1886 ~ 1888 年
格拉斯哥市圣文森特广场 24 号，1889 年

理查德 · 哈丁 · 瓦特（1842 ~ 1913 年）
柴郡康特福德市拉斯金住宅，1899 ~ 1902 年
柴郡康特福德市雷路海莫兰别墅，1905 年
柴郡康特福德市加斯克尔纪念塔和国王咖啡馆，1907 年

阿斯顿 · 韦布爵士（1849 ~ 1930 年）
爱德华·韦布之子，雕刻师和水彩画艺术家。在布赖顿求学，拜师于 R·R· 班克斯和小查尔斯·巴里。阿斯顿·韦布主要在英国从事

公共建筑实践，是爱德华·因格里斯·贝尔的合作伙伴，1902～1904年担任英国皇家建筑协会主席，1904年授予爵士称号，1905年获得英国皇家建筑协会金质奖章。

伦敦史密斯菲尔德圣巴塞洛缪大教堂，1885～1897年（修复）

伯明翰市法院，1886～1895年

伦敦白厅皇家联合服务协会，1893～1895年

萨塞克斯郡霍斯汉姆市基督医院，1893～1904年

伦敦维多利亚与艾伯特博物馆，1899～1909年（克伦威尔路立面；1893年设计）

达特茅斯港口皇家海军学院，1899～1905年

菲利普·斯比克曼·韦布(1813～1915年)

一位医生之子，拜师于雷丁市的约翰·比灵，后为牛津的乔治·埃德蒙·斯特里特工作，成为他的一名主要助手。1856年在伦敦建立自己的事务所，1861年加入威廉·莫里斯的公司，并成立古老建筑保护协会。

肯特郡贝克斯里赫斯红屋街红屋，1859～1860年（为莫里斯设计）

萨里郡科巴姆附近菲尔迈尔的桑德罗伊德大楼（现为本弗里特霍尔学校），1860年

伦敦沃西普大街91～101号，1861～1862年

因维尼斯市阿里赛别墅，1863年

伦敦荷兰公园路1号，1864～1866年

伦敦格里布广场35号，1868～1869年

伦敦肯辛顿宫花园绿色宫殿1号，1868～1870年

伦敦市林肯客栈牧场19号，1868～1870年

约克斯朗顿农庄，1872～1876年（已毁坏）

坎布里亚郡布拉姆顿市圣马丁教堂，1874～1878年

坎布里亚郡布拉姆顿市四山墙建筑，1876～1878年

约克郡斯米顿庄园，1877～1879年

威尔特郡东诺伊里市科劳兹建筑，1879～1891年（改造）

约克郡米德尔斯布勒市泽特兰路贝尔布洛斯办公大楼，1889～1890年

萨塞克斯郡东格林斯特德附近斯坦登大楼，1892～1894年

乔治·韦伯斯特（1797～1864年）

约克郡塞特市市场广场市政厅，1832年

兰开夏郡克里兹罗市唐汉姆大楼，1834～1835年

坎布里亚郡肯德尔市圣三一罗马天主教堂，1835～1837年

坎布里亚郡肯德尔市卡索尔大街圣乔治教堂，1839～1841年

坎布里亚郡肯德尔市斯迪克兰基特圣托马斯教堂，建造日期未知

维特曼和哈德菲尔德

约翰·格雷·维特曼（1801～1872年）与马修·爱迪生·哈德菲尔德（1812～1885年）在1838～1858年这20年间一直是合作伙伴。维特曼还曾经做过查尔斯·巴里爵士和查尔斯·罗伯特·科克雷尔的助手。

1858年后，公司改名为马修·爱迪生·哈德菲尔德，1864年又改名为查尔斯·哈德菲尔德。查尔斯·哈德菲尔德为马修·爱迪生·哈德菲尔德之子，并成为事务所合作者之一。见爱德华·罗伯特·罗布森。

格罗索普市政厅，1838年

约克郡罗兹汉姆市圣比德罗马天主教堂，1843年

索尔福德市罗马天主教堂，1844～1848年

兰开夏郡小克洛斯比市圣玛丽罗马天主教堂，1845年

设菲尔德市圣玛丽罗马天主教堂，1846年

兰开夏郡波恩里圣玛丽罗马天主教堂，1846年

曼彻斯特玛尔伯里大街圣玛丽罗马天主教堂，1848年

利物浦市沃尔顿监狱，1848～1855年

斯塔福德郡里克市维斯特伍德大楼（现为一所高中），1850年

设菲尔德市维多利亚车站，1851年（已毁坏）

设菲尔德市维多利亚车站大酒店，1861 年
林肯郡格里姆斯比市圣玛丽罗马天主教堂，1879 年

爱德华·韦尔奇 *见*约瑟夫·阿洛伊修斯·汉瑟姆

弗雷德里克·惠勒
米德尔塞克斯郡诺斯伍德市芒特弗农医院的小礼拜堂

老约翰·维邱科德（1790 ~ 1860 年）
肯特郡梅德斯通市圣安德鲁路欧克伍德医院，1830 年

小约翰·维邱科德（1823 ~ 1885 年）
求学于国王学院和皇家学院，1850 ~ 1858 年与阿瑟·阿什皮特尔合作，1879 ~ 1881 年担任英国皇家建筑协会主席。
布赖顿大酒店，1862 ~ 1864 年
多佛港口克拉伦斯酒店，1863 年

威廉·怀特（1825 ~ 1900 年）
吉尔伯特·怀特的大侄子，最初为乔治·吉尔伯特·斯科特爵士工作，1847 年在特鲁洛建立自己的事务所。
康沃尔郡普洛布斯教会学校，1849 年
康沃尔郡圣哥伦布·梅杰的老档案馆，1849 ~ 1850 年
伦敦塔尔波特路万圣大教堂，1852 ~ 1855 年
康沃尔郡圣希拉里教堂，1853 年
柴郡阿里霍尔区牧师住宅，1854 年
斯塔福德郡奥德利的商店，1855 年
伯克郡旺蒂奇圣迈克尔墓地，1855 年
德文郡霍伊教堂和学校，1855 年
康沃尔郡圣哥伦布·梅杰的佩恩密林别墅，1855 年（住宅）
汉普郡斯曼尼尔市基督教堂，1856 年
白金汉郡豪利基市圣玛丽教堂，1856 年
康沃尔郡圣哥伦布·梅杰银行，1857 年
埃塞克斯郡小巴杜市教区牧师住处，1858 年
汉普郡林德赫斯特市圣迈克尔教堂，1858 ~ 1869 年
伦敦阿伯丁公园圣萨威教堂，1965 ~ 1966 年
爱尔兰胡密伍德·科·维克露大楼，1866 ~ 1870 年
伦敦贝特萨上区圣马克教堂，1873 ~ 1874 年
伦敦普劳路圣彼得教堂，1875 ~ 1876 年
伦敦艾伯特桥路圣玛丽－勒－帕克教堂，1881 年
伦敦贝特萨公园路圣斯蒂芬教堂，1886 ~ 1887 年

乔治·维特威克（1802 ~ 1872 年）
约翰·索恩爵士（1753 ~ 1837 年）的助手，1829 年起，在普利茅斯市接任约翰·弗尔斯顿（1772 ~ 1842 年）的事务所。
德文郡普利茅斯市萨塞克斯广场，1832 ~ 1836 年
普利茅斯市政厅，1839 年
普利茅斯市基督教堂，1846 年
普利茅斯市公共图书馆，1850 年（重修建筑立面）

詹姆斯·威廉·威尔德（1814 ~ 1892 年）
艺术家查尔斯·威尔德之子，师从乔治·巴斯威。1842 年参观埃及，1848 年以前一直在国外游历。他负责 1851 年世界博览会装饰设计，稍后，即 1878 ~ 1892 年成为伦敦索恩博物馆馆长。
汉普郡波特里万圣大教堂，1836 年
伦敦布莱克希斯山圣三一教堂，1838 ~ 1839 年
马耳他瓦莱塔圣保罗教堂，1839 年
南安普敦郡圣劳伦斯教堂，1839 ~ 1842 年（已毁坏）
伦敦基督教堂路基督教堂，1840 ~ 1841 年
赖特岛纽泊特圣保罗教堂，1844 年
伦敦谢尔顿大街圣马丁菲尔德兹内的北部教区学校，1849 ~ 1850 年（已毁坏）
林肯郡格里姆斯比市码头塔楼，1852 年
伦敦比斯内尔格林区博物馆，1872 年（建筑正面）

与亨利·扬·达拉科特·斯科特合作：
南肯辛顿博物馆，1867 ~ 1871 年

阿蒙 · 亨利 · 威尔德兹
老阿蒙·威尔德兹之子（约 1762 ~ 1833 年）。
西萨塞克斯郡亨菲尔德附近的切斯特汉姆庄园，大约 1830 年（推测是其设计）
肯特郡格雷维森市米尔顿庄园，大约 1830 年（包括伯克利新月形广场）
肯特郡格雷维森市高街市政厅，1836 年（重修建筑正面）
肯特郡格雷维森市欧尔德路西侧公墓，1838 ~ 1841 年

小威廉 · 威尔金斯（1778 ~ 1839 年）
出生于诺维丘，1800 年获得剑桥卡伍斯学院农学士学位。其建筑是北欧 19 世纪早期希腊复兴主义建筑风格的典型代表，他本人是英国采用这种风格建筑师的杰出代表。他在剑桥留下的建筑比其他任何地方都要多，虽然主要采用早期希腊复兴主义建筑风格，但他也会运用哥特式建筑风格和都铎式建筑风格。
伦敦特拉法加广场国家艺术陈列馆，1833 ~ 1838 年，下图

R · 斯塔克 · 威尔金森（1844 ~ 1936 年）
*见*韦林与尼科尔森

威廉 · 威尔金森（1819 ~ 1901 年）
牛津市诺曼庄园（诺曼花园 1 号，1864 年；诺曼花园 11 号，1866 年；诺曼花园 13 号，1868 年），1860 年
牛津市伦道夫酒店，1864 年
牛津市班伯里路 60 号，1865 年
牛津郡上海福德牧师住宅，1869 年
牛津郡卡维谢尔德市布拉什菲尔德住宅，1871 ~ 1873 年

阿瑟 · Y · 威廉和乔治 · 威廉
坎布里亚郡卡莱尔市劳瑟大街雅典娜神庙，1840 年（后来的储蓄银行）
利物浦不伦瑞克大楼，1841 年

查尔斯 · 威尔逊（1810 ~ 1863 年）
1827 ~ 1837 年间为戴维·汉密尔顿和詹姆斯·汉密尔顿工作。
格拉斯哥市加特内尔路格拉斯哥医院，1841 年
格拉斯哥市科克里联排别墅，1845 年
格拉斯哥学院，1846 年（后来的高等学校）

佩斯利市尼尔逊研究所，1849 年
格拉斯哥市圣乔治广场检察学院，1854 年
格拉斯哥市公园广场联排别墅，1857 年

亨利 · 威尔逊（1864 ~ 1934 年）
出生于利物浦，就学于基德敏斯特艺术学校，后在伯克郡梅登赫德市进行实践。同时他还是一位著名的雕塑家、金属制造工和银器匠，为约翰·奥尔德里奇·斯科特和小约翰·贝尔彻工作。后来成为约翰·丹多·塞丁的得力助手，1891 年塞丁死后，威尔逊接任了他的事务所。
伦敦拉德布罗克戈洛夫公共图书馆，1891 年
汉普郡伯里茅斯市波斯科比圣克莱门特教堂，1893 年（塔楼）
汉普郡布赖顿市圣巴塞洛缪教堂，1897 ~ 1908 年（室内陈设）

詹姆斯 · 威尔逊（1816 ~ 1900 年）
巴斯市兰斯唐路圣斯蒂芬教堂，1840 ~ 1845 年（圣坛后来才建成）
切尔滕纳姆市切尔滕纳姆大学，1841 ~ 1843 年（后来还进行了扩建）
伦敦霍斯菲里路威斯敏斯特大学，1849 ~ 1851 年（教堂于 1872 年建成）
萨默塞特镇兰斯唐金伍德学校，1851 年

约翰 · 托马斯 · 威姆帕里斯（1829 ~ 1904 年）
1889 年与伊斯特合作。
阿伯丁郡布乐玛市因维考尔德城堡，1870 ~ 1875 年
伦敦格罗夫纳广场 27 号，1889 年
伦敦格拉夫顿大街 8 号，1891 年

罗伯特 · 杰维尔 · 威瑟斯（1823 ~ 1894 年）
多塞特地区波因丁顿学校，1848 年
彭布罗克郡兰弗埃尔南特温市圣玛丽教堂，1855 年
卡迪根市政厅，1859 年
伦敦因德尔大街 22 号拉维斯与巴劳德彩釉瓷器制造厂，1859 ~ 1860 年
比利时布鲁塞尔市英国国教教堂的复苏堂，1862 ~ 1865 年
伦敦伯里大街圣玛丽教堂，1873 ~ 1874 年

约翰 · 乌尔夫－巴里爵士（1836 ~ 1918 年）
土木工程师，工作范围遍及整个伦敦地区，还从事地铁建设。
伦敦塔桥，1886 ~ 1894 年

埃德加 · 伍德（1860 ~ 1935 年）
曾在曼彻斯特市为米尔兹和穆加特洛伊工作，后来建立了自己的事务所。整个事业生涯涉足广泛，留下了大量的住宅、教堂和学校建筑，他的一些设计领先于时代，使用了艺术装饰风格。
兰开夏郡米德尔顿市长街卫斯理公会派教堂和学校，1899 ~ 1901 年
曼彻斯特市得兹班克基督教科学家第一教堂（现为埃德加·伍德中心），1903 年
斯托克波特市布拉姆霍尔的霍莉别墅，1905 年
斯塔福德郡斯塔福德市纽泊特路上米德兹大楼，1908 年

亨利 · 摩西 · 伍德（死于 1867 年）
诺丁汉郡海大街法官住宅大楼（现为档案办公室），1833 年

桑克顿 · 伍德（1816 ~ 1886 年）
师从悉尼·斯默克。
都柏林金斯布里吉车站（现为惠斯顿车站），1845 年
伦敦格里斯汉姆大街 42 号女王保险大楼，1850 ~ 1852 年（已毁坏）
伦敦市贝沃特区兰卡斯特基特住宅，1857 年

乔治 · 伍德豪斯（1827 ~ 1883 年）
兰开夏郡威根区里兰兹与吉德劳父子工厂，1865 年

本杰明·伍德沃 *见*托马斯·迪恩爵士

亨利·伍德耶（1816～1896年）
1844年与威廉·巴特菲尔德一起工作。
萨里郡维克市圣马克教堂，1845～1847年
格洛斯特郡海纳姆圣灵教会学校、牧师住所和门房，1847～1852年
伯克郡温莎市克里威区赎罪堂（现为圣约翰浸信会教堂的女修道院），1853～1896年
伍斯特郡特恩伯里市圣迈克尔教堂和长老院，1854～1856年
伯克郡雷丁市下怀特利学校，1860年
萨里郡布克兰市圣玛丽教堂，1860年
伯克郡雷丁市怀特利基督教堂，1861～1865年
萨里郡多更市圣马丁教堂，1866～1877年

查尔斯·H·沃里
伦敦哈利大街42号，1892年
伦敦温伯尔大街28～29号温伯尔大楼，1893年
伦敦皮卡迪利广场伦敦宫殿剧院，1885年（与桑德斯合作）

塞缪尔·沃斯（1779～1870年）
*见*本杰明·布卢姆赫德·泰勒。
南约克郡设菲尔德市公墓路普通公墓，1836年（教堂和办公处）

托马斯·沃幸顿（1826～1909年）
亨利·保曼和约瑟夫斯特里奇·科劳瑟的学生。
曼彻斯特市方庭大街教区人员和女信徒办事处，1852年
曼彻斯特市植物协会大楼，1854年（已毁坏）
曼彻斯特市阿德维克区梅菲尔德澡堂，1857年
曼彻斯特市艾伯特纪念馆，1862～1867年
曼彻斯特市纪念馆，1864年
曼彻斯特市普里斯维奇联合济贫院（现为威森顿医院），1866年
曼彻斯特市迪德斯博格城堡（现为雪莉协会），1868年
曼彻斯特市警察厅，1868～1871年
曼彻斯特市海德路布卢克菲尔德联合教堂，1869～1871年
索尔福德市格林基特工匠住宅区，1870年（已毁坏）
曼彻斯特市海德路尼科尔斯医院，1879年
利物浦市塞夫顿公园惟一神教派教堂，1896～1899年（与珀西·斯科特·沃幸顿合作）

弗兰克·劳埃德·赖特（1876～1959年）
毕业于麦迪逊市威斯康星大学，1885～1887年在该校学习工程学。曾在丹克马·阿德勒和路易斯·沙利文事务所短暂工作过一段时间，随后，1889年在芝加哥市橡树园建立了自己的第一个事务所。在1896年建立自己的第二个事务所之前，曾与塞西尔·科尔文合作。他的作品于1909年在柏林展览，1910年出版《沃斯姆斯·珀特弗里奥》。在经济大萧条年代，赖特创造了一种新的、经济的、独立式住宅——美国风。1945年出版《当民主主义来临》，1953年出版《建筑的未来》，1958年出版《生活的城市》。
伊利诺伊州里威弗里斯特温斯洛别墅，1894年
伊利诺伊州高地公园社区威立特兹别墅，1901～1902年
布法罗市马丁别墅，1904年
伊利诺伊州橡树园联合教堂，1904年
布法罗市拉金办公大楼，1904～1905年
芝加哥罗比别墅，1906～1910年
伊利诺伊州里弗赛德科恩利别墅，1907～1908年
威斯康星州斯普灵格林城塔里埃森别墅，自宅，1911年（两次重建）
洛杉矶市巴恩斯达尔别墅，1917～1920年
东京帝国饭店（与安托宁·雷蒙德合作）

托马斯·亨利·怀亚特和戴维·布兰顿
波伊斯郡布里肯市格拉摩根大街的郡府（现为布雷克诺克博物馆），1839～1843年

本杰明·迪恩·怀亚特（约生于1775年，死于1855年）
伦敦卡尔顿花园约克公爵圆柱，1831～1834年

刘易斯·威廉·怀亚特（1777～1853年）
什罗普郡豪克斯通庄园，1832～1834年（重建和扩建）

马修·怀亚特爵士（1805～1886年）
伦敦市皮姆里克区维多利亚广场，1837年

马修·迪格比·怀亚特爵士（1820～1877年）
托马斯·亨利·怀亚特的弟弟，同时也是他的学生。1848年出版了《中世纪几何装饰图案》，1851年担任世界博览会执行委员会秘书一职；1855年担任东印度公司的测量员，并于同年获得爵士称号，成为英国皇家建筑协会的荣誉大臣；1866年获得英国皇家建筑师协会颁发的金质奖章；1869年成为剑桥大学美术学院首位客座教授。
伦敦布雷德大街帕丁顿车站，1851～1854年（细部设计由伊萨姆巴德·金德姆·布鲁内尔完成）
埃塞克斯郡小沃利市加里森教堂，1857年
剑桥市阿顿布鲁克医院，1864～1865年
伦敦白厅接见大厅（早期的印度事务办公室），1864～1867年
布里斯托尔港口坦普尔米德兹车站，1865～1878年（主入口和列车棚）
萨塞克斯郡波森顿庄园，1866年
伦敦普林斯基特区阿尔福德别墅，1872年（已毁坏）
威廉·菲利普·怀亚特（死于1835年）
坎布里亚郡科尼谢德修道院，1821～1836年
科达拉谟维恩亚德庄园，1822～1830年

托马斯·亨利·怀亚特（1807～1880年）
马修·迪格比·怀亚特爵士的哥哥，师从菲利普·哈德维克，1838年与戴维·布兰顿共同建立自己的事物所，一直合作到1850年。1832～1861年间担任海克尼区测量员，1870～1873年担任英国皇家建筑协会主席，1873年获得英国皇家建筑协会颁发的金质奖章。
特洛芬郡兰塔内姆修道院，1834年（重建）
威尔特郡迪威兹斯市诺斯杰特大街法院大楼，1835年
波伊斯郡兰塔内姆庄园别墅，约1839年
萨默塞特镇奥加得利庄园，1855～1858年
伦敦斯特兰阿德尔菲剧院（现为阿德尔菲皇家剧院），1858年
威尔特郡萨文内克森林圣凯瑟琳教堂，1861年
利物浦交易所，1865年
威尔特郡吉福德市方斯尔圣三一教堂，1866年
伦敦骑士桥兵营，1875～1879年（已毁坏）
萨默塞特镇北皮洛特庄园别墅（现为一所学校），1878年
诺维丘市诺维丘与诺福克医院，1879年（与E·波德曼共同完成）
与戴维·布兰顿合作：
伦敦比斯内尔格林区圣安德鲁教堂，1841年

杰弗里·怀亚特·维尔爵士（1766～1840年）
德比郡查茨沃思别墅，1820～1841年（北部翼展扩建）
伯克郡温莎市温莎城堡，1824～1840年（重建）
什罗普郡纽泊特附近的利利斯大楼，1826～1833年
德韦达郡彭布罗克市戈尔顿格罗夫，1826～1837年
伯克郡温莎市格里特公园贝尔维迪城堡，1827～1830年（扩建）

威廉·扬（1843～1900年）
苏格兰建筑师，师从佩斯利市的詹姆斯·拉姆，

最早在格拉斯哥从事建筑工作，搬到伦敦后进入萨里郡测量所工作。

剑桥郡霍尔密伍德别墅，1873 ~ 1874 年

赫特福德郡奥克丝黑庄园，1876 年

伦敦市东帕特尼橡树山路 23 号，1879 年

东洛锡安区格斯福德别墅，1880 ~ 1890 年（重建）

格拉斯哥市议会大楼，1883 ~ 1888 年

萨福克郡埃尔维顿大楼，1893 年（大部分扩建）

伦敦市白宫统战部，1898 年

右图：弗兰克·劳埃德·赖特 1912 年为艾弗里科恩利别墅设计的窗户，此别墅位于美国伊利诺伊州里弗塞德